T0220062

Instrumentelles und Bioanalytisches Praktikum

Manfred H. Gey

Instrumentelles und Bioanalytisches Praktikum

 **Springer** Spektrum

Prof. Dr. rer. nat. habil. Manfred H. Gey
Hochschule Zittau/Görlitz
02763 Zittau, Deutschland

Büro: Mäuseburg-Center,
    Marschnerstrasse 22, D-02763 Zittau,
    www.papa-gey.de
    papa-gey@gmx.de

ISBN 978-3-662-54122-7   ISBN 978-3-662-54123-4   (eBook)
DOI 10.1007/978-3-662-54123-4

Die Deutsche Nationalbibliothek verzeichnet diese Publikation in der Deutschen Nationalbibliografie;
detaillierte bibliografische Daten sind im Internet über http://dnb.d-nb.de abrufbar.

Springer Spektrum

Planung: Dr. Rainer Münz

Gedruckt auf säurefreiem und chlorfrei gebleichtem Papier

Springer Spektrum ist Teil von Springer Nature
Die eingetragene Gesellschaft ist Springer-Verlag GmbH Deutschland
Die Anschrift der Gesellschaft ist: Heidelberger Platz 3, 14197 Berlin, Germany

Als Erinnerung und in Liebe für

Philip Hugo, Elen,

Bruno Johann und Mona

Wir behalten von unseren Studien am
Ende doch nur das, was wir praktisch
anwenden.

Wolfgang von Goethe

Vorwort

Das neue Buch „Instrumentelles und Bioanalytisches Praktikum" (InBaP) basiert in Theorie und Methodik zum großen Teil auf der 3. Auflage „Instrumentelle Analytik und Bioanalytik" (IA & BA, Springer-Verlag 2015).

Im Praxisbuch werden 32 Versuche hauptsächlich aus der Analytik von organischen Species und von nieder- als auch hochmolekularen Biosubstanzen detailliert beschrieben. Die Experimente waren überwiegend Bestandteil zahlreicher analytischer Studentenpraktika, die im Zeitraum der vergangenen 15 Jahre zum großen Teil vom Autor selbst konzipiert und mehrfach durchgeführt und optimiert wurden. Neben den möglichst exakten Versuchsbeschreibungen werden demzufolge auch relevante Ergebnisse dargestellt. Dies soll u.a. zeigen, dass die Experimente auch wirklich funktionieren. Es sind aber z.T. oft auch eine gewisse Beharrlichkeit, Experimentierfreude und „Fingerspitzengefühl" erforderlich, damit die Versuche gelingen. So müssen z.B. Polymersäulen und der RI-Detektor innerhalb der Zuckeranalytik gut temperiert werden. Die Säulen müssen über längere Zeit konditioniert werden, wofür mindestens eine Stunde Vorlaufzeit erforderlich ist. Andererseits sind die chromatographischen Techniken robust und bzgl. der Wartung unkompliziert aufgebaut. So erfolgt die Trennung von Aromaten isokratisch mit Methanol, das auch zur Aufbewahrung der RP-Säule verwendet wird. Dadurch ist die Haltbarkeit der Trennsäule über lange Zeiträume gewährt und ein schneller Wiedereinsatz im Praktikum ist demzufolge leicht möglich. Vergleichbares gilt auch für die Analytik von Vitamin E (Tocopherolen), die an Silicagelsäulen getrennt und dabei mit Hexan/Isopropanol eluiert werden.

Als analytische Methoden müssen zur Durchführung dieser Praktika möglichst 2–3 HPLC-Anlagen, DC-Kammern (ggf. mit automatischer Auftragung), Elektrophorese-Apparaturen und 1–2 Spektrometer vorhanden sein. Auch übliche Laborgeräte wie Analysenwaage, Ultraschallbad, Zentrifuge, SPE-Apparaturen werden für die Versuche benötigt.

Mein besonderer Dank gilt meiner Frau Sigrid für Ihr Verständnis und die stetige Unterstützung bei der Anfertigung des Buches.

Herrn Dr. Rainer Münz und Frau Bettina Saglio vom Springer-Verlag danke ich für wertvolle Hinweise und die kompetente Betreuung meiner Buchprojekte.

Manfred H. Gey   **Karlshagen am 03. Juni 2015**

Kapitelverzeichnis

Abkürzungen

AS	Aminosäure
AC	Affinity Chromatography
AEC	Anion-Exchange Chromatography
ASE	Accelerated Solvent Extraction
bp	Basenpaar
CAF	Celluloseacetat-Folie
CC	Covalent Chromatography
CE	Capillary Elektrophoresis
CEC	Capillary Electrochromatography
CGC	Capillary Gas Chromatography
CIEF	Capillary Isoelectric Focussing
Cys	Cystein
CZE	Capillary Zone Electrophoresis
Da	Dalton
DAD	Dioden-Array-Detektor
DC	Dünnschichtchromatographie
DEAE	Diethylaminoethyl-
Disk	Diskontunierlich
DMF	Dimethylformamid
DNA	Deoxyribonucleic Acid
DP	Degree of Polymerisation
DTNB	5,5'-Dithiobis-[2-nitrobenzoesäure]
DTT	Dithiothreitol
ECD	Electrochemical Detection
EIA	Enzyme Immuno Assay
ELISA	Enzyme Linked Immuno Sorbent Assay
ELSD	Evaporative Light Scattering Detection
EOF	Elektroosmotischer Fluss
FFA	Free Fatty Acids
FID	Flammenionisationsdetektor
FIR	Fernes Infrarot

FPLC	Fast Protein Liquid Chromatography
FSME	Fettsäuremethylester
FTIR	Fourier transform infrared
Fuc	Fucose
Gal	Galactose
GalNac	*N*-Acetylgalactosamin
GalNH$_2$	Galactosamin
GC	Gaschromatographie
GF	Gelfiltration
GHz	Gigaherz
GLC	Gas Liquid Chromatography
Glc	Glucose
GlcNAc	*N*-Acetylglucosamin
GlcNH$_2$	Glucosamin
GPC	Gelpermeationschromatographie
GSC	Gas Solid Chromatography
GSH	Glutathion (reduziert), γ-Glutamylcysteinylglycin
GSSG	Glutathiondisulfid (oxidiert)
HCys	Homocystein
HETP	Height Equivalent to a Theoretical Plate
HIC	Hydrophobic Interaction Chromatography
HMDS	Hexamethyldisilazan
HPAEC-PAD	High pH Anion-Exchange Chromatography with Pulsed Amperometric Detection
HPCE	High Performance Capillary Elektrophoresis
HPLC	High Performance Liquid Chromatography
HPTLC	High Performance Thin Layer Chromatography
IC	Ionenchromatographie
ICE	Ion Chromatoraphy Exclusion
IEC	Ion-Exchange Chromatography
IEF	Isoelektrische Fokussierung
IgA	Immunglubulin A
IgG	Immunglubulin G
IgM	Immunglubulin M
IMP	Ion Moderated Partition
IPC	Ionenpaarchromatographie
IR	Infrarot
ITP	Isotachophorese
ITCE	Isotacho Capillary Electrophoresis

kD	Kilodalton
kV	Kilovolt
LC	Liquid Chromatography
LEC	Ligand Exchange Chromatography
LLE	Liquid Liquid Extraction
MALDI	Matrix-Assisted Laser Desorption/Ionisation
Man	Mannose
MC	Micellen
MEKC	Micellar Electrokinetic Chromatography
MHz	Megaherz
MNAc	*N*-Acetylmuraminsäure
MS	Massenspektrometrie
MSPD	Matrix solid phase dispersion,
MW	Molecular Weight
nA	Nano-Amper
NBS⁻	Thionitrobenzoat-Anion
NIR	Nahes Infrarot
nl	Nanoliter
nm	Nanometer
NMR	Nuclear Magnetic Resonance
NPC	Normalphasenchromatographie
NWG	Nachweisgrenze
ODS	Octadecylsilan
ONPG	*o*-Nitrophenol-β-D-galactosid
OPA	*o*-Phthalaldehyd
PAD	Pulsed-Amperometric Detection
PAGE	Polyacrylamid-Gel-Elektrophorese
PCB′s	Polychlorinated Biphenyles
PCDD	Polychlorierte Dibenzodioxine
PCDF	Polychlorierte Dibenzofurane
„pcr"	post colum reaction
PEEK	Polyethylenetherketon
PEG	Polyethylenglycol
pI	Isoelectric point
pl	Picoliter
PLOT-Kapillare	Porous Layer Open Tubular column
POP′s	Persistant Organic Pollutants
ppb	parts per billion
ppm	parts per million

QM	Qualitätsmanagement
QS	Qualitätssicherung
RI	Refractive Index
RP	Reversed-Phase
RPC	RP-Chromatographie
rpm	revolutions per minute
SA–CE$^-$	Strongly Acid Cation-exchanger
SB–AE$^+$	Strongly Basic Anion-exchanger
SBA=S-DVB	Strongly Basic Anion-exchanger based on Styrene-Divinylbenzene
SCOT-Kapillare	Supported Coated Open Tubular column
S-DVB	Styrene- Divinylbenzene
SDS	Sodium Dodecylsulfate
SEC	Size-Exclusion Chromatography
SEV	Sekundärelektronenvervielfacher
S	
SPE	Solid Phase Extraction
SPME	Solid Phase Micro Extraction
TCA	Trichlor Acetic Acid
TFA	Trifluor Acetic Acid
TLC	Thin Layer Chromatography
TMCS	Trimethylchlorsilan
TMS	Tetramethylsilan
UV	Ultraviolett
VIS	Visible
WA–CE$^-$	Weakly Acid Cation-exchanger
WB–AE$^+$	Weakly Basic Anion-exchanger
WBA=S-DVB	Weakly Basic Anion-exchanger based on Styrene-Divinylbenzene
WCOT-Kapillare	Wall Coated Open Tubular column
WFR	Wiederfindungsrate
µl	Mikroliter
µm	Mikrometer

Symbole

A	Peakfläche, Amplitude
A_λ	Absorption
$b_{1/2}$	Peakbreite in halber Höhe (veraltet)
c	Konzentration
c_s (c_{stat})	Konzentration in der stationären Phase
c_m (c_{mob})	Konzentration in der mobilen Phase
D_λ	Durchlässigkeit
d	Schichtdicke
d_p	Partikeldurchmesser
E	Trennimpedanz, Effizienz, Emission,
E	Elektrische Feldstärke
E_λ	Extinktion
e	Elementarladung
F	Flussrate
F_R	Reibungskraft
F_s (F_z)	Zentrifugalkraft
f	Reibungskoeffizient
H	theoretische Trennstufen- oder Bodenhöhe
h	Peakhöhe, reduzierte theoretische Trennstufenhöhe, Planck'sches Wirkungsquantum oder Stunden
I	Intensität eines Lichtstrahls (geschwächt)
I_0	Intensität eines Lichtstrahls („Ausgangsintensität")
I_A	Intensität eines Lichtstrahls (absorbiert)
I_R	Intensität eines Lichtstrahls (reflektiert)
$i.D.$	innerer Durchmesser
K	Verteilungskoeffizienten, Dissoziationskonstante
K_D	Verteilungskoeffizienten
K_F	Permeabilität

$k\ (k')$	Verteilungs- oder Kapazitätsfaktor
k_R	Reibungskoeffizient
L	Trennsäulenlänge
M	relative Molmasse
$M_r\ (MW)$	Molekulargewicht
m	Masse
m_r	relative elektrophoretische Mobilität
N	Trennstufen- oder Bodenzahl
p^0	Dampfdruck
R_f	Retentionsfaktor
R_m	relative elektrophoretische Mobilität
$R\ (R_S)$	Chromatographische Auflösung
R_{st}	Retentionsfaktor für eine Standardsubstanz
RT	Retention oder Raumtemperatur
r	Radius oder Teilchenradius
s	Sedimentationkoeffizient
t_R	Retentionszeit
t_0	Totzeit
U	Spannung
u	lineare Strömungsgeschwindigkeit
V_z	Zwischenkornvolumen
V_0	Totvolumen
V_e	Elutionsvolumen
V_g	Spezifisches Retentionsvolumen
V/V	Volumen pro Volumen
w_b	Peakbasisbreite
w_h	Peakbreite in halber Höhe
y^0	Aktivitätskoeffizient
z_R	Wanderungstrecke eines Analyten
z_{st}	Wanderungstrecke einer Standardsubstanz
α	Trennungsfaktor, Selektivität, Alpha
β	Beta

γ	Dichte, Gamma
δ	Delta
ε_λ	Extinktionskoeffizient
ε_T	Porosität
ζ	Zeta (-Potenzial)
η	Viskosität
λ	Wellenlänge
λ_{ex}	Extinktionswellenlänge
λ_{em}	Emissionswellenlänge
μ_{MC}	elektrophoretische Mobilität der Micellen
μ_{eo}	elektroosmotische Mobilität
ν	reduzierte lineare Geschwindigkeit, Frequenz, Sedimentationsgeschwindigkeit
ν_i	Wanderungsgeschwindigkeit des Ions
$\tilde{\nu}$	Wellenzahl
υ_i	Mobilität
σ	Abschirmkonstante, Standardabweichung
σ^2	Peakdispersion

1 Ausgangspunkt des Buches

1.1 Das Experimentieren in Leipzig

Dieses Buch hat eine lange Entstehungsgeschichte, die ich hier gern erzählen will. Immerhin sind es ca. 40 Jahre, in denen ich mich mit der Analytischen Chemie/Bioanalytik beschäftigt habe.

Nach Anfertigung und Verteidigung meiner Diplomarbeit im Arbeitskreis von Prof. Dr. Klaus Dittrich (1975) zum Thema „Bestimmung von Arsen in Galliumphosphid mittels Atomspektroskopie" an der Universität Leipzig (sie hieß damals noch „Karl-Marx-Universität" – sie hatte aber mit diesem „Saarländer" keine historischen Verbindungen!) wechselte ich unmittelbar danach an das Institut für technische Chemie (ItC) der Akademie der Wissenschaften (AdW) der ehemaligen DDR. Dieses Institut wurde 1986 in das „Institut für Biotechnologie" umbenannt und 1990/91 durch den Wissenschaftsrat abgewickelt.

Im ItC – ab September 1975 – versuchte ich mich zuerst mit dem Einbau von Glaskapillarsäulen in einen kommerziellen Gaschromatographen für gepackte Säulen der Berliner Firma „W. Giede", um Fettsäuren aus Biomassen in Form von Methylestern zu trennen und mit einem Flammenionisationsdetektor (FID) zu detektieren. Die Versuche gelangen auch (leider existieren die Chromatogramme nicht mehr), es war aber äußerst nervig, da die Enden der Glaskapillaren nach „thermischer Linearisierung" beim Einbau zwischen Injektor und Detektor ständig abbrachen bzw. z.T. auch undicht wurden. Fused-Silica-Kapillaren waren zu dieser Zeit für uns nicht verfügbar!

Außerdem stand auch ein kürzlich erworbener Flüssigchromatograph mit einem „Hitzdraht-Detektor" im Labor, an dem sich schon mancher Laborant oder auch Doktorand die „Zähne" ausgebissen hatte, da an und mit dem Gerät fast gar nichts funktionierte. Das Eluat aus der Trennsäule „tröpfelte" auf einen Transportdraht, der auf einer Spule aufgewickelt war, dessen Oberfläche durch das Aufbringen von Kaolin vergrößert wurde und der die aufgetröpfelten Analyte zu einem Flammenionisationsdetektor transportierte, der Signale „reproduzierbar" (?) aufzeichnen sollte. Auch an dieser „Fehlinvestition" musste ich mich als „junger Chemiker" versuchen und machte dabei meine ersten Erfahrungen mit der HPLC – damals vor allem als Hoch**druck**-Flüssigchromatographie bezeichnet.

Ein glücklicher Umstand brachte mich 1976 mit Dr. Wilhelm Ecknig vom Physikalischen Institut der Akademie der Wissenschaften in Berlin in Verbindung, der über einen der ersten Flüssigchromatographen von der Firma Hupe & Busch in der ehemaligen DDR verfügte.

Ein 1-wöchiger Arbeitsaufenthalt in Dr. Ecknigs Labor war äußerst nützlich, um u.a. die Geheimnisse und die Praxis des HPLC-Säulen-Packens kennenzulernen. Sogar „Septuminjektoren" kamen zu dieser Zeit innerhalb des HPLC-Equipments zum Einsatz.

All diese Erfahrungen und Inspirationen waren u.a. Grundlage für die Formulierung meines Promotionsthemas. Ein steiniger Weg, der auch im Zusammenhang mit der Anfertigung einer Ingenieurarbeit unseres Meisters der Feinmechanischen Werkstatt, Hans Jakobi, in Verbindung stand. Ein echter Fachmann vom „Alten Schrot und Korn"! Es folgten die Jahre des „Tüftelns", „Bastelns" und „Ausprobierens" – oft auch flankiert von Problemen, die im Zusammenhang mit der damaligen „Mangelwirtschaft" in der DDR standen. Positiv waren die Aneignung von „handwerklichen" Fertigkeiten und experimenteller Erfahrungen, die sich nach der Wende nur bedingt als nützlich erwiesen!

Innerhalb der Ingenieurarbeit unseres genialen Werkstattmeisters Hans Jakobi wurden u.a. zur Komplettierung des Flüssigchromatographen der Firma Pye Unicam entsprechende HPLC-Säulen – sowohl aus Stahl als auch aus druckverfestigtem Glas – , Apparaturen zum Packen von Säulen, „Pulsationsdämpfer" sowie Injektoren und Mikrodurchflussküvetten mechanisch gefertigt und mit einem UV/VIS-Spektralphotometer gekoppelt. An der prinzipiellen Geräteanordnung (Abb. 1) hat sich seit dieser Zeit kaum etwas geändert – die Bauteile sind natürlich u.a. viel leistungsfähiger geworden und Kopplungstechniken (hyphenated techniques) sollen die Perfektion vermitteln.

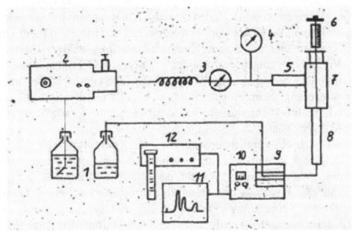

1:	Lösungsmittelreservoir	2:	Hochdruckpumpe
3/4:	Dämpfung/Manometer	5/6:	Vorsäule/Dosierspritze
7/8:	Injektor/Trennsäule	9:	Mikrodurchflussküvette
10:	Detektor	11/12:	Schreiber/Auswerteeinheit

Abb. 1 Prinzipieller Aufbau einer HPLC-Anlage (Promotion A, Gey, 1982)

Die folgenden Abbildungen zeigen einige „nostalgische" Bauteile zum Betreiben einer HPLC-Apparatur zur damaligen Zeit (Ende 1970/Anfang 1980).

Als Trennsäulen kamen Stahlsäulen (Abb. 2) zum Einsatz, deren Innenoberflächen durch „Honen und Läppen" geglättet und „hochglanzpoliert" wurden, sodass gute Peakprofile und kaum Peakverbreiterungen vorhanden waren.

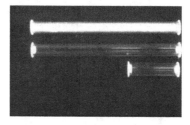

Abb. 2 Stahlsäule   **Abb. 3** Glassäulen

Dies war bei Glassäulen (Abb. 3) von vornherein bereits gegeben; hier bestand
allerdings das Problem der Säulenstabilität bei hohem Druck. Die konnte durch
Ionenaustausch bei der Glassäulenherstellung weitestgehend gelöst werden, sodass diese Materialien bis ca. 200 bar druckstabil waren. Die Glassäulen müssen
allerdings in speziellen Kartuschen betrieben werden (Abb. 4). Zum Packen der
Säulen dienten Füllapparaturen (Abb. 5).

Abb. 4 Kartusche für Glassäule   **Abb. 5** Säulenfüllapparatur

Zur Detektion der Elutionskurven wurde ein kommerzielles UV/VIS-Spektralphotometer angepasst. Diese enthielt eine Mikrodurchflussküvette (Abb. 6).

Die Küvette konnte außerhalb des Spektrometerraumes sowohl vertikal als
auch horizontal justiert werden, sodass eine optimale Anordnung im Strahlengang
einstellbar war.

Pumpenpulsationen, die von einer noch wenig optimierten Hochdruckpumpe
ausgingen (Abb. 7), konnten geglättet werden (Abb. 8).

1 Mikrodurchflussküvette
  (Volumen: ca. 10 µl)
2 Vertikale Justierung
3 Horizontale Justierung
4 Anschluss zur Säule
5 Küvettensockel
6 Abdeckplatte , Spektrometer

Abb. 6 Justierbare Mikrodurchflussküvette für ein kommerzielles UV/VIS-Spektralphotometer

Abb. 7 Ohne   **Abb. 8** Mit   **Abb. 9** Pumpen-Pulsationsdämpfer
   Dämpfung   Dämpfung

Dafür kam ein gefertigter Pulsationsdämpfer (Abb. 9) zum Einsatz, der aus einem Manometer (Bourdonrohr) und einer langen Stahlkapillare (aus der Gaschromatographie) zusammengesetzt wurde. Diese Kombination entspricht einem
sogenannten „Widerstands-Kapazitäts-Glied", das vom Prinzip her vor allem in
der Elektrotechnik verbreitet Anwendung findet.

Im Endeffekt konnte man Trennungen durchführen und Elutionskurven mit
UV/VIS-Registrierung aufnehmen.

Abbildung 10 zeigt die Trennung eines Testgemisches bestehend aus Dibutylphthalat (Peak 1) und Biphenyl (2) an einer Glastrennsäule, die mit einem Silicagel der Korngröße 5 µm gefüllt wurde. Bei einer Flussrate von 0,7 ml/min betrug der Säulenvordruck 4 MPa (ca. 40 bar). Zur Elution diente Hexan und die Elutionskurve wurde im UV-Bereich bei 254 nm registriert.

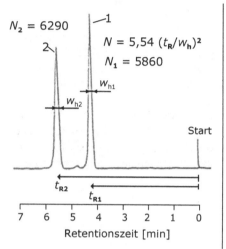

$$N = 5{,}54\ (t_R/w_h)^2$$

$N_2 = 6290$

$N_1 = 5860$

Experimentelle Bedingungen:

1: Dibutylphthalat
2: Biphenyl
- Glassäule: 100 x 3,8 mm i.D.,
- Stationäre Phase: Silasorb 600,
  $dp = 5$ µm,
- Mobile Phase: Hexan,
- Flussrate: 0,7 ml/min,
- Vordruck: 4 MPa,
- Detektion: $\lambda = 254$ nm.

Retentionszeit [min]

Abb. 10 Chromatogramm, Glassäule

Für die Analyte wurden nach Messung der Retentionszeiten (t_{R1}, t_{R2}) und der Peakbreiten in halber Höhe (w_{h1}, w_{h2}) 5860 (Dibutylphthalat) bzw. 6290 (Biphenyl) theoretische Böden ermittelt (vgl. auch Formeln in Abb. 1.10).

Auch das Promotionsthema „Stoffgruppenanalyse komplexer Kohlenwasserstoffgemische mit Hilfe der Hochleistungsflüssigchromatographie" konnte mit diesem Equipment erfolgreich bearbeitet und abgeschlossen werden.

Für die wissenschaftliche Betreuung danke ich Dr. Volker Riis von der damaligen AdW und Prof. Dr. Thomas Welch von der damaligen Universität Leipzig!

Die erste kommerzielle HPLC-Anlage (Firma Dr. Knauer, Berlin-West) erhielten wir um 1980. Damit erfolgten Analysen von organischen Säuren bis hin zur Trennung und Reinigung von thermostabilen Enzymen aus thermophilen Mikroorganismen.

Mit diesem Equipment u.a. konnte ich 1990 meine Promotion B (später Habilitation) anfertigen und erfolgreich verteidigen. Kurz danach wurde das Institut für Biotechnologie der AdW, in dem ich seit 1986 tätig war, abgewickelt. Innerhalb eines sogenannten Wissenschaftler-Integrations-Programms (WIP), das u.a. für positiv evaluierte Mitarbeiter der ehemaligen DDR-Akademie-Institute eingerichtet wurde, konnte ich meine Tätigkeit fortsetzen – mit dem Ziel der Integration in eine (ost)deutsche Universität bzw. Hochschule. Dies war vor allem deshalb kaum möglich, da die Universitäten selbst Personal abbauen mussten und ehemalige Akademie-Mitarbeiter in der Regel nicht als Hochschullehrer ausgebildet waren.

Die Etablierung eines eigenen privaten Umweltanalytiklabors – ein Gedanke, den sehr viele Analytiker im Osten hatten – war 1990 in die Wege geleitet.

Der Kredit in Höhe von 250,000 DM lag abrufbereit auf der Bank, da wir unser Eigenheim als Sicherheit angeben konnten.

Vor allem die Aufträge waren zu dieser Zeit rar – und aus heutiger Sicht bin ich froh, von diesem Abenteuer rechtzeitig Abstand genommen zu haben.

1.2 Das Experimentieren in Mainz, Halle, Zittau

Der Kontakt zum Arbeitskreis Prof. Dr. Klaus Unger in Mainz kam einerseits durch unsere Tagung „HPLC in der Bioanalytik", die wir seit 1985 jährlich i.d.R. in Reinhardsbrunn durchführten, zustande. In der Wendezeit nahmen bereits Doktoranden dieses Arbeitskreises an der Tagung teil und so konnten sich diese Kontakte auch freundschaftlich vertiefen.

Andererseits eröffnete mir Klaus Unger nach einem Vortrag in Würzburg, die Option, an der Johannes-Gutenberg-Universität Mainz, Institut für Anorganische und Analytische Chemie, in seinem Arbeitskreis die analytische Arbeit fortzusetzen. Für diese im Endeffekt nicht einfache, aber wiederum auch sehr schöne Zeit, bin ich Klaus Unger sehr dankbar!

Er hatte auch die Idee, in Hohenroda das erste deutsch-deutsche Doktorandentreffen (1991) zur Thematik „Trennmethoden" (AK Separation Science) zu organisieren – dabei war ich der erste Ansprechpartner auf ostdeutscher Seite.

Nun standen in Mainz nicht mehr das Improvisieren und Experimentieren im Vordergrund, sondern die Beantragung von Projekten und das Akquirieren von Forschungsgeldern. Möglichkeiten, sich entsprechend des bisherigen Werdeganges, im Mittelbau einer Universität zu „verankern", waren im Zeitraum 1990/91 bis ca. 1995 kaum noch gegeben.

Die gesammelten Erfahrungen im AK Unger waren vor allem für meine spätere Tätigkeit an der Hochschule Zittau/Görlitz sehr wichtig. Auch das Kennenlernen von Kopplungstechniken (hyphenated techniques) gehörte dazu und konnte sowohl publiziert als auch in spätere Vorlesungen integriert werden.

Das WIP-Programm konnte ich noch einige Zeit an der Martin-Luther-Universität Halle-Wittenberg, Institut für Biochemie, im Arbeitskreis von Prof. Dr. Gerd-Joachim Krauß fortsetzen (1996 – 1997). Für das Kennenlernen wissenschaftlicher Gebiete, wie z.B. Toxizität/Detoxifikationspotenzial von Glutathion, Phytochelatinen (PC), Metallothioneinen (MT) sowie der Kovalenten Chromatographie, danke ich sehr Herrn Prof. Krauß und seinen Mitarbeitern.

Die Zeit danach war in beruflicher und privater Hinsicht sehr ernüchternd. Die Überwindung dieser Zustände dauerte ca. 1,5 Jahre. In dieser Zeit habe ich mein erstes Buch „Instrumentelle Bioanalytik" verfasst. Die Herausgabe erfolgte zeitgleich mit der erfolgreichen Bewerbung auf eine ausgeschriebene Analytik-Professur an der Hochschule Zittau/Görlitz (1998/1999) – aufgrund einer Annonce aus der Wochenzeitung „Die Zeit".

An der Fachhochschule standen nun die Ausarbeitung von neuen Vorlesungen und zahlreicher Studentenpraktika im Vordergrund. Parallel dazu absolvierte ich ein Postgradualstudium (PGS) an der Universität Leipzig, Institut für Rechtsmedizin, auf dem Gebiet der Toxikologie, das 2001 erfolgreich abgeschlossen wurde.

Das Berufungsgebiet an der Hochschule Zittau/Görlitz war ursprünglich auf die Chemische Analytik/Umweltanalytik fokussiert. Der Abschluss im PGS Toxikologie ermöglichte auch Vorlesungen auf diesem Gebiet an der Hochschule.

Die eigentliche Expertise, die durch die Tagungen „HPLC in der Bioanalytik" (1985 – 1992) sowie im Fachbuch „Instrumentelle Bioanalytik" (Springer-Verlag 1998) ausgewiesen war, inspirierte nun zwingend auch die Vorlesungs- und Praktikumsinhalte in den Studiengängen Chemie und Biotechnologie in diese erfolgsversprechenden Richtungen zu orientieren. In der Vertiefungsrichtung „Bioorganische Chemie" für Chemiestudenten konnten nun Bioanalytik I und II sowie Toxikologie I und II und die Vorlesung „Kopplungstechniken" angeboten werden.

Später erfolgte für den Studiengang „Molekulare Biotechnologie" die Ausrichtung der Inhalte in der Bioanalytik speziell innerhalb der Module „Instrumentelle Bioanalytik" (IBA) und „Protein- und Kohlenhydratanalytik" (PKA).

Die theoretischen und z.T. methodischen Grundlagen des jetzt vorliegenden Fachbuches „Instrumentelles und Bioanalytisches Praktikum" (*InBaP*) gehen auf das Lehrbuch „Instrumentelle Bioanalytik" (*IBA,* 1998) und auf die erweiterte 2. und 3. Auflage der Lehrbücher „Instrumentelle Analytik und Bioanalytik" (*IA&BA*, 2008 und 2015) zurück.

Hinzu kommen vor allem die eigenen praktischen Erfahrungen, die in den letzten 15 Jahren eigener aktiver Durchführung zahlreicher Studentenpraktika (z.T. auch Praktika mit Schülern/Gymnasiasten) erworben wurden.

Alle hier beschriebenen Versuche sind selbst ausgearbeitet und meist auch selbst durchgeführt und dokumentiert worden.

Die Versuchsaufbauten wurden bewusst mit einfachen und unkomplizierten Geräten zusammengestellt. Der Student soll in den analytischen Praktika der ersten Semester Versuchsparameter selbst „manuell" einstellen, variieren und optimieren. Auch die Auswertungen der Ergebnisse mit Linienschreibern sind transparent. Spektren, Elektrophero- und Chromatogramme können eingescannt und weiter bearbeitet mit entsprechenden Designer-Programmen in Protokollen oder auch Publikationen präsentiert werden.

Ich halte diese Arbeitsweise nicht für veraltet – es sind nützliche Erfahrungen, einfache experimentelle Abläufe verfolgen und selbst steuern zu können.

Erst in den späteren Semestern werden die Studenten mit computergesteuertem Equipment und entsprechend moderner Software konfrontiert und eingearbeitet – zunehmend sind diese Geräte eine Art „Black Box" für Neueinsteiger und ihre Funktionsweisen sind z.T. schwer erkenn- bzw. vermittelbar.

Die mit einfachen Geräten in diesem Praktikumsbuch beschriebenen Versuche können natürlich auch auf neuartige und integrierte Messplätze übertragen werden, da meist moderneres Equipment zur Verfügung stehen wird.

Es geht vor allem um die Vermittlung der hier dargestellten Analysenprinzipien, -methoden und -verfahren.

Für Hinweise, Einschätzungen und auch kontroverse Diskussionen bin ich stets offen und dankbar!

Literaturverzeichnis

Gey, MH (1975) Diplomarbeit, „Atomspektroskopische Bestimmung von Arsen in Galliumphosphid", Universität Leipzig, Sektion Chemie

Gey, MH (1983) Dissertation, „Stoffgruppenanalyse komplexer Kohlenwasserstoffgemische mit Hilfe der Hochleistungsflüssigchromatographie", Akademie der Wissenschaften (AdW) der ehemaligen DDR

Gey, MH (1990) Promotion B, „Anwendung der Hochleistungsflüssigchromatographie auf ausgewählte Gebiete der Biotechnologie", AdW der ehemaligen DDR

Meyer VR (1990) Praxis der Hochleistungs-Flüssigchromatographie, Otto Salle, Frankfurt

Meyer VR (1996) Fallstricke und Fehlerquellen der HPLC in Bildern, Hüthig Heidelberg

Gey MH (1988) Acta Biotechnol 8:197

Gey MH, Rietzschel A, Nattermüller W (1991) Acta Biotechnol 11:105

Gey MH, Unger KK, Battermann G (1996) Fresenius J Anal Chem 356:339

Gey MH, Unger KK (1996) Fresenius J Anal Chem 356:488

2 Präanalytik

Unter „Präanalytik" versteht man im Allgemeinen alle Vorbereitungsschritte, die zur erfolgreichen Durchführung einer instrumentellen analytischen Methode notwendig sind. Dies kann die Zubereitung von Test- bzw. Standard- und Probelösungen betreffen. Die hier im Focus befindlichen Praktika untersuchen in der Regel Flüssigkeiten bzw. Festsubstanzen, die in Lösung gebracht worden sind.

Methoden der Probenvorbereitung (LLE, SPE u.a.) dienen i.d.R. der Aufkonzentrierung der Analyte, der Abtrennung komplexer und für die Spezialanalytik ungeeigneter Matrices. Anreicherungsfaktoren von 1:1000 V/V werden erzielt. Weiterhin erfolgt das Überführen der Analyte, die auch in „schmutzigen" Matrices (Abwasser, Urin) enthalten sein können, in hochreine Lösungsmittel.

So ist es z.B. von Vorteil, Benzol aus kontaminierten Abwässern mittels SPE abzutrennen (Kapitel 2.7) und danach in einem hochreinen Lösungsmittel aufzunehmen (Ethanol zur Spektroskopie oder zur HPLC), was den UV-spektroskopischen Nachweis signifikant verbessert.

„Spektroskopische Methoden" (vor allem UV/VIS-Spektroskopie; z.T. auch Fluoreszenz- oder IR- bzw. FTIR-Spektroskopie; deutlich weniger MS oder NMR) sind relativ einfach und schnell zur Reinheitskontrolle einsetzbar – in Bezug z.B. auf die Qualität der organischen Lösungsmittel mit dem Prädikat „zur HPLC" oder „zur Spektroskopie". Hier wird meist die UV-Transmission (Durchlässigkeit) der Lösungsmittel hinsichtlich ihrer Eignung als Extraktionsmittel bzw. als mobile Phasen in der Flüssigchromatographie geprüft. Aber auch Analyte der flüssigen Fraktionen aus der LLE oder SPE (s.o.) selbst können schnell anhand charakteri-stischen Spektren identifiziert werden.

Spektroskopische Methoden dienen auch als Detektoren in den Trenntechniken wie Flüssigchromatographie oder Kapillarelektrophorese und stehen im Kapitel 3, „Instrumentelle & Bioanalytik" vor allem im Focus.

Herstellen von Lösungen/Standardgemischen

Die hier aufgeführten „Prozeduren", „Operationen", „Handhabungen" basieren auf z.Z. eigenen Erfahrungen und „Gewohnheiten" – auch viele andere Wege führen i.d.R. zum Ziel! Wir arbeiten z.B. meist mit Glasdosierspritzen (100 µl oder 500 µl bzw. 1 ml). Andere Labore bevorzugen z.B. Eppendorf-Pipetten (s. 2.3).

Zur Herstellung von Referenz- und Probelösungen dienen meist trapezförmige Glaskolben mit kleinen Volumina (5ml, 10ml, 25ml).

Einwaage, Löslichkeitsprobleme, Verdünnungen

Zum Einwiegen einer Referenzsubstanz bzw. Probe sind gut geeichte Analysenwaagen erforderlich. Für Praktikumsversuche sollte der Grundsatz „Nicht so genau wie möglich, sondern so genau wie nötig" noch tolerierbar sein. Exaktes Arbeiten sollte aber im Vordergrund stehen!

Vor allem ist darauf zu achten, dass die Waage stets sauber gehalten wird und dass keine Substanzpartikel innerhalb des Messinstrumentes sich im Laufe der Zeit ansammeln.

Bei „pastösen" Proben wie z.B. Vitamin E empfiehlt es sich, mit einem zweiten Spatel zu hantieren, um damit die „zähe" Substanz vom Probespatel in ein auf der Waage befindliches Becherglas abzustreifen.

Beachtet werden sollte auch die richtige „Kommastelle", die im mg-Bereich auf dem Display der Waage z.T. nicht sofort klar erkennbar ist.

Für schwierig aufzulösende Referenzsubstanzen bzw. Proben empfiehlt sich neben kräftigem Schütteln eine zusätzliche Behandlung der Probe mit Ultraschall innerhalb von circa 5 bis 10 min – ggf. auch bei etwas erhöhter Temperatur, soweit die Eigenschaften der Substanz das zulassen.

Zur Herstellung entsprechender Verdünnungen von Lösungen sollte die „Sprachregelung" eindeutig sein. Bei der Bezeichnung „Verdünnung 1:10" ist nicht ganz klar, ob 1 Teil von insgesamt 10 Teilen gemeint ist oder ob 1 Teil der Lösung A mit 10 Teilen der Lösung B vereinigt werden sollen.

Für das Präparieren einer 10%-igen Probelösung A ist es eindeutig, dass z.B. ein Volumenanteil A und 9 Volumenanteile B (z.B. Wasser) vereinigt werden. In der Regel werden beim Arbeiten mit einem 10-ml-Messkölbchen z.B. 1 ml Lösung A vorgelegt und mit 9 ml Lösung B aufgefüllt. Der Messkolben besitzt eine Ringmarke unterhalb des Glashalses, um Ablesefehler zu vermeiden. Das Auffüllen ist korrekt, wenn der untere Meniskus der Flüssigkeit die Ringmarke tangiert.

Oder einfach und praktisch formuliert: 1g Natriumchlorid (NaCl) gelöst in 10 ml Wasser ergibt auch eine 10%-ige Kochsalz-Lösung.

Pipetten vs. Dosierspritzen

Pipetten (frz. Diminutiv: lateinisch *deminuere* „verringern, vermindern; bzw. von *pipe* „Pfeife"; auch *Saugröhre, Saugheber* oder *Stechheber*) sind Laborgeräte zum Dosieren von Flüssigkeiten.

Die klassische Form ist ein Glasröhrchen, das an der Spitze verengt ist und am anderen Ende entweder offen oder durch einen aufgesetzten, dickwandigen Gummiballon (z.B. einen Peleusball) oder eine andere Pipettierhilfe verschlossen ist. Häufig, vor allem im medizinischen Bereich, werden auch Wegwerfartikel aus Kunststoffen verwendet. Technisch aufwendiger sind die sogenannten Mikropipetten. Innerhalb unserer Laborpraktika haben sich Glasdosierspritzen bewährt, da sie sehr einfach zu handhaben sind und der Füllstand auch visuell schnell eingeschätzt werden kann.

pH-Messung

Der pH-Wert ist ein Maß für den sauren oder basischen Charakter einer wässrigen Lösung. Er ist der negative dekadische Logarithmus (= *Zehnerlogarithmus*) der Wasserstoffionen-Aktivität und eine dimensionslose Zahl. Es gilt:

$$pH = -\log_{10} a\left(H^+\right) \text{ oder} \tag{2.1}$$

$$a\left(H^+\right) = 10^{-pH} \tag{2.2}$$

Bei verdünnten Lösungen entspricht der pH-Wert in Näherung dem negativen dekadischen Logarithmus des Zahlenwertes der Stoffmengenkonzentration c der Oxoniumionen (H_3O^+) in Mol pro Liter:

$$pH = -\log_{10}\left(c\left(H_3O^+\right) \cdot \frac{1}{mol}\right) \text{ oder} \tag{2.3}$$

$$c\left(H_3O^+\right) = 10^{-pH} \frac{mol}{l} \tag{2.4}$$

Ein pH-Meter oder auch eine pH-Messkette ist ein Messgerät zur Anzeige des pH-Wertes einer Lösung. Dabei wird der Wert auf elektrochemischem Wege bestimmt und nicht über Säure-Base-Indikatoren.

Zwischen 1920 und 1940 wurden die technischen Grundlagen für die pH-Wert-Messung gelegt. So wurde im Jahre 1940 von Jenaer Glas das pH-Meter auf Basis von Wasserstoffelektroden patentiert. Der Einsatz der ersten pH-Meter mit Glaselektroden erfolgte 1935 durch Arnold Beckman. Damit wurde die Zitronensäure-Konzentration bei Zitrusfrüchten gemessen. Beckman verwirklichte auch die Produktion dieser Geräte innerhalb des von ihm gegründeten Unternehmens (National Technical Laboratories; heute: Beckman Coulter).

Das am häufigsten verwendete Messprinzip benutzt das Potenzial einer Glaselektrode, welche auch als pH-Elektrode bezeichnet wird. Eine Halbzellenreaktion an der Glasmembran bildet dort ein elektrisches Potenzial aus, welches in direkter Abhängigkeit zur H^+-Ionen-Konzentration steht.

Aus der Potenzialdifferenz zur Bezugselektrode entsteht eine Spannung, die weitgehend linear den pH-Wert abbildet. Als Bezugselektrode dient in den meisten Fällen eine Silber-Silberchlorid-Halbzelle, die mit der Glaselektrode zu einer sog. Einstab-Messkette zusammengebaut ist. Die Bezugselektrode ist über ein Diaphragma mit der zu messenden Lösung verbunden, das meist aus Glasschwamm, Keramik oder Platinschwamm ausgeführt ist.

Bei Nichtgebrauch wird die Glaselektrode in einer Kaliumchloridlösung aufbewahrt, um das Diaphragmapotenzialneutral und leitfähig zu halten.

Bei der Messung kann kaum ein belastbarer Strom erzeugt werden. Deshalb muss das Messgerät aus einem Verstärker mit sehr hohem Eingangswiderstand und einem nachgeschalteten Spannungsanzeiger aufgebaut werden.

Zur Kalibrierung muss sowohl der Nullpunkt als auch der Verstärkungsfaktor (Steigung) der Schaltung verstellbar sein. Wegen der geringen Belastbarkeit des Messpotenzials kommt es auch sehr leicht zu Störungen der Messung, (z.B. durch sog. Strömungspotenziale). Verunreinigungen und Auslaugungen des Diaphragmas führen ebenfalls zu Messfehlern. Ferner stellt sich ein stabiler Gleichgewichtsmesswert umso langsamer ein, je geringer die Pufferkapazität des Messgutes ist.

Herstellung von Pufferlösungen

Ein Puffersystem, in der Laborarbeit kurz als Puffer bezeichnet, stellt ein Stoffgemisch dar, dessen pH-Wert sich bei Zugabe einer Base oder einer Säure wesentlich weniger stark ändert im Vergleich zu einem ungepufferten System.

Oder etwas vereinfacht formuliert, eine Pufferlösung kann trotz der Zugabe von Basen oder Säuren den pH-Wert weitestgehend konstant halten. Sie besteht aus einer schwachen Säure und dem dazugehörigem Salz (s. Kapitel 3.14 – 3.21).

Reinigung und Trocknung von Glasgeräten

Saubere Glasgeräte sind das A und O in einem analytischen Labor. Die Reinigung und Trocknung von Bechergläsern, Messzylindern, Pipetten u.a. ist sicher trivial und gehört zu den Routineaufgaben nicht nur von Laboranten; sondern reicht von den Studenten der Anfangssemester bis zu den Absolventen von Bachelor-, Master-, Diplom- und Doktorarbeiten. Auch „praktizierenden" Professoren sollte diese Tätigkeit nicht unbekannt sein.

Problematischer wird es bei der Reinigung und Trocknung von hochwertigen Dosierspritzen und Maßkolben vor allem mit kleinen Volumina (2, 5, 10, 25 ml). Glasspritzen zur Chromatographie (GC, HPLC, DC) müssen nach Gebrauch möglichst bald gereinigt werden – vor allem wenn pastöse, schlierige und biologische Flüssigkeiten oder auch Materialien, die zum „Verharzen" und „Verkleben" neigen, dosiert worden sind. Bei der Wahl der Reihenfolge der Lösungsmittel zur Säuberung muss streng auf deren gute Mischbarkeit geachtet werden. Fettlösliche Proben sollten zuerst z.B. mit Hexan oder Isopropanol und nachfolgend mit Ethanol oder Methanol aus den Spritzen entfernt werden. Hydrophile Lösungen sind gut mit entionisiertem Wasser zu spülen und danach auch mit Alkoholen zu behandeln. Achten Sie darauf, dass die Spritzenkolben nicht vertauscht werden – auch das Nachtrocknen in einem Trockenofen ist nicht zu empfehlen.

Bei kleinen Maßkolben sind vergleichbare Reihenfolgen der Säuberungslösungen anzuwenden. Abschließend sollen die Kölbchen noch mit Aceton gespült werden. Danach ist der Kolben „auf den Kopf" zu stellen (ca. 30 s), und zwar auf eine saugfähige Unterlage (Filterpapier, Krepp o.ä.), um die letzten Acetontropfen aus dem Glas zu entfernen. Erst danach sollte der Maßkolben in einem Ofen (wir verwenden einen Pizza-Ofen) sozusagen ausgetrocknet werden. Es ist danach zu prüfen, dass keinerlei Wasserspuren im Maßkolben zurückgeblieben sind. Auch winzige Wasserreste im Kolben können nach einer nachfolgenden Befüllung mit Hexan zur Emulsionsbildung o.ä. führen.

2 Präanalytik: Versuch 1

2.1 Löslichkeit von Analyten

2.1.1 Einführung und Zielstellung

Für die Isolierung eines Analyten aus einer Matrix, innerhalb seiner Aufarbeitung (Trennung, Reinigung, Anreicherung) sowie zur flüssigchromatographischen Analyse ist die Löslichkeit eine ganz wichtige Eigenschaft.

Man unterscheidet u.a. zwischen polaren und unpolaren sowie zwischen hydrophilen und hydrophoben Stoffen.

Dies gilt auch für die Trennmaterialien (stationäre Phasen), die in der Festphasenextraktion (s. Versuche 2.6 und 2.7) oder Flüssigchromatographie (s. Versuche 3.1 und 3.3) eingesetzt werden.

Ziel des Versuches ist, die Löslichkeit verschiedener Analyte in Wasser, Hexan und Ethanol zu prüfen und Korrelationen zwischen der Analytstruktur und Löslichkeit herzustellen. Diese Kenntnisse sind auch auf die Interpretation der Untersuchungen zur Benetzbarkeit von Trennmaterialien und zu ihrem Absinkverhalten in diesen Lösungsmitteln (s. Versuch 2.2) anzuwenden.

2.1.2 Materialien und Methoden

2.1.2.1 Materialien und Zubehör

- Reagenzgläser mit Schliff und Stopfen
- Bechergläser, Dosierspritzen
- Abfallbehältnisse (Waste)
- Spatel, Schöpfer
- Laborhandschuhe
- Hexan zur Spektroskopie
- Methanol, Ethanol zur HPLC
- entionisiertes Wasser
- Glycin, Toluol, Coffein, Acetylsalicylsäure, Lactose, Vitamin E,
- Citronensäure, Vitamin C, Naphthalin, Phenylalanin,
- Saccharose, Fructose, Paracetamol, Nitrobenzol

2.1.2.2 Ausgewählte Analyte

Das Praktikum kann mit zwei Studentengruppen durchgeführt werden. Die nachstehende Tabelle enthält ausgewählte 2 Gruppen von Analyten, die hinsichtlich ihrer Löslichkeit in Hexan, Ethanol und Wasser ausgewertet werden.

Tabelle 1A (Gruppe A)

Substanz	Lösungsmittel	Substanz	Lösungsmittel
Glycin	Wasser Hexan EtOH	Lactose	Wasser Hexan EtOH
Toluol	Wasser Hexan EtOH	Vitamin E	Wasser Hexan EtOH
Coffein	Wasser Hexan EtOH	Citronensäure	Wasser Hexan EtOH
Acetylsalicylsäure	Wasser Hexan EtOH	Vitamin C	Wasser Hexan EtOH

Tabelle 1B (Gruppe B)

Substanz	Lösungsmittel	Substanz	Lösungsmittel
Naphthalin	Wasser Hexan EtOH	Fructose	Wasser Hexan EtOH
Vitamin C	Wasser Hexan EtOH	Vitamin E	Wasser Hexan EtOH
Phenylalanin	Wasser Hexan EtOH	Paracetamol	Wasser Hexan EtOH
Saccharose	Wasser Hexan EtOH	Nitrobenzol	Wasser Hexan EtOH

2.1.2.3 Versuchsdurchführung

Die Gruppe A bearbeitet die Substanzen der Tabelle 1A; die Praktikumsgruppe 1B die in Tabelle 1B enthaltenen Materialien.

Die Reagenzgläser (Schliff und Stopfen) sind jeweils mit 3 ml Wasser, Hexan oder Methanol/Ethanol zu füllen. Mittels Spatel, Schöpfer sind ca. 300 mg Feststoff („kleine Spatelspitze") hinzuzugeben und zu schütteln.

Dabei müssen Gummihandschuhe getragen werden und es ist darauf zu achten, dass die Stopfen auch dicht sind!

Flüssigkeiten wie z.b. Benzol sind mittels Dosierspritze in die gefüllten Reagenzgläser zu applizieren (Volumen: 300 µl). Vorsicht! – Benzol ist giftig!

Die erhaltenen „Reagenzglasmischungen" sind visuell auszuwerten. Dabei sollen Löslichkeiten/Nichtlöslichkeiten, Emulsionsbildungen sowie die Art der Benetzung und das Absinkverhalten (Sedimentation) interpretiert werden.

2.1.3 Versuchsergebnisse (Auswahl)

Anhand einiger Beispiele aus diesen Versuchen sollen einfache Zusammenhänge zwischen der Struktur einer Substanz und seinem Löseverhalten in den unterschiedlich polaren Lösungsmitteln (Wasser – Ethanol – Hexan) dargestellt und interpretiert werden.

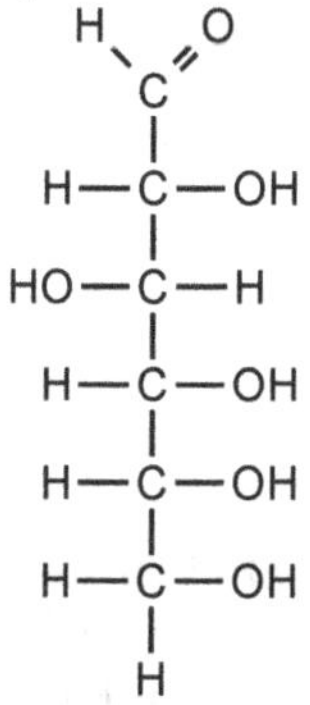

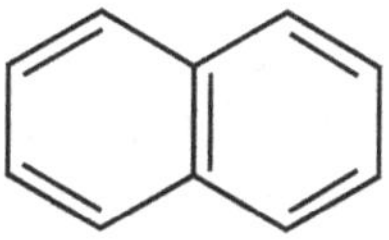

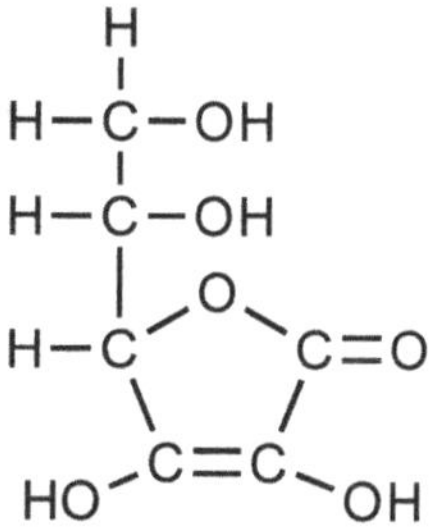

Abb. 2.1.1 Glucose   **Abb. 2.1.2** Naphthalin   **Abb. 2.1.3** Vitamin C

Abbildung 2.1.1 zeigt die Struktur des monomeren Zuckers Glucose. Diese Hexose besitzt polare OH-Gruppen, die der Verbindung ihren hydrophilen Charakter verleihen. Glucose ist damit sehr gut in Wasser löslich und auf Grund fehlender hydrophober Gruppen nicht löslich in Hexan.

Überprüfen Sie selbst, ob und wie gut sich die Glucose im Ethanol löst!

In der Abbildung 2.1.2 ist der aromatische Kohlenwasserstoff Naphthalin dargestellt. Polare Gruppen sind im Molekül nicht vorhanden, sodass nur eine sehr geringe oder keine Wasserlöslichkeit vorliegt. Dagegen wird das Molekül durch die C-H- und C-H₂-Gruppierungen geprägt, sodass eine gute Löslichkeit in Hexan vorausgesagt werden kann. Literaturhinweise und eigene Erfahrungen belegen allerdings, dass größere polycyclische Aromaten (PAKs) wie das Benzo(a)pyren schlechter in Hexan löslich sind. Hier können mit Dichlormethan die PAKs in Lösung gebracht werden.

Anschauliche Vergleiche hinsichtlich ihrer Löslichkeit bieten wasser- und fettlösliche Vitamine. Die Ascorbinsäure (Vitamin C, Abb. 2.1.3) zeichnet sich durch hydrophile (wasserliebende) OH-Gruppen aus. Ohne dies zu testen, wissen wir um die gute Wasserlöslichkeit sowohl von Zuckern als auch von Vitamin C.

Trotzdem soll die Löslichkeit getestet werden – vor allem auch in Ethanol.

Die Struktur von Vitamin E zeigt die Abbildung 2.1.4. Dieses fettlösliche bzw. lipophile Vitamin besteht aus 4 sogenannten Tocopherol-Species. Das Molekül wird durch die lange hydrophobe Alkylkette geprägt, was eine gute Löslichkeit in unpolaren Lösungsmitteln erwarten lässt. Führen Sie auch die Löseversuche von Vitamin E in Ethanol und Wasser durch – notieren Sie ihre Beobachtungen und interpretieren Sie die Ergebnisse.

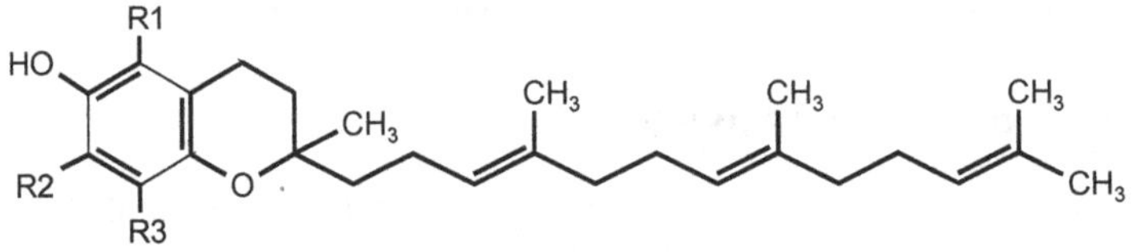

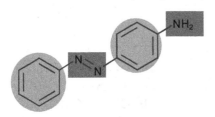

Abb. 2.1.4 Vitamin E (Tocopherole)

Abb. 2.1.5 4-Aminoazobenzol

Der Analyt 4-Aminoazobenzol (s. Abb. 2.1.5) besitzt in seiner Struktur sowohl polare (Aminogruppe: $-NH_2$, Azogruppe: $-N=N-$) als auch unpolare Molekülbereiche (2 Phenylringe). Deshalb ist es besonders interessant, in welchen Flüssigkeiten er gut bzw. weniger gut löslich ist. Andererseits ist das Experimentieren mit diesem Farbstoff problematisch, da er bedingt durch eine gewisse Giftigkeit und vor allem aufgrund des intensiven Färbens von Materialien und Gegenständen während der Experimente nicht besonders geeignet ist.

Nach unseren Experimenten ist 4-Aminoazobenzol nur wenig in Wasser löslich, aber sehr gut in Ethanol. Dieser Alkohol weist in seiner Molekülstruktur die unpolare CH_3-CH_2-Gruppierung und die polare OH-Gruppe auf. Somit sind die Polaritäten von Lösungsmittel und Farbstoff ähnlich („Gleiches löst sich im Gleichen").

2.1.3 Wissenswertes zum Versuch

2.1.3.1 Lösungsmittel (oder auch Lösemittel)

Ein Lösungsmittel ist eine Flüssigkeit, die Gase, andere Flüssigkeiten oder Feststoffe lösen kann, ohne dass es dabei zu chemischen Reaktionen zwischen gelöstem Stoff und lösender Flüssigkeit kommt.

2.1.3.1.1 Löslichkeit

Die Löslichkeit eines Stoffes gibt an, ob und in welchem Umfang ein Reinststoff in einem Lösungsmittel gelöst werden kann.

Sie bezeichnet also die Eigenschaft eines Stoffes, sich unter homogener Verteilung (als Atome, Moleküle oder Ionen) mit dem Lösungsmittel zu vermischen. Meist ist das Lösungsmittel eine Flüssigkeit.

Es gibt aber auch feste Lösungen, wie z.b. Legierungen, Gläser, keramische Werkstoffe und dotierte Halbleiter.

Bei der Lösung von Gasen in Flüssigkeiten bezeichnet der Begriff „Löslichkeit" einen Koeffizienten, der die im Diffusionsgleichgewicht mit dem Gasraum in der Flüssigkeit gelöste Gasmenge bezogen auf den Druck des Gases angibt.

2.1.3.1.2 Grundsatz der Löslichkeit

Es gilt „Gleiches löst Gleiches" oder „Ähnliches löst sich in Ähnlichem" (lat.: *similia similibus solvuntur*)!

2.1.3.1.3 Aprotisch-unpolare Lösungsmittel

Ein Alkan ist unpolar. Die Wasserstoffatome sind alle gleich fest an die Kohlenstoffkette gebunden und können daher als Protonen nur sehr schwer und unter Bildung ihrerseits sehr reaktiver Carbanionen abdissoziieren.

Dies macht alle Stoffe dieser Gruppen ineinander leicht löslich, sie sind sehr lipophil (fettliebend") und sehr hydrophob (gr.: *hydro*: Wasser; *phobos:* Furcht); ergibt: „wassermeidend". Aber nicht nur Wasser kann sich nicht lösen, sondern alle anderen stark polaren Stoffe auch nicht, wie z.B. kurzkettige Alkohole, Chlorwasserstoff oder Salze.

In der Flüssigkeit werden die Teilchen lediglich von Van-der-Waals-Kräften zusammengehalten.

2.1.3.1.4 Aprotisch-polare Lösungsmittel

Ist das Molekül jedoch asymmetrisch substituiert, besonders mit stark polarisierenden funktionellen Gruppen wie der Carbonylgruppe, so weist das Molekül ein Dipolmoment auf. Zwischen-molekular tritt nun elektrostatische Anziehung dauerhafter Dipole zu den immer noch vorhandenen, aber total überlagerten Van-der-Waals-Kräften hinzu.

Dies hat eine wesentliche Erhöhung des Siedepunktes zur Folge, in vielen Fällen eine Verschlechterung der Mischbarkeit mit unpolaren Lösungsmitteln sowie eine Verbesserung der Löslichkeit von und in polaren Stoffen. Beispiele sind Ether, Ester, Säureanhydride und Ketone (Aceton).

2.1.3.1.5 Protisch-polare Lösungsmittel

Sobald ein Molekül über eine funktionelle Gruppe verfügt, aus der Wasserstoffatome im Molekül als Protonen abgespalten werden können (Dissoziation), spricht man von einem protischen Lösungsmittel.

Das wichtigste protische Lösungsmittel ist Wasser, das (vereinfacht) in ein Proton und ein Hydroxid-Ion dissoziiert.

Weitere protische Lösungsmittel stellen z.B. Alkohole und Carbonsäuren dar. Hier erfolgt die Abspaltung des Protons immer an der OH-Gruppe, da der elektronegative Sauerstoff die entstehende negative Ladung gut aufnehmen kann.

Polar protische Lösungsmittel lösen ihrerseits Salze, die dann in Anionen und Kationen dissoziieren können. Ebenso ist die Löslichkeit polarer Verbindungen gut, dagegen ist die Löslichkeit unpolarer Verbindungen gering.

2.1.6 Empfehlungen zur Versuchsauswertung (Auswahl)

1) Was sind hydrophile und hydrophobe Stoffe? Nennen Sie je zwei Vertreter!
2) Zeichnen Sie die Struktur von Glucose, Benzol, Naphthalin, Hexan und Ethanol.
3) Welche unterschiedlichen Gruppierungen enthalten Butanol, 4-Aminoazobenzol und Nitrobenzol? Wie unterscheiden sich diese Gruppierungen?
4) Was sind Fettsäuren und Fette?
5) Was bedeutet „Similia similibus solvuntur"?
7) Erklären Sie die Sedimentation von Partikeln.

2.1.7   Informationsquellen

1) Schwedt G (1995) Analytische Chemie: Grundlagen, Methoden und Praxis, Georg Thieme, Stuttgart
2) Harris C, Werner G (1994) Lehrbuch der Quantitativen Analyse, Vieweg
3) Gey MH (2008) Instrumentelle Analytik und Bioanalytik, Springer, Berlin
4) Gey MH (2015) Instrumentelle Analytik und Bioanalytik, Springer, Berlin

2 Präanalytik: Versuch 2

2.2 Charakterisierung von stationären Phasen

2.2.1 Einführung und Zielstellung

Stationäre Phasen in Verbindung mit mobilen Phasen bilden vor allem die Grundlage für chromatographische Trennsysteme. Aber auch Extraktionsprozesse wie die Festphasenextraktion (SPE) basieren auf stationären Phasen wie Silicagele oder Polymermaterialien (S-DVB).

Zur Charakterisierung der stationären Phasen dienen Korngröße bzw. Pstikelgröße und deren Formen. So wird zwischen gebrochenen (irregulären) und kugelförmigen (sphärischen) Materialien (Silicagelen) unterschieden (IA&BA). Auch Oberfläche und Porengröße sind weitere wichtige Parameter, die i.d.R. von den Herstellern und Produzenten dieser Materialien bereits ermittelt werden.

Nacktes Silicagel ist polar und besitzt an seiner Oberfläche Silanolgruppen, die chemisch modifiziert werden können. Dadurch wird der polare Charakter verändert – die Funktionalisierung kann zu mittelpolaren oder ganz unpolaren Partikeln der stationären Phasen führen.

In der slab gel elektrophoresis werden neben Folien (Celluloseacetat) vor allem Gele wie Agarose oder Polyacrylamid eingesetzt.

Die Elektrophorese wird z.T. unter „Chromatographie" eingeordnet, da auch eine Trennphase (Gel) und eine mobile Phase (i.d.R. ein Puffer) verwendet werden. Sie unterscheiden sich jedoch deutlich in ihren naturwissenschaftlichen Prinzipien „Wanderung von geladenen Analyten (Ionen) im elektrischen Feld" bzw. „Wechselwirkungen von Analyten mit einer mobilen Phase und einer stationären Phase".

Ziel der einfachen Experimente im Hinblick auf Flüssigchromatographie ist, unmodifiziertes Silicagel und sogenanntes unpolares Reversed-Phase-Material hinsichtlich der Benetzbarkeit mit unterschiedlich polaren mobilen Phasen (Wasser, Ethanol, Hexan) zu vergleichen. Auch das Sedimentationsverhalten in diesen Flüssigkeiten zwischen beiden Trennphasen soll verglichen und interpretiert werden. Dafür sind sowohl die Polaritäten bzw. die entsprechenden polaren/unpolaren Gruppierungen in den Molekülstrukturen der stationären als auch der mobilen Phasen heranzuziehen.

Weiterhin erfolgen auch Charakterisierungen von Folien und Gelen innerhalb der slab gel Elektrophorese.

2.2.2 Materialien und Methoden

2.2.2.1 Materialien und Zubehör

- Reagenzgläser mit Schliff und Stopfen, Reagenzglaständer
- Bechergläser, Abfallbehältnisse (Waste)
- Laborhandschuhe
- Spatel, Schöpfer, Dosierspritzen, Standzylinder,
- Hexan zur Spektroskopie, Methanol, Ethanol zur HPLC
- entionisiertes Wasser
- Silicagel und RP-18-Silicagel für die HPLC

2.2.2.2 Silicagel – Quarzglas – SiO_2 in der Analytik

Glas in seinen speziellen und hochreinen Materialformen findet weite Verbreitung in der instrumentellen Analytik (Abb. 2.2.1) und bildet vor allem für die Flüssigchromatographie (HPLC), die UV-Spektroskopie, die Kapillargaschromatographie (CGC) und die Kapillarelektrophorese (CE) eine essentielle Basis.

Während Fused-Silica-Kapillaren mit einer Länge von ca. 60 cm die Trennstrecke in der CE darstellen, wird das gleiche Material mit Längen bis zu 100 m und mehr in der Gaschromatographie mit Kapillaren eingesetzt. Für Messungen im ultravioletten Spektralbereich müssen Küvetten aus hochreinem Quarzglas verwendet werden, um störende Eigenabsorptionen zu vermeiden.

Schließlich gehört das Silicagel in der Flüssigchromatographie (HPLC) zu den am häufigsten eingesetzten stationären Phasen – vor allem in Form von Reversed-Phase-Materialien und anderen chemischen Modifizierungen wie Aminophasen oder Ionenaustauscher.

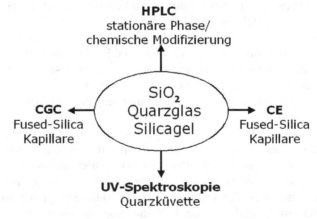

Abb. 2.2.1 SiO_2 – Quarzglas – Silicagel innerhalb analytischer Methoden

2.2.2.3 Strukturen der Trennmaterialien

Silicagel bzw. Kieselgel (Abb.2.2.2) wird in der Flüssigchromatographie – je nach Herstellerfirma – ganz unterschiedlich bezeichnet (z.B. LiChrospher, LiChrosorb, Nucleosil, Perisorb, Silasorb, Zorbax).

Es besteht aus Siliziumatomen, die mit Sauerstoffatomen dreidimensional verknüpft sind. Es besitzt an der Oberfläche freie Silanolgruppen, die durch chemische Modifizierungen den Charakter bzw. die Polarität des Trennmaterials in weiten Bereichen einstellen können.

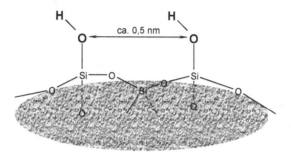

Abb. 2.2.2 Struktureller Aufbau von Silicagel (vereinfacht)

Häufig werden sogenannte Umkehrphasen (Reversed-phase) aus Silicagel synthetisiert wie das RP-18-Trennmaterial (Abb. 2.2.3), das aufgrund seiner langen Octadecylkette ein sehr hydrophobes Material darstellt.

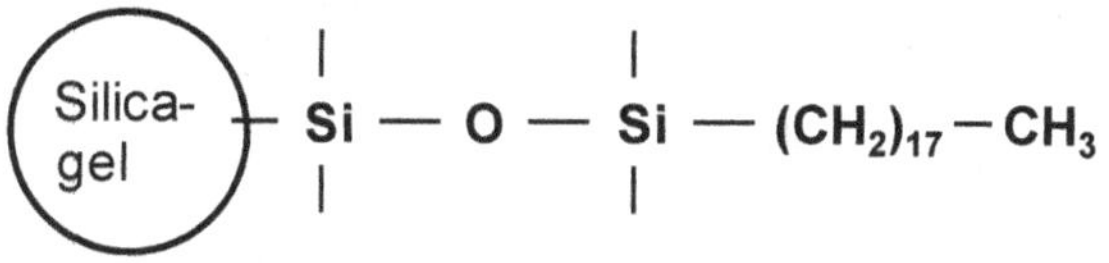

$$\text{Silica-gel} \quad \text{Si} - \text{O} - \text{Si} - (CH_2)_{17} - CH_3$$

Abb. 2.2.3 RP-18-Trennmaterial auf Silicagelbasis

Als alternative Trennphasen gelten Polymermaterialien auf der Basis von Styren-Divinylbenzen (S-DVB), die durch Polymerisation aus Styren und Divinylbenzen (Abb. 2.2.4) hergestellt werden. Das Material ist ebenfalls hydrophob und kann chemisch modifiziert werden (vgl. auch Abb. 2.2.7).

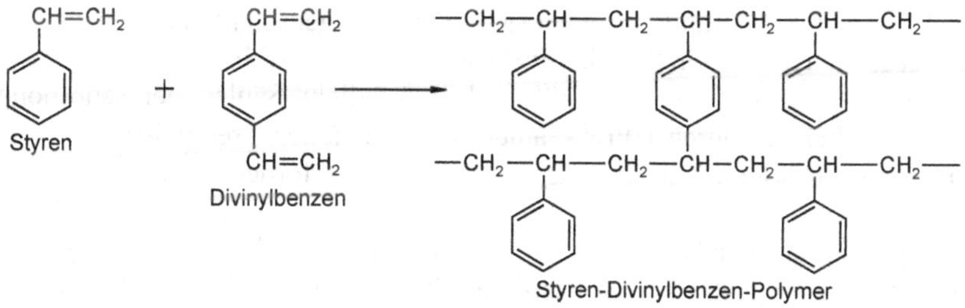

Styren + Divinylbenzen → Styren-Divinylbenzen-Polymer

Abb. 2.2.4 Herstellung eines Styren-Divinylbenzen-Polymers

Für elektrophoretische Trennungen (slab gel elektrophoresis) dienen Agarose (Abb. 2.2.5/6) oder Polyacrylamid (Abb. 2.2.7).

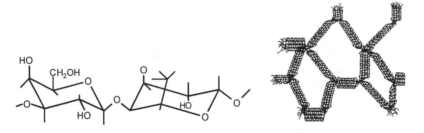

Abb. 2.2.5 Agarose-Struktur

Abb. 2.2.6 Gelstruktur der Agarose

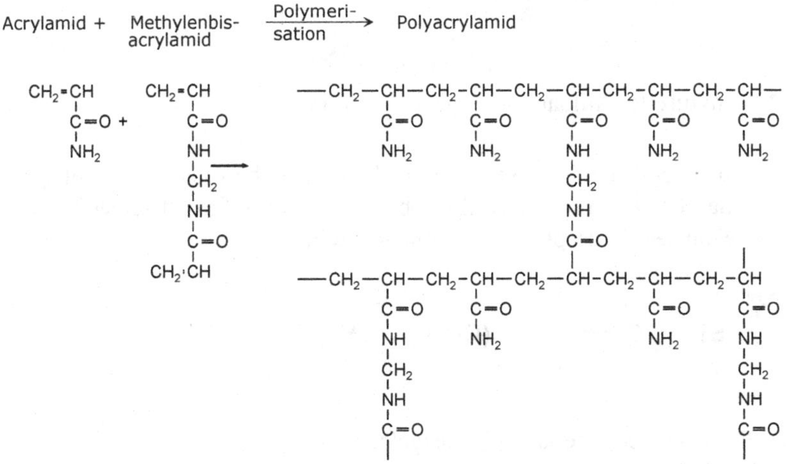

Abb. 2.2.7 Herstellung von Polyacrylamid

2.2.2.4 Anorganische Trennphasen versus Polymertrennphase

Beide Trennmaterialien unterscheiden sich in ihren Eigenschaften erheblich, andererseits ergänzen sie sich in der Flüssigchromatographie (Abb. 2.2.5).

Die hohe Druckstabilität des Silicagels ermöglicht Säulen bei sehr hohem Druck zu packen, wodurch HPLC-Säulen mit sehr hohen Trennleistungen resultieren. Auch sehr kleine Partikel wie in der UHPLC erfordern sehr hohe Fülldrücke (ca. 1000 bar).

Trennphasen auf der Basis von Styren-Divinylbenzen sind zwar wenig druckstabil, können aber auch mit sehr basischen Flüssigkeiten eluiert werden und sind fast im gesamten pH-Bereich hydrolysestabil (Abb. 2.2.8).

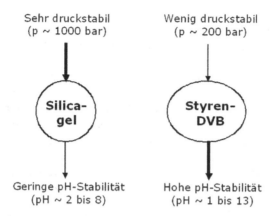

Abb. 2.2.8 Druckstabilität und pH-Stabilität

2.2.2.5 Partikelgrößen

Wie die folgende Abbildung 2.2.9 zeigt, unterscheidet man zwischen irregulärem (gebrochenen) und sphärischen (kugelförmigen) Trennphasen.

Partikel, die in ihrer Größe sehr einheitlich sind, d.h., die eine sehr enge Korngrößenverteilung besitzen und gleichmäßig rund sind, werden i.d.R. zur Packung trennleistungsstarker Säulen in der HPLC und UHPLC eingesetzt. Ihr Preis ist im Vergleich zu gebrochenen Materialien relativ hoch.

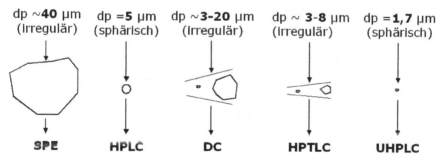

Abb. 2.2.9 Partikelgrößen in der SPE und Flüssigchromatographie

Preiswertes irreguläres Material findet vor allem in SPE-Röhrchen innerhalb der Festphasenextraktion Verwendung, Diese werden i.d.R. nur einmal benutzt und stellen bei der Probenvorbereitung ein Wegwerfmaterial dar.

Die Entwicklungen von der Dünnschichtchromatographie (DC) zur trenneffizienteren HPTLC gingen auch mit der Verkleinerung der Korngrößen einher. Der Größenbereich 3 – 20 µm (DC) ist grob gefasst und besitzt eine sehr breite Verteilung. Dagegen ist die Korngrößenverteilung der stationären Phase auf HPTLC-Platten relativ eng (~ 3 bis ca. 8 µm).

2.2.2.6 Funktionelle Gruppen und Trennmechanismen

Beide hängen sehr eng zusammen und die Aussage, dass die funktionelle Gruppe an einer stationären Phase den Trennmechanismus bestimmt, ist i.d.R. richtig.

Polares Silicagel wird durch die Oberflächensilanolgruppen geprägt und für den Chromatographieprozess ist dann ein Eluent mit unpolarem Charakter (z.b. Hexan) einzusetzen. Dieses klassische Trennsystem Silicagel/Hexan wurde zuerst angewandt und erhielt auch deshalb die Bezeichnung „Normalphasenchromatographie" (NPC, Abb. 2.2.10). Aufgrund der Erkenntnis, dass bereits geringe Wasserspuren (ppm-Bereich) im Eluenten die Trennungen verändern und diese schwer zu standardisieren waren, erfolgte die Suche nach robusteren und damit auch reproduzierbarer arbeitenden Trennsystemen. Die Reversed-Phase-Materialien erfüllen diese Forderungen. Sie sind jedoch hydrophob, so dass zur Elution polare mobile Phasen notwendig waren. Die Polaritäten wurden „umgedreht" und somit der Begriff „Umkehrphasenchromatographie" (RP-LC, RP-HPLC) eingeführt. Beide Trennvarianten sind vor allem für unpolare Aromaten gut geeignet.

Durch andere chemische Modifizierungen, die auch an Styren-Divinylbenzen durchgeführt wurden, konnten weitere Trennsysteme (Abb. 2.2.10) erschlossen werden. Damit können u.a. effiziente LC-Trennungen von Zuckern mithilfe der Ligandenaustauschchromatographie (LEC) oder auch von organischen und anorganischen Anionen mittels Ionenaustauschchromatographie erzielt werden.

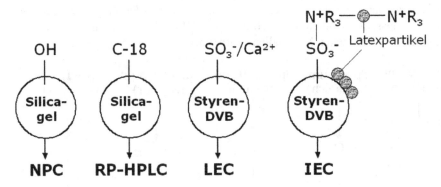

Abb. 2.2.10 Funktionalitäten

2.2.2.7 Allgemeine Versuchsdurchführung

Die Reagenzgläser (Schliff und Stopfen) sind jeweils mit 3 ml Wasser, Hexan oder Methanol/Ethanol zu füllen. Mittels Spatel, Schöpfer sind ca. 500 mg Feststoff („kleine Spatelspitze") hinzuzugeben und zu schütteln. Dabei müssen Gummihandschuhe getragen werden und es ist darauf zu achten, dass die Stopfen auch dicht sind! Falls die Beobachtungen nicht eindeutig ausfallen, ist mehr Feststoff hinzuzufügen; ggf. sind auch größere Reagenzgläser mit mehr Flüssigkeit zu verwenden.

Die erhaltenen „Reagenzglasmischungen" sind visuell auszuwerten. Dabei sollen die Art der Benetzung und das Absinkverhalten (Sedimentation) festgestellt und interpretiert werden. Einige Beispiele dazu sind im Kapitel 2.2.4 enthalten.

2.2.3 Wissenswertes zum Versuch

2.2.3.1 Benetzbarkeit

Die Benetzung als Vorgang und die Benetzbarkeit als Eigenschaft beschreiben, wie sich eine Flüssigkeit auf der Oberfläche eines Festkörpers (stationäre Phase) verhält, wenn sie mit diesem in Kontakt kommt.

Je nachdem, um was für eine Flüssigkeit es sich handelt, aus welchem Material die Oberfläche besteht und wie deren Beschaffenheit ist, zum Beispiel in Bezug auf die Rauigkeit, benetzt die Flüssigkeit die Oberfläche mehr oder weniger stark.

Man unterscheidet:

- vollständige Benetzung
- partielle Benetzung
- keine Benetzung.

2.2.3.2 Sedimentations-/Absinkverhalten

Sedimentation (*Absetzen*, zu lat. *sedimentum* „Bodensatz") ist das Ablagern/Absetzen von Teilchen aus Flüssigkeiten unter dem Einfluss der Schwerkraft und anderen Kräften, wie zum Beispiel der Zentrifugalkraft („Fliehkraft") in einer Zentrifuge.

Bildet sich zuunterst eine Schicht von Schwebstoffen, so nennt man dies Bodensatz.

Bei der Sedimentation schichten sich die abgelagerten Teilchen aufgrund ihrer unterschiedlichen Sedimentationsgeschwindigkeit (Absinkgeschwindigkeit) nach ihrer Dichte und ihrer Größe.

Unter der Sedimentations- oder Absinkgeschwindigkeit versteht man die Vertikalgeschwindigkeit, mit der sich ein Partikel innerhalb eines fluiden (flüssigen) Mediums absetzt (sedimentiert). Sie ist abhängig von der Schwerebeschleunigung, der Dichte des Fluids/Partikels, dem Durchmesser des Partikels und der Viskosität der Flüssigkeit.

Schwere Partikel sedimentieren demzufolge schneller als leichte Teilchen. In viskosen Medien wird die Sedimentationsgeschwindigkeit geringer.

Die Partikel von stationären Phasen können einen polaren, mittelpolaren oder auch unpolaren (hydrophoben) Charakter aufweisen. Während der Versuche ist u.a. zu beobachten, wie sich z.B. hydrophobe Partikel in unpolaren Flüssigkeiten (Hexan) im Vergleich zu mittelpolaren (MeOH) und polaren (Wasser) Lösungsmitteln verhalten bzw. ob es Unterschiede in den Sedimentationsgeschwindigkeiten gibt. Auch für polare Teilchen sind diese Beobachtungen anzustellen und zu interpretieren.

2.2.4 Versuchshinweise/-ergebnisse (Auswahl)

2.2.4.1 Benetzbarkeit von Silicagel/Silicagel-RP-18

Unmodifiziertes Silicagel wird mit Wasser gut benetzt, da beide Species einen polaren Charakter besitzen. Andererseits kann vorausgesagt werden, dass ein mit Octadecylketten (C-18) chemisch modifiziertes Silicagel stark hydrophob wird. Im Kontakt mit Wasser erfolgt somit keine Mischbarkeit.

2.2.4.2 Absinkverhalten von Silicagel in Wasser und Hexan

Es soll festgestellt werden, wie schnell polares Silicagel in verschiedenen Lösungsmitteln (Wasser, Isooctan und Ethanol) absinkt. Die Unterschiede sollen unter Zugrundelegung der entsprechenden Polaritäten der Flüssigkeiten erklärt werden.

Ein Glasgefäß (Reagenzglas mit Schliff und Stopfen) wird mit entionisiertem Wasser gefüllt und mit 2 reichlichen Spatelspitzen polarem Silicagel versetzt. Nach kräftigem Schütteln des geschlossenen Gefäßes wird die Sedimentation des Silicagels im Wasser beobachtet (Versuch A).

Der gleiche Test erfolgt mit dem unpolaren Lösungsmittel Isooctan (vgl. Versuch B). Notieren Sie Ihre Beobachtungen und vergleichen und interpretieren Sie beide Versuche (s.a. Abb. 2.2.11).

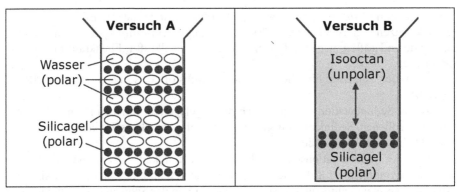

Abb. 2.2.11 Absinkverhalten von Silicagel in Wasser (links) und Hexan

2.2.5 Fragen zur Versuchsauswertung

1) Nennen Sie wichtige „analytische Materialien" aus Quarzglas!
2) Vergleichen Sie Normalglas und Fused-Silica/Quarzglas!
3) Wie kann man Silicagel chemisch modifizieren?
4) Wie werden Reversed-Phase-Materialien synthetisiert?
5) Welche Partikelgrößen und -formen werden in der HPLC und in der SPE eingesetzt und warum?

2.2.6 Informationsquellen

1) Meyer VR (1990) Praxis der Hochleistungsflüssigchromatographie, Otto Salle, Frankfurt

2) Schwedt G (1995) Analytische Chemie: Grundlagen, Methoden und Praxis, Georg Thieme, Stuttgart

3) Gey MH (2008) Instrumentelle Analytik und Bioanalytik, Springer, Berlin

4) Gey MH (2015) Instrumentelle Analytik und Bioanalytik, Springer, Berlin

Panta rhei: Alles fließt!

„Man kann nicht zweimal
in denselben Fluss steigen.“

(nach Heraklit)

2 Präanalytik: Versuch 3

2.3 Charakterisierung von mobilen Phasen

2.3.1 Einführung und Zielstellung

Mobile Phasen sind Lösungsmittel, die in der Flüssigchromatographie auch als Eluenten bezeichnet werden. Spektroskopie und HPLC erfordern hohe Reinheiten dieser Materialien und sie sollen als „klare" Flüssigkeiten eingesetzt werden, da „Schwebeteilchen" die Detektion stören und auch emulsionsartige mobile Phasen ungeeignet sind. Organische Eluenten wie Methanol, Ethanol, Acetonitril sowie Wasserzusätze müssen sich dabei durch möglichst hohe UV-Durchlässigkeit (Transparenz) auszeichnen. Eluenten wie Benzol oder Chloroform mit extrem geringer Durchlässigkeit im nahen UV-Bereich sind für UV-Detektoren in der HPLC ungeeignet. Dagegen finden sie weitreichende Anwendung in der Dünnschichtchromatographie, da hier dieses Detektionsproblem nicht besteht.

Ziel des Versuches ist, die UV-Transparenz von mobilen Phasen mithilfe von Spektren zu demonstrieren und zu vergleichen. Dies betrifft sowohl Messungen von Eluenten in Absorptionsmodus als auch die Angabe von Durchlässigkeiten bzw. Transmissionen. Außerdem sind diese Spektren der mobilen Phasen auch den Spektren von Flüssigkeiten/Substanzen gegenüberzustellen, die in diesen Spektralbereichen signifikante Absorptionen bzw. Absorptionsmaxima zeigen.

2.3.2 Materialien und Methoden

2.3.2.1 Materialien und Zubehör

- UV/VIS-Spektralphotometer, Quarzküvetten
- Reagenzgläser mit Schliff und Stopfen, Reagenzglasständer
- Bechergläser, Abfallbehältnisse (Waste)
- Laborhandschuhe
- Hexan und Isooctan zur Spektroskopie
- Methanol, Ethanol, Isopropanol zur HPLC
- Acetonitril, Aceton
- Chloroform, Tetrachlorkohlenstoff
- entionisiertes Wasser, Leitungswasser
- Dosierspritzen (100 µl, 500 µl, 1 ml)

2.3.2.2 Equipment für den Versuch

Die Aufnahme der Spektren von Lösungsmitteln (Eluenten, mobilen Phasen) erfolgte mithilfe eines UV/VIS-Spektralphotometers (meist im UV-Bereich zwischen 400 und 200 nm). Es wurde ein Zweistrahlphotometer eingesetzt; die Vergleichsküvette – wie auch die Messküvette aus Quarzglas bestehend – wurde i.d.R. mit entionisiertem Wasser gefüllt.

In der Abbildung 2.3.1 ist der prinzipielle Aufbau des Spektralphotometers dargestellt. Mit dieser speziell für Praktika ausgerichteten Messapparatur können nach Einschalten der Wolframlampe im Visible-Bereich zwischen 800 und 400 nm Spektren registriert werden (s.a. Kapitel 2,4; 2,5; 3.1 und 3.24). Bei 400 nm muss dann die Deuteriumlampe in den Strahlengang des Spektrometers eingeschaltet werden (Betätigung eines Hebels mit verbundenden Kurzausschlag; vgl. die Abbildung 2.4.2 in Kapitel 2.4), wenn UV-Spektren im Bereich bis ca. 200 nm aufgenommen werden sollen. Weitere Erklärungen zur UV/VIS-Spektralphotometrie im Fachbuch: Gey, M: Instrumentelle Analytik & Bioanalytik, Seite 277 ff., Springer 2015 und im Abschnitt 2.3.4 dieses Kapitels.

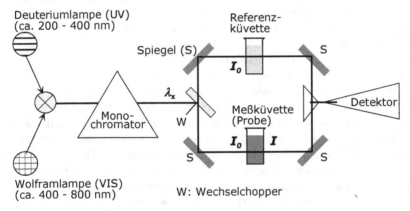

Abb. 2.3.1 Aufbau eines UV/VIS-Spektralphotometers (Zweistrahlgerät)

2.3.3 Ergebnisse der Spektrenaufnahme

Lösungsmittel, die für die HPLC mit UV-Detektion (als mobile Phase) bzw. für die UV-Spektroskopie (zur Lösung der Analyte oder zur Probenverdünnung) eingesetzt werden, müssen hoch transparent sein. D.h., sie sollten bis zum nahen UV-Bereich um ca. 200 – 220 nm kaum Absorptionen zeigen. Dagegen können stark absorbierende mobile Phasen wie Chloroform oder sogar Benzol/Toluol in der Dünnschichtchromatographie unproblematisch verwendet werden, da sie als Laufmittel keine mit UV-Licht durchstrahlte Quarzküvetten passieren müssen. Anhand der entsprechenden UV-Spektren dieser Flüssigkeiten sollen diese Aussagen belegt und transparent gemacht werden.

Die folgenden Abbildungen wurden mit einem Zweistrahl-UV/VIS-Spektral-photometer im Bereich von 400 bis 200 nm erstellt. Die analysierten Lösungsmittel, die zum großen Teil auch als mobile Phasen in der Flüssigchromatographie eingesetzt werden, sollten zwischen 400 und ca. 250 nm keinerlei Absorptionen zeigen. Erst danach kann ein langsamer Anstieg erfolgen. D.h., die bisherige Durchlässigkeit (Transparenz) von 100 % beginnt ab der genannten Wellenlänge zu sinken. Wie schnell und inwieweit hängt vor allem von der Reinheit der Flüssigkeit und auch von seiner Struktur ab.

Im ersten Spektrum (Abb. 2.3.2) enthält sowohl die Messküvette (MK) als auch die Vergleichsküvette (VK) entionisiertes Wasser. Die Eigenabsorption des Lösungsmittels ist um 200 nm – wie zu erwarten – nur ganz wenig registrierbar. Bei 300 nm erfolgt stets ein kleines manuell ausgeführtes Signal (vgl. alle Spektren).

Im folgenden Spektrum (Abb. 2.3.3) wurde entionisiertes Wasser (MK) gegen Luft vermessen. Die Absorption in Richtung 200 nm steigt dabei wenig stärker, aber immer noch relativ gering an.

Erst bei der Analyse von Leitungswasser (Abb. 2.3.4 und 2.3.5) wird die Absorption im nahen UV-Bereich größer. Dies kann auf natürliche Inhaltsstoffe zurückgeführt werden, die im Trinkwasser bzw. Leitungswasser vorhanden sein dürfen.

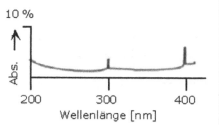

Abb. 2.3.2 Enti. H_2O vs. enti. H_2O

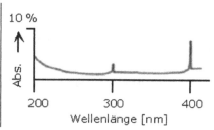

Abb. 2.3.3 Enti. H_2O vs. Luft

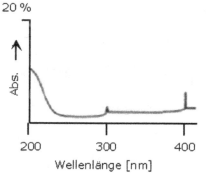

Abb. 2.3.4 Leitungs-H_2O-1 vs. enti. H_2O

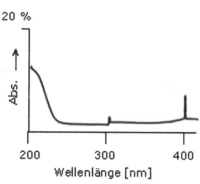

Abb. 2.3.5 Leit.-H_2O-2 vs. enti. H_2O

Hochreine organische Lösungsmittel wie Ethanol oder auch Isopropanol (PrOH-2) absorbieren strukturbedingt um 200 nm etwas intensiver (Abb. 2.3.6 und 2.3.7) im Vergleich zu hochreinen Wasserproben.

Acetonitril zur Spektroskopie (Abb. 2.3.8) wies erstaunlicherweise eine sehr hohe Transparenz im UV-Spektralbereich auf. Im Gegensatz dazu war das Spektrum von Methanol, das aus einer Plastik-Laborflasche entnommen wurde, von intensiven Absorptionen (Abb. 2.3.9) gekennzeichnet.

Die UV-Spektren von Aceton (Abb. 2.3.10 und 2.3.11) verdeutlichen, dass die notwendige Transparenz dieser Medien für HPLC-Trennungen mit UV-Detektion nicht mehr ausreichend ist.

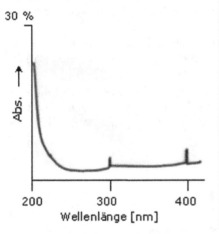

Abb. 2.3.6 EtOH vs. enti. H_2O

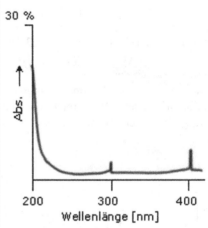

Abb. 2.3.7 PrOH-2 vs. enti. H_2O

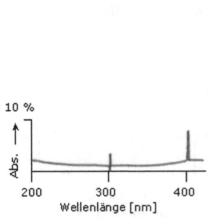

Abb. 2.3.8 ACN vs. enti. H_2O

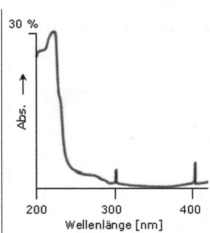

Abb. 2.3.9 MeOH-2 vs. enti. H_2O

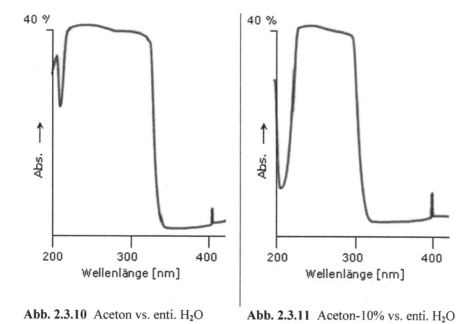

Abb. 2.3.10 Aceton vs. enti. H_2O **Abb. 2.3.11** Aceton-10% vs. enti. H_2O

2.3.4 Wissenswertes zum Versuch

Die Grundlagen der Spektroskopie werden hier nur kurz erwähnt. Ausführliche Darstellungen sind im Buch „Instrumentelle Analytik und Bioanalytik" enthalten.

2.3.4.1 Transmission (Durchlässigkeit)

- Lat.: *trans* „(hin)durch", *mittere* „schicken"
- Der Transmissionsgrad T ist der Quotient aus der durchgelassenen (reduzierten) Strahlung I und der Eingangsstrahlung I_0
- T: Maß für die „durchgelassene" Intensität, Werte zwischen 0 und 1

$$T = \frac{I}{I_0}$$

2.3.4.2 Absorption

- Lat.: *absorptio* „aufsaugen"
- Das In-sich-aufnehmen von etwas

- Absorption + Transmission = 1

$$\frac{I_0 - I}{I_0} + \frac{I}{I_0} = 1$$

2.3.4.3 Extinktion

- Lat.: „Auslöschung", Abschwächung einer Strahlung

$$\overset{I_0}{\longrightarrow} \Big|\overset{I}{\longrightarrow}$$

- Negativer dekadischer Logarithmus des Transmissionsgrades
- Nimmt Werte zwischen 0 und ca. 2 an

$$E = \log I_0/I \ = \ \varepsilon \times c \times d = -\log T$$

2.3.6 Fragen zur Versuchsauswertung

1) Nennen Sie das Lambert-Beer´sche-Gesetz und erläutern Sie die Symbole, geben Sie auch die Maßeinheiten an!
2) Unter welchen Bedingungen ist dieses Gesetz gültig?
3) Definieren Sie die Begriffe „Absorption" und „Extinktion"!
4) Welche Größe im Lambert-Beer´schen Gesetz steht für die qualitative Ermittlung der Analyte – welche Größe repräsentiert die quantitative Analyse?

2.3.7 Informationsquellen

1) Borsdorf R, Scholz M (1968) Spektroskopische Methoden in der organischen Chemie, Akademie-Verlag, Berlin
2) Cammann K (2001) Instrumentelle Analytische Chemie, Spektrum Ak Verlag, Heidelberg
3) Galla H-J (1988) Spektroskopische Methoden in der Biochemie, Georg Thieme, Stuttgart
4) Gey MH (1998) Instrumentelle Bioanalytik, Friedr Vieweg & Sohn, Braunschweig, Wiesbaden
5) Otto M (1995) Analytische Chemie, VCH, Weinheim
6) Perkampus H-H (1986) UV-VIS-Spektroskopie und ihre Anwendungen, Springer, Heidelberg
7) Schwedt G (1995) Analytische Chemie : Grundlagen, Methoden und Praxis, Georg Thieme, Stuttgart
8) Hesse M, Meier H, Zeeh B (1995) Spektroskopische Methoden in der organischen Chemie, Georg Thieme, Stuttgart

2 Präanalytik: Versuch 4

2.4 Flüssig-Flüssig Extraktion (LLE) von Lycopin aus Tomatensaft und Tomatenmark

2.4.1 Einführung und Zielstellung

Lycopin (Lycopen) ist das wichtigste Carotinoid. Es verleiht den Tomaten und Hagebutten die rote Farbe.

Reife Tomaten haben einen besonders hohen Lycopinanteil. Er liegt bei ca. 3,9 bis 5,6 mg pro 100 g reife Tomaten. Wesentlich mehr Lycopin enthalten Dosentomaten: ca. 10 mg pro 100 Gramm Doseninhalt. Dosentomaten werden meist erst in reifem Zustand geerntet und enthalten deshalb mehr von diesem, höchstwahrscheinlich gesundheitsfördernden Inhaltstoff.

Konzentriertes Tomatenmark enthält sehr hohe Lycopinkonzentrationen (ca. 62 mg Lycopin pro 100 Gramm).

Ziel des Versuches ist, Lycopin mittels Isooctan (Pentan) aus Tomatenmark und Tomatenschalen zu extrahieren.

Die so gewonnenen Lösungen stehen als Proben für zukünftige analytische Messungen mittels UV/VIS-Spektroskopie und Hochleistungsflüssigchromatographie zur Verfügung (Proben beschriften und im Kühlschrank aufbewahren!).

2.4.2 Materialien und Methoden

2.4.2.1 Materialien und Zubehör

- Tomatenmark (Tomatenprodukte)
- Isooctan und Hexan zur Spektroskopie
- Bechergläser, Spatel
- Ultraschallbad, Analysenwaage
- Abfallbehältnisse (Waste)
- Dosierspritzen
- UV/VIS-Spektralphotometer mit Quarzglasküvetten
- HPLC-Apparatur mit UV/VIS-Detektor
- Reversed-Phase-Trennsäule

2.4.2.2 Flüssig-Flüssig-Extraktion

Extraktion bedeutet die Überführung eines oder mehrerer Analyte von einer Phase in die andere Phase. Klassisches Beispiel ist die Flüssig-Flüssig-Extraktion (LLE). Dabei wird eine wässrige Lösung mit einem in Wasser nicht löslichen bzw. nicht mischbaren organischen Lösungsmittel verwendet.

Die Grundlage ist der Verteilungskoeffizient K_D, der die Verteilung einer Komponente (eines Analyten) zwischen Wasser (Phase 1) und dem organischen Extraktionsmittel (Phase 2) beschreibt.

$$K_D = \frac{c_2}{c_1} = \frac{m_2\,V_1}{m_1\,V_2} = \frac{(1-q)\,m\,V_1}{q\,m\,V_2} \tag{2.4.1}$$

Dabei sind c_1 und c_2 die Analytkonzentrationen in den Phasen 1 und 2, m ist die Gesamtmenge des Analyten, V_1 steht für das Volumen der Phase 1 (wässrige Probe) und V_2 für das Volumen der Phase 2 (Extraktionsmittel). Der nach einem Extraktionsschritt in der Phase 1 verbliebene Analytanteil repräsentiert q (3.2).

$$q = \frac{m_1}{m_1 + m_2} = \frac{V_1}{V_2 + K_D\,V_2} \tag{2.4.2}$$

Unter Flüssig-Flüssig-Extraktion (LLE: *liquid liquid extraction*) versteht man im Allgemeinen die Extraktion einer wässrigen Lösung mit einem in Wasser nicht löslichen organischen Lösungsmittel.

Bei der Flüssig-Flüssig-Extraktion sollte zwischen dem Extraktionsgut und dem Extraktionsmittel ein genügend hoher Dichteunterschied sein, um das Abtrennen beider Phasen zu ermöglichen. Die Polarität des Lösungsmittels zum Extraktionsgut muss unterschiedlich sein, damit sich die zu extrahierenden Stoffe nicht ineinander lösen.

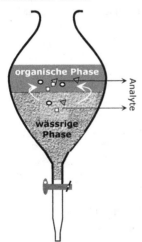

Abb. 2.4.1 Flüssig-Flüssig-Extraktion

Die Extraktion kann als einfache Variante durch „Ausschütteln" durchgeführt werden (Abb. 2.4.1). Dies ist mit einer einmaligen Gleichgewichtseinstellung verbunden. Es resultieren Extrakt und Raffinat.

Weiterhin unterscheidet man zwischen Multiplikativer und Mehrfacher Extraktion. Letztere basiert auf einer wiederholten Trennoperation mit einem frischen Extraktionsmittel. Dies kann diskontinuierlich durch mehrfaches Ausschütteln mit einer neuen Lösungsmittelphase erfolgen oder kontinuierlich in einem Perforator. Dabei wird nur wenig Lösungsmittel benötigt, da es kontinuierlich erneuert wird. Multiplikative Extraktionsverfahren werden in automatisierten Apparaturen mit Kolonnen und Säulen durchgeführt, die einen sehr intensiven Stoffaustausch und demzufolge eine sehr effiziente Extraktion ermöglichen.

2.4.2.2 Versuchsdurchführung

1) Ca. 10 g Tomatenmark aus der Labortube sind einzuwägen.
2) Die Probe wird mit 50 ml Hexan im Becherglas vereinigt.
3) Danach erfolgt die Extraktion im Ultraschallbad (10 min).
4) Für weitere Experimente (UV/VIS-Spektroskopie) sind die Lösungen zu filtrieren und/oder zu zentrifugieren.

2.4.3 Versuchsergebnisse (Auswahl)

Die Charakterisierung des gewonnenen Lycopin-Extraktes erfolgt am einfachsten durch Aufnahme eines UV/VIS-Spektrums. (Abb. 2.4.2).

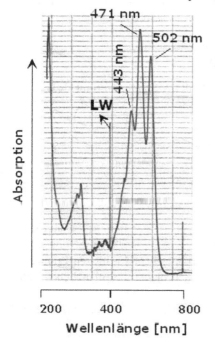

Abb. 2.4.2 UV/VIS-Spektrum, Lycopin

Der Extrakt sollte eine kräftig gelbe Farbe aufweisen, damit auch die charakteristischen Absorptionsbanden im sichtbaren Bereich des Spektrums deutlich erkennbar sind

Auch mittels Dünnschichtchromatographie und HPLC kann das Lycopin erfasst werden. Abbildung 2.4.3 zeigt ein entsprechendes Chromatogramm mit den gewählten Parametern. Weitere Grundlagen zu den beiden Methoden sind im Kapitel 3 dargestellt.

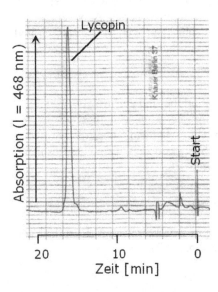

Experimentelle Bedingungen:

- Säule: 150 x 3,0 mm i.D.,
- Stationäre Phase: RP-18,
           dp = 5 µm,
- Mobile Phase: ACN,
- Flussrate: 0,7 ml/min,
- Vordruck: 10 MPa,
- Detektion: λ = 468 nm.

Abb. 2.4.3 HPLC-Chromatogramm von Lycopin

2.4.5 Wissenswertes zum Versuch

Lycopin is ein ungesättigter Kohlenwasserstoff mit der Summenformel $C_{20}H_{56}$.

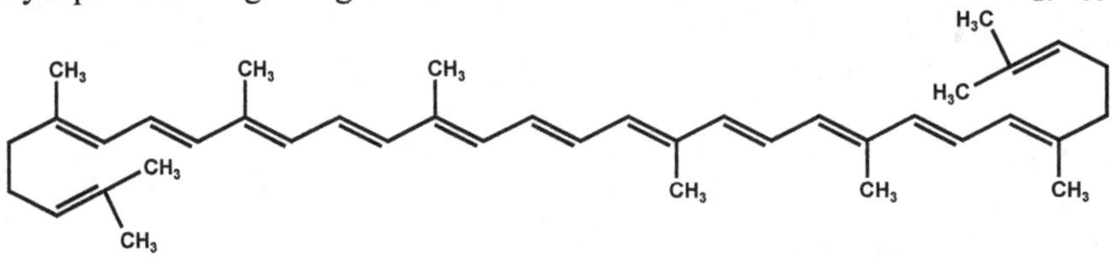

Abb. 2.4.4 Struktur von Lycopin

Lycopin, das in Dosentomaten oder in Tomatenmark enthalten ist, ist angeblich vom menschlichen Körper besser verwertbar.

Die Verfügbarkeit von Lycopin ist aus verarbeiteten und erhitzten Produkten (z. B. Tomatensaft) höher als aus rohen, da beim Erhitzen die pflanzlichen Zellstrukturen aufgebrochen werden und das Lycopin gelöst wird.

Eine deutliche Resorptionssteigerung wird durch Kombination mit Fett erreicht.

Lycopin zählt zu den Antioxidantien und gilt als Radikalfänger, d.h., es kann bestimmte aggressive Moleküle im menschlichen Körper unschädlich machen.

Studien haben gezeigt, dass Lycopin die Wahrscheinlichkeit für bestimmte Krebsarten (Prostata- und Lungenkrebs) signifikant reduzieren kann. Auch wird in medizinischen Fachkreisen eine gute Wirkung bei rheumatischen Beschwerden diskutiert.

Außerdem wird der UV-Schutz der Haut durch Einlagerung von Lycopin in die Hautschichten verbessert. Lycopin ist daher auch ein natürlicher Sonnenschutz.

Lycopin wird mit organischen Lösungsmitteln Hexan, (Dichlormethan, Methanol) aus Tomatenkonzentraten gewonnen; 1 kg Tomaten enthält ca. 20 mg Lycopin. Es wird vor allem zur Färbung von herzhaften Produkten, Suppen und Soßen, wo der Beigeschmack nach Tomate nicht stört, eingesetzt.

2.4.5 Empfehlungen zur Versuchsauswertung (Auswahl)

1) Was ist Lycopin?
2) Wie hoch ist die Konzentration im Tomatenmark?
3) Welche positiven gesundheitlichen Merkmale besitzt es?
4) Was sind Antioxidantien?

2.4.6 Informationsquellen

1) Meyer VR (1990) Praxis der Hochleistungsflüssigchromatographie,Otto Salle, Frankfurt
2) Schwedt G (1995) Analytische Chemie: Grundlagen, Methoden und Praxis, Georg Thieme, Stuttgart
3) Gey MH (2008) Instrumentelle Analytik und Bioanalytik, Springer, Berlin
4) Gey MH (2015) Instrumentelle Analytik und Bioanalytik, Springer, Berlin

Lebensmittel-Farbstoffe

Gelborange

2 Präanalytik: Versuch 5

2.5 Flüssig-Fest-Extraktion (LSE) von Farbstoffen aus Lachsprodukten

2.5.1 Einführung und Zielstellung

Echter Lachs und Lachsersatz unterscheiden sich z.T. deutlich in ihrem Aussehen/in ihrer Farbe.

Grund dafür sind „natürliche" Farbstoffe im echten Lachs, die sich von zugesetzten Lebensmittelfarbstoffen im Lachsersatz deutlich unterscheiden. Dies soll anhand der Extraktion von charakteristischen (Lebensmittel-) Farbstoffen erfolgen.

Weiterhin sind UV/VIS-Spektrometrie und Chromatographie gut geeignet, diese Unterschiede vor allem qualitativ zu dokumentieren.

Ziel des Versuches ist, durch Anwendung verschiedener Lösemittel (Wasser, Methanol/Ethanol, Isooctan) die Farbstoffe aus echtem Lachs und Lachsersatz zu isolieren und anhand der gefärbten Lösungen beide Produkte zu unterscheiden.

2.5.2 Materialien und Methoden

2.5.2.1 Materialien und Zubehör

- Echter Lachs (Zuchtlachs)
- Lachsersatz
- Bechergläser
- Abfallbehältnisse (Waste)
- Dosierspritzen (100, 300 µl, 1 ml)
- Isooctan zur Spektroskopie
- Entionisiertes Wasser
- Methanol, Ethanol zur HPLC
- UV/VIS-Spektralphotometer mit Quarzküvetten
- Ultraschallbad
- Farbstoffe Gelborange, Ponceau R
- Messer, Schneidebrett

2.5.2.2 Versuchsdurchführung

1) Die Lachsprodukte sind den Verpackungen zu entnehmen und ggf. mithilfe von Zellstoff zu „trocknen".

2) Auch ein vorsichtiges Abtupfen mit Zellstoff, der mit etwas Isooctan getränkt ist, wird empfohlen. Somit können Lachsstücke vom Fischöl, das im Wasser Emulsionen erzeugt, befreit werden. Die Farbstoffe sollen bei dieser Prozedur nicht betroffen sein!

3) Echter und „falscher" Lachs sind so zu portionieren, dass etwa 2 x 2 cm große Stücke resultieren.

4) Jedes Lachsstück wird in ein Becherglas überführt und mit 20 ml Isooctan (ggf. Hexan), Wasser oder EtOH versetzt.

6) Danach erfolgt die Extraktion mit Ultraschall (10 min).

7) Für weitere Experimente (UV/VIS-Spektroskopie) sind die Lösungen zu filtrieren und/oder zu zentrifugieren.

8) Lösungen, die keine Färbungen enthalten, sind zu verwerfen.

2.5.3 Ergebnisse (Auswahl)

2.5.3.1 UV/VIS-Spektren von Farbstoffen und Lachsextrakt

Von den Lebensmittelfarbstoffen Gelborange und Ponceau R, die im Ersatzlachs zu erwarten sind, erfolgte die Aufnahme von UV/VIS-Spektren (Abb. 2.5.1/2.

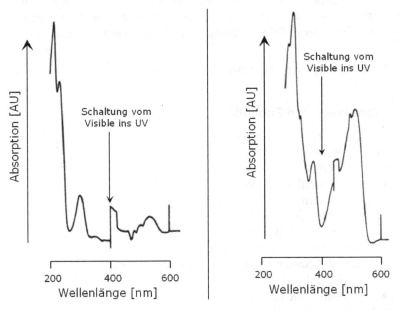

Abb. 2.5.1/2 UV/VIS-Spektren Ponceau R (links) und Gelborange (rechts)

Dafür wurden 10 µl einer Färbelösung (Ponceau 4R) in 25 ml Ethanol zur Spektroskopie gelöst und in die Messküvette überführt; die Vergleichsküvette enthielt nur das reine Ethanol. Das Spektrum im Bereich von 200 bis 600 nm ist in der Abbildung 2.5.1 dargestellt. Die Umschaltung zwischen UV- und Visible-Bereich erfolgte bei 400 nm.

Für die Herstellung der Gelborange-Lösung wurden 1 mg Feststoff in 25 ml Ethanol gelöst und 10 min mit Ultraschall behandelt.

Das resultierende UV/VIS-Spektrum zeigt die Abbildung 2.5.2. Vor allem im sichtbaren Bereich (Maximum bei 475 nm) weist Gelborange deutlich intensivere Absorptionen im Vergleich zu Ponceau R auf. Diese Absorptionsunterschiede (s.a. Abb. 2.5.3) waren auch die Grundlage, um den Farbstoff im Lachsersatz genau zu identifizieren. Lachsprodukte aus früheren Jahren enthielten nach Herstellerangaben Gelborange im Gemisch mit Ponceau 4R (Cochenillerot A).

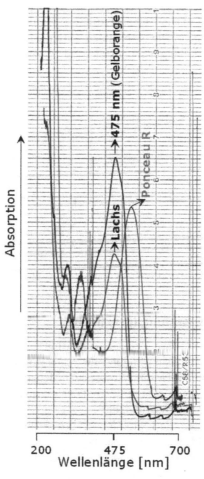

Abb. 2.5.3 UV/VIS-Spektren: Ponceau R, Gelborange, Lachsextrakt (EtOH)

Wie der Spektrenvergleich zeigt (Abb. 2.5.3), stimmen die Spektren von Gelborange und dem ethanolischen Farbstoff-Extrakt sehr gut überein und sagen aus, dass zur Färbung dieses Lachsproduktes nur Gelborange verwendet wurde.

2.5.3.2 Dünnschichtchromatographie von Farbstoffen

Gelborange und Ponceau R sind Farbstoffe, die zum Färben von Lebensmitteln (Lachs) oder auch zum Anfärben von Proteinen in der Elektrophorese (Ponceau R für Serumproteine, Kapitel 3.17) eingesetzt werden können.

Die dünnschichtchromatographische Trennung der beiden wasserlöslichen Färbemittel zeigt Abbildung 2.5.4. Als stationäre Phase dient Silicagel Si 60, das auf eine Glasplatte fixiert war. Als Eluent kommt ein Gemisch aus Ethylacetat (65 ml), Methanol (23 ml), Wasser (11 ml) und Essigsäure (1 ml) zum Einsatz.

Beide Farbstoffe werden gut getrennt. Die Auftragetechnik erfolgte strichförmig (s.a. Kapitel 3.11 bis 3.13).

Die DC-Analyse des ethanolischen Extraktes aus dem Lachsersatz bestätigte die Präsens von Gelborange. Die Farbbanden waren jedoch sehr gering und innerhalb dieser Ergebnisdarstellung nicht ausreichend geeignet.

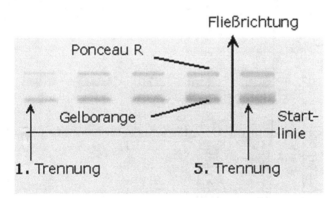

Abb. 2.5.4 DC-Trennung von Ponceau R und Gelborange

2.5.2.3 Versuchsauswertung (praktisch)

1) Notieren Sie Ihre Beobachtungen hinsichtlich Löslichkeit, Aussehen, ggf. Emulsionsbildung für echten Lachs und Lachsersatz nach Extraktion mit Hexan, Wasser oder Methanol/Ethanol!

2) Wie kann man echten Lachs (Zuchtlachs) von Lachsersatz unterscheiden? Kurzbegründung!

3) Wie könnten die Extraktionsproben weiter analysiert und bewertet werden? Machen Sie Vorschläge!

2.5.4 Wissenswertes zum Versuch

2.5.4.1 Farbstoffe im Naturlachs

Der atlantische Lachs (*Salmo salar*) und die pazifischen Lachse (*Oncorhynchus*) wandern ins Meer und kommen zum Laichen in die Süßgewässer (Wanderfische) zurück, wobei sie beim Hochschwimmen zu ihren Laichplätzen im Oberlauf der Flüsse u.a. auch problematische Hindernisse wie niedrigere Wasserfälle und Wehre überwinden. Diese Lachse müssen sich bei ihrer langen Wanderung vom Salz- zum Süßwasser auch physiologisch an die unterschiedlichen Salzkonzentrationen anpassen können.

Echter Lachs ist heute keine Rarität und teure Delikatesse mehr. In Norwegen z.B. wurde in den vergangenen 2–3 Jahrzehnten die Lachsproduktion um das 50-Fache gesteigert!

Durch die orangeroten Pigmente Astaxanthin und Canthaxanthin (Abb. 2.5.6), die als Futtermittelzusatz dienen, erhält das Zuchtlachsfleisch seine typisch rosarote Farbe.

Wildlachse sind ähnlich gefärbt; der Fisch nimmt diese Färbung aufgrund des Verzehrs von Krabben und der darin enthaltenen Farbstoffe an.

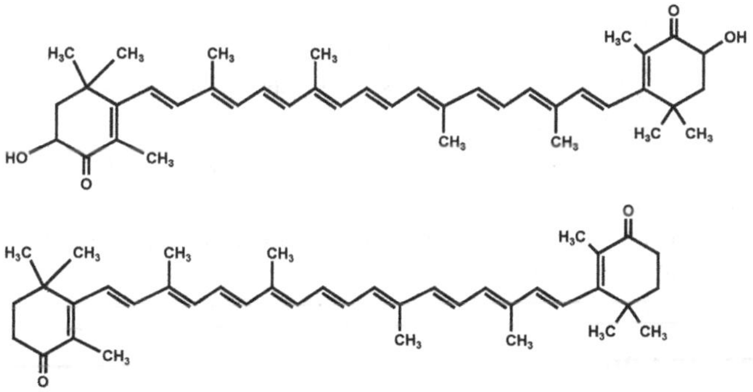

Abb. 2.5.5/6 Astaxanthin (oben) und Canthaxanthin

2.5.4.2 Farbstoffe im Lachsersatz

Lachsersatz ist ein kalt geräuchertes Fischprodukt aus Köhler (Handelsname „Seelachs") oder Pazifischem Pollack (Handelsname „Alaska-Seelachs"), das durch Färbung ein an Lachs erinnerndes Aussehen hat.

Zur Herstellung von Lachsersatz werden die Fische zunächst filetiert, entgrätet und mit Salz gebeizt. Anschließend werden die Filets in dünne Scheiben geschnitten, mit Gelborange S und Cochenillerot A rotorange gefärbt, kalt geräuchert oder mit Raucharoma versehen und schließlich in Pflanzenöl und Branntweinessig eingelegt.

In den Handel kommt Lachsersatz z. B. als „Seelachs-Filetblockscheiben" oder „Seelachsscheiben in Pflanzenöl". Bei der Herstellung anfallende kleinere Stücke werden auf gleiche Weise zubereitet als „Seelachsschnitzel" angeboten.

Lachsersatz wird hauptsächlich aus Seelachs hergestellt. Seine intensiv rote Farbe basiert dagegen auf synthetischen Lebensmittelfarbstoffen wie Gelborange und Ponceau 4R (ist Cochenillerot A).

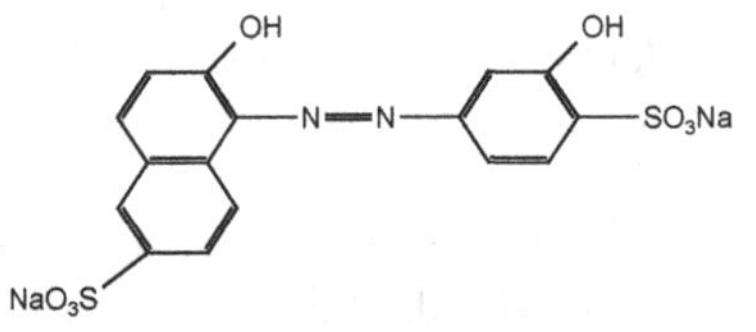

Abb. 2.5.7 Gelborange, E 120

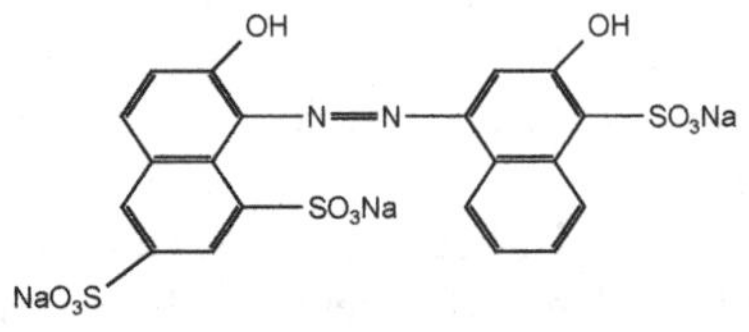

Abb. 2.5.8 Ponceau 4R, E 124

2.5.5 Weitere Empfehlungen zur Versuchsauswertung

1) Welche Farbstoffe sind in Lachsprodukten enthalten und welcher Herkunft sind sie?
2) Welche Eigenschaften besitzen diese Farbstoffe?
3) Beschreiben Sie die Trennmethode „Extraktion" allgemein und gehen Sie auf weitere Extraktionstechniken ein!
4) Erklären Sie das Prinzip der Flüssig-Flüssig-Extraktion – auch an selbst gewählten Beispielen!
5) In welchen Lösungsmitteln sind welche Farbstoffe gut, in welchen weniger gut löslich?

2.5.6 Informationsquellen

1) Meyer VR (1990) Praxis der Hochleistungsflüssigchromatographie, Otto Salle, Frankfurt
2) Schwedt G (1995) Analytische Chemie: Grundlagen, Methoden und Praxis, Georg Thieme, Stuttgart
3) Gey MH (2008) Instrumentelle Analytik und Bioanalytik, Springer, Berlin
4) Gey MH (2015) Instrumentelle Analytik und Bioanalytik, Springer, Berlin

2 Präanalytik: Versuch 6

2.6 Solid-Phase-Extraction (SPE) von 4-Aminoazobenzol aus Wasserproben

2.6.1 Einführung und Zielstellung

Der gelbliche Farbstoff 4-Aminoazobenzol soll als Analyt für die transparente Durchführung einer Festphasenextraktion dienen. Aus seiner Struktur (s. Abb. 2.6.1) ist ersichtlich, dass sowohl polare Gruppen als auch unpolare Regionen im Molekül vorhanden sind.

Somit wird der Farbstoff vor allem in Ethanol sehr gut löslich sein und weniger in Wasser oder Hexan. Außerdem sollte das 4-Aminoazobenzol durch hydrophobe Wechselwirkungen an einer SPE-Kartusche – gefüllt mit hydrophobem Silicagel (RP-18-Material) – sorbiert werden.

Ziel des Versuches ist, das Prinzip der SPE anhand eines Farbstoffes zu demonstrieren und visuell zu verfolgen. Grundlage dafür ist eine gelbliche wässrige 4-Aminoazobenzollösung, die an RP-18-Phasen sorbiert wird und mit Ethanol wieder desorbiert werden kann. Die Durchführung dieser Experimente ist im starken Maße vergleichbar mit dem folgenden Versuch 2.7, der die Festphasenextraktion von Benzol aus Wasserproben sehr exakt beschreibt. Insofern sind für die Interpretation der Vorgänge bei der SPE von 4-Aminoazobenzol die Abläufe der Extraktion des Benzols aus Wasser parallel einzubeziehen.

2.6.2 Materialien und Methoden

2.6.2.1 Materialien und Zubehör

- SPE-Apparatur (Firma Baker) mit Saugpumpe
- SPE-Röhrchen, RP-18-Trennphase
- Entionisiertes Wasser zur Konditionierung des SPE-Röhrchens
- Ethanol zur Desorption des Analyten
- 4-Aminoazobenzol
- Spatel, Gummihandschuhe!
- Dosierspritzen (100 µl, 500 µl)
- Diverse Bechergläser, Kolben, Glasgeräte

2.6.2.2 Herstellung der Farbstofflösung

Wässrige Lösung mit 4-Aminoazobenzol: Eine reichliche Spatelspitze des Farbstoffes wird in ca. 50 ml entionisiertes Wasser überführt und anschließend 15 Minuten im Ultraschallbad weitestgehend möglich aufgelöst. Der ungelöste Farbstoff wird abfiltriert, sodass eine leicht gelbliche, aber klare Lösung entsteht.

2.6.2.3 Allgemeines Prinzip einer Festphasenextraktion

Die SPE-Apparatur besteht aus einer Glaskammer (Abb. 2.6.1), die mit einem gut abdichtenden Deckel verschlossen wird. Sie enthält im Inneren diverse Auffangröhrchen und ist mit einer Pumpe zur Erzeugung von Unterdruck (Vakuum) verbunden. Dadurch werden die Extraktionsröhrchen, die mit 40-µm-Material gefüllt sind, zügig eluiert.

Zur besseren Regulierung der Elutionsprozedur sind Absperrhähne zwischen den einzelnen Röhrchen und der Abdichtplatte der Vakuumkammer angeordnet.

Die überschüssige Flüssigkeit (das Eluat) wird innerhalb der Vakuumkammer aufgefangen. Dazu dienen einzelne kleine Bechergläser oder spezielle Elutionsröhrchen mit Eichmarkierung.

Die Extraktionsröhrchen (7 x 1 cm i.D.) bestehen aus Polypropylen oder Glas und enthalten die stationäre Phase (Höhe des „chromatographischen Bettes" ca. 1,5 cm), die ober- und unterhalb mit Filterfritten (Porengröße: 20 µm) abgedeckt ist (Abb. 2.6.2).

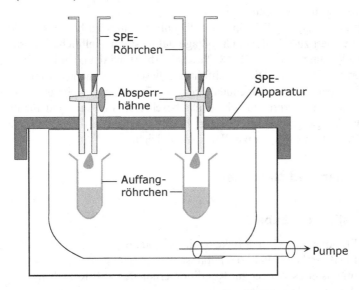

Abb. 2.6.1 Festphasenextraktions-Apparatur (SPE)

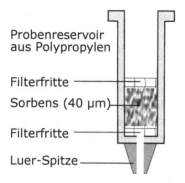

Abb. 2.6.2 Extraktionssäule für die SPE

Die einzelnen Arbeitsschritte können in der Festphasenextraktion in Abhängigkeit des Analysenproblems variieren bzw. auch relativ unterschiedlich ausfallen und gehandhabt werden.

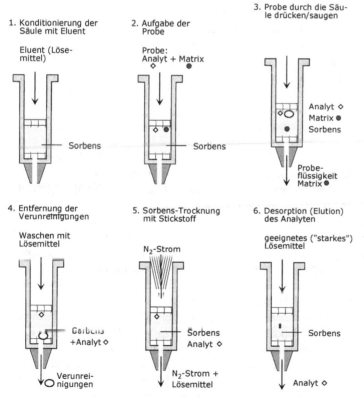

Abb. 2.6.3 Prinzipielle Abläufe während einer Festphasenextraktion

Eine Optimierung hinsichtlich der geeignetsten Sorbentien (stationäre Phasen), der Auswahl der selektivsten Lösemittel für Elutions-, Wasch- und Desorptionsvorgänge ist fast für jede Substanz/-klasse einschließlich der entsprechenden Matrix (sie enthält meist Verunreinigungen) erforderlich.

Zuerst erfolgt das Konditionieren (s. Abb. 2.6.3) der Elutionssäule (1), um das Gleichgewicht zwischen stationärer (Sorbens) und mobiler Phase einzustellen und ggf. durch die Herstellung bedingte Kontaminationen, die jedoch im Normalfall bei kommerziellen Phasen nicht auftreten, zu entfernen. Danach wird die Probe aufgegeben (2).

Bei der SPE-Probenreinigung *(sample clean up)* kommen ca. 1–3 ml Probevolumen zum Einsatz, das durch die Extraktionssäule befördert wird (3). Innerhalb der stationären Phase werden die Analyte (♦) sowie mögliche Verunreinigungen (●) bzw. unerwünschte Begleitstoffe durch verschiedene Wechselwirkungen zurückgehalten und somit angereichert.

Durch vorsichtiges Waschen der Säulen mit „milden" Lösungsmitteln (4), die keine Desorption der Analyte auslösen, können Großteile der Kontaminationen entfernt werden. Es schließt sich nun das Trocknen der Säule mit Stickstoff an (5).

Erst bei Anwendung entsprechend „starker" Lösungsmittel erfolgt eine selektive Desorption der Analyte (6). Meist sind nur wenige Hundert Mikroliter Flüssigkeit erforderlich, sodass neben dem erzielten Reinigungseffekt auch eine deutliche Aufkonzentrierung (auf das 10-Fache und mehr) der Probe erreicht wird. Diese Probelösung kann durch weitere Operationen (z.B. Einblasen von Stickstoff) eingeengt werden, sodass insgesamt eine bis etwa 100-fache Aufkonzentrierung möglich ist.

Die SPE-Probenkonzentrierung *(sample concentration)* ermöglicht die Aufarbeitung von weitaus größeren Probemengen (1 bis 2 Liter). Diese werden über einen Teflonschlauch und einen Adapter, der mit einer Extraktionssäule fest verbunden ist, mithilfe einer kontinuierlich arbeitenden Pumpe durch das „chromatographische Bett" der Säule gefördert (Abb. 2.6.4). Die Technik wird eingesetzt, wenn die Analyte hochverdünnt in den Probematrices vorliegen.

So können Analyte des Pico- oder Femtogramm-Bereiches (pg/l oder fg/l) um mehrere Zehnerpotenzen angereichert werden. Die so konzentrierten Analyte sind nun im µg/l- oder ng/l-Bereich mit den meisten kommerziellen chromatographischen und spektroskopischen Methoden ausreichend gut nachweisbar.

Nach ihrer Anreicherung in der Festphase schließen sich die beschriebenen Desorptionsschritte (Abb. 2.6.3) an.

Neben der Konzentrierung der Analyte ist auch ihre Aufnahme in ein hochreines Lösungsmittel (Ethanol, Isooctan) von besonderem Vorteil. Somit können z.B. spektroskopische Detektionen störungsfrei durchgeführt werden.

Entgegengesetzt ist die Zielrichtung bei der sogenannten Matrixentfernung *(matrix removal)*. Die Verunreinigungen werden in der stationären Phase zurückgehalten, während die Analyte die Extraktionssäulen gleich im ersten Elutionsschritt passieren und entsprechend abgetrennt werden.

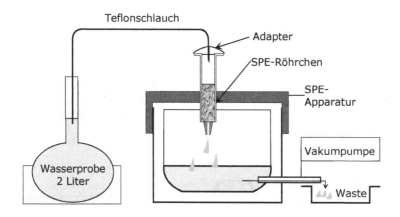

Abb. 2.6.4 Beladung der RP-18-Extraktionssäule

(z.B. bei der Extraktion eines Wirkstoffes aus einer Wasserprobe)

2.6.3 Versuchsdurchführung: SPE von 4-Aminoazobenzol

Wie bereits erwähnt, sind die zu praktizierenden Vorgänge und im Prinzip auch die einzelnen Sorptionswechelwirkungen mit denen im Versuch 2.7 vergleichbar und z.T. auch identisch.

Ca. 2 größere Spatelspitzen 4-Aminoazobenzol (Vorsicht! Unbedingt im Kittel und mit Gummihandschuhen arbeiten, da Anilingelb sehr farbintensiv ist und kleinste Mengen bei Berührung mit der Haut stark anhaften würden) werden in 20 ml entionisiertes Wasser gegeben und 10 Minuten mit Ultraschall behandelt. Dabei geht nur ein relativ geringer Teil des Farbstoffes in die wässrige Lösung über, der Rest muss abfiltriert werden. Etwas höhere Temperatur (ca. 30 … 40 °C) und eine längere Extraktionszeit verbessern die Löslichkeit von 4-aminoazobenzol verbessern. Die Lösung wir dadurch intensiver gelb gefärbt.

Ca. 4 ml dieser Lösung (A-Lösung 1) werden in das RP-18-Rohrchen, das zuvor mit entionisiertem Wasser konditioniert wurde, eingebracht. Mithilfe der Saugpumpe wird die Flüssigkeit durch das Röhrchen gezogen und in einem Reagenzglas aufgefangen (A-Lösung-2) – notieren Sie Ihre Beobachtungen! Danach wird das Röhrchen mit 4 ml Ethanol befüllt und in eine andere Position auf der SPE-Apparatur angeordnet, sodass nach erneutem Anschalten der Saugpumpe die ethanolische Fraktion in ein 2. Reagenzglas (A-Lösung-3) eluiert wird – welche Beobachtungen machen Sie?

Neben der visuellen der A-Lösungen-1 bis 3 können zusätzlich auch UV/VIS-Spektren aufgenommen werden. Die Absorptionsmaxima von farbigen Verbindungen liegen auch im sichtbaren Bereich. Sie sind beim 4-Aminoazobenzol aber nicht so signifikant im Vergleich zum Lycopin- oder auch zum Benzol-Spektrum.

2.6.4 Wissenswertes zum Versuch

2.6.4.1 Physikalisch-chemische Eigenschaften von Anilingelb

Anilingelb oder 4-Aminoazobenzol ist ein gelber/orangener Azofarbstoff in Pulverform. Es ist ein Derivat des Azobenzols und gleichzeitig ein aromatisches Amin, das cancerogen ist und im Verdacht steht, auch mutagen zu sein.

Azofarbstoffe können in Amine und Nitrosamine umgewandelt werden und stellen somit ein toxisches Potential dar. Sie werden aufgrund ihrer Farbintensität und hohen Stabilität auch bei der Anfertigung von Tattoos verwendet.

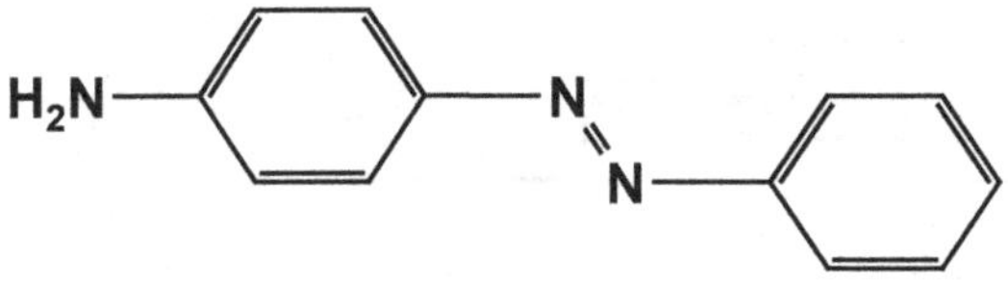

Abb. 2.6.5 Struktur von 4-Aminoazobenzol (4-AAB)

2.6.4.2 Einiges über Azofarbstoffe

Azofarbstoffe sind synthetische Farbstoffe und zahlenmäßig deren größte Gruppe. Charakteristisch für Azofarbstoffe sind eine oder mehrere Azobrücken (–N=N–) als Chromophor.

Azofarbstoffe bilden zahlenmäßig die stärkste Farbstoffklasse. Sie sind durch die allgemeine Formel R^1-N=N-R^2 charakterisiert. Die beiden Reste (R^1 und R^2, in der Regel aromatisch) können identisch sein oder für verschiedene Reste stehen. Sind im Farbstoffmolekül zwei Azogruppen enthalten, so ist es ein Diazofarbstoff. Entsprechend gibt es auch Tri-, Tetra- und Polyazofarbstoffe.

Typisch für Azofarbstoffe ist die Azogruppe -N=N- mit der farbgebenden (chromophoren) Stickstoff-Doppelbindung. Diese synthetischen Farbstoffe nutzen als Ausgangsstoff Amine, im einfachsten Falle das Anilin. Azofarbstoffe erreichen ihre Vielfalt durch die einfache Substitution der Wasserstoffatome an dem oder den Benzolringen, die dann die Azobindung auxochrom beeinflussen und eine exakte Einstellung der Farbnuancen erlauben.

Azofarbstoffe weisen oft polare und unpolare Substituenten auf und können so auf das erforderliche Medium gezielt zugeschnitten werden. Bei entsprechendem Aufbau können sie neben Van-der-Waals-Bindungen auch Wasserstoffbrückenbindungen ausbilden.

Vertreter der Gruppe sind farbstabil, lichtecht und können kräftige Farben haben. Bei geeigneter Konstitution können sie auf Textilien wasch-, reinigungs- und reibecht sein.

Derartig farbstabile Azofarbstoffe sind auch sehr gut für dünnschichtchromatographische Trennungen geeignet (s. Kapitel 3.11).

2.6.4.3 Toxizität von 4-Aminoazobenzol

Die künstlich hergestellten Azofarbstoffe sind die umfangreichste und bedeutendste Gruppe an Farbstoffen in Lebensmitteln. Heute werden sie auf der Basis von Erdöl hergestellt.

Sie sind lichtecht, haben eine stabile Farbe und können gut untereinander gemischt werden. So kann ein exakter Farbton leicht hergestellt und erhalten werden. Azofarbstoffe haben die seit Jahrhunderten verwendeten Pflanzenfarben im großen Rahmen abgelöst.

Zu Beginn dieses Jahrhunderts wurde aber auch das carzinoge und toxische Potenzial der Farben entdeckt. Der Schutz für den Verbraucher setzte sich aber erst Jahrzehnte später durch. Die meisten der bedenklichen Azofarbstoffe sind heute nicht mehr für Lebensmittel zugelassen. Die meisten Azofarbstoffe in Lebensmitteln sind wasserlöslich und können somit schneller aus dem Körper eliminiert werden.

Trotz allem stehen auch die heute verwendeten Azofarbstoffe unter Verdacht Auslöser für Allergien und / oder Hyperkinetosen zu sein.

2.6.5 Empfehlungen zur Versuchsauswertung (Auswahl)

1) Erklären Sie das Prinzip der SPE allgemein!
2) Erklären Sie die SPE am Beispiel des Analyten 4-AAB/in Wasser gelöst und stationären RP-Phase!
2) Welche besonderen Vorteile bietet die SPE? Nennen Sie mindestens zwei Vorteile und begründen Sie das auch!
3) Zeichnen Sie die Struktur von 4-Aminoazobenzol!
4) Wodurch ist eine Azo-Verbindung gekennzeichnet?
5) Nennen Sie toxikologische Eigenschaften von 4-AAB!
6) Diskutieren Sie anhand des Moleküls seine polaren bzw. unpolaren Eigenschaften!
7) In welchen Lösungsmitteln sollte sich 4-Aminoazobenzol besonders gut lösen und warum?
8) Wie beurteilen Sie die Canzerogenität von Azofarbstoffen?

2.6.6 Informationsquellen

1) Meyer VR (1990) Praxis der Hochleistungsflüssigchromatographie, Otto Salle, Frankfurt
2) Schwedt G (1995) Analytische Chemie: Grundlagen, Methoden und Praxis, Georg Thieme, Stuttgart
3) Gey MH (2008) Instrumentelle Analytik und Bioanalytik, Springer, Berlin
4) Gey MH (2015) Instrumentelle Analytik und Bioanalytik, Springer, Berlin

August Kekulé (1829 – 1896)

„Affiger" Benzolring

2 Präanalytik: Versuch 7

2.7 Solid-Phase-Extraction (SPE) von Benzen aus Wasserproben

2.7.1 Einführung und Zielstellung

Benzol (Benzen) ist ein aromatischer Kohlenwasserstoff, der einerseits als kanzerogen eingestuft ist und Leukämie induzieren kann, andererseits ist es eine weitverbreitete Chemikalie, die u.a. in den 1960/1970-Jahren auch als Lösungs- und Reinigungsmittel zur „Säuberung" von Laborglas eingesetzt wurde. Toxikologische Schäden – auch in den folgenden Jahrzehnten – sind bis heute Thema für die Anerkennung als Berufskrankheit.

Die Substanz selbst ist hydrophob und nur wenig in Wasser löslich. Eine Chemiekatastrophe in China im Jahre 2005, bei der ca. 100 Tonnen an Benzol und Nitrobenzol in den Songhua-Fluss gelangten, waren u.a. Anlass, das Problem „Isolierung von Benzol aus Wasser" in die analytischen Praktika aufzunehmen.

Die Menge an Benzol erscheint riesig und wie kann das Gift möglichst kurzfristig eliminiert werden, damit es nicht ins Grundwasser und in die Nahrungskette des Menschen eindringt. Im Fluss wird das Benzol natürlich schnell verdünnt und somit abtransportiert.

Benzol wird andererseits unter aeroben Bedingungen gut und relativ schnell abgebaut, sodass es in einem gut durchmischten Fluss kein großes Belastungsproblem auf lange Zeit geben dürfte.

Ein großes Problem entsteht dadurch, dass das Benzol auch in das Sediment des Flusses eingetragen wird und dort – bei anaeroben Bedingungen – der Abbau des Schadstoffes extrem langsam gehen wird. Dadurch entsteht hoch kontaminiertes Sediment, das über längere Zeiträume hinweg Benzol freigesetzen wird. Auch ist zu erwarten, dass der Fluss mit niedrigen Konzentrationen kontaminiert bleibt.

Die Festphasenextraktion (SPE: *solid phase extraction*) an hydrophobem Silicagel, RP-18-Material (*Reversed Phase*) soll im Versuch zur Reinigung und Isolierung des Benzols dienen.

Das Ziel des Versuches besteht einmal darin, die Abwesenheit des Analyten Benzol in den gereinigten wässrigen „SPE-Fraktionen" zu bestätigen. Andererseits soll seine Anwesenheit nach erfolgter Desorption mit Ethanol von dem RP-18-Material in diesem Lösungsmittel qualitativ nachgewiesen werden. Für beide Untersuchungen bzw. Nachweise wird die UV/VIS-Spektroskopie eingesetzt.

2.7.2 Materialien und Methoden

2.7.2.1 Materialien und Zubehör

- Festphasenextraktions-Apparatur mit Saugpumpe
- SPE-Röhrchen (RP-18)
- UV/VIS-Spektralphotometer, 1-cm-Quarzküvetten
- Ultraschallbad, Dosierspritzen
- Entionisiertes Wasser
- Benzol zur Spektroskopie
- Bechergläser
- Lösungsmittel (EtOH, Isooctan)

2.7.2.2 Methodik der Spektrenaufnahme

Zur Registrierung der Benzolspektren kam ein Doppelstrahl-UV/VIS-Spektral-photometer zum Einsatz. Die Quarzküvette im Vergleichsstrahlengang wurde mit dem entsprechenden Lösungsmittel (Ethanol, Wasser) gefüllt. Die Messküvette enthielt die Benzollösungen und die Spektrenaufnahme erfolgte im UV-Bereich.

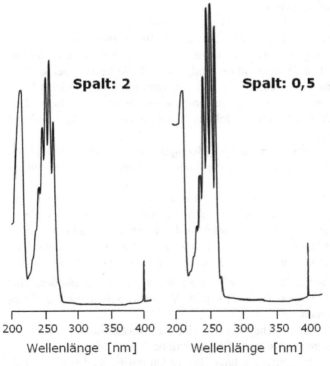

Abb. 2.7.1/2 UV-Spektren bei unterschiedlichen Spaltbreiten

Wie aus den Abbildungen 2.7.1/2 hervorgeht, ist die Auflösung der Absorptionsbanden für das Benzol im Bereich um 250 nm bei der geringeren Spaltbreite von 0,5 (Spektrum rechts) am besten.

Es konnten auch Unterschiede in der Bandenauflösung registriert werden, wenn wässrige im Vergleich zu ethanolischen Benzollösungen analysiert wurden. Für die Aufgabe, die Präsens bzw. Abwesenheit des Benzols überhaupt nachzuweisen, konnten diese Effekte vernachlässigt werden.

2.7.3 Ergebnisse der SPE und UV-Spektroskopie von Benzol

An diesem Beispiel soll die Eliminierung von Benzol aus einer wässrigen Lösung möglichst detailliert dargestellt und beschrieben werden.

Als Extraktionsmethode dient die SPE, und das eingesetzte Extraktionsröhrchen ist mit einer hydrophoben Reversed-Phase-18-Trennphase gefüllt (Abb. 2.7.3). Diese wird zuerst mit entionisiertem Wasser konditioniert (Abb. 2.7.4).

Parallel dazu erfolgt die Präparation einer entsprechenden benzolischen Probelösung (Abb. 2.7.5). Dabei dient Ethanol (500 µl!) zum „Anlösen" des Benzols (100 µl) bzw. als Lösungsvermittler. Nach Zugabe von ca. 20 – 30 ml entionisiertem Wasser innerhalb eines 50-ml-Kolbens erfolgt zur gründlichen Vermischung des Gemisches die Anwendung von Ultraschall (10 min).

Danach ist zu prüfen, ob sich das Benzol gut und homogen gelöst hat. Die entstandene Lösung sollte möglichst sehr klar sein; trübe Lösungen sind für die weiteren analytischen Untersuchungen ungeeignet. Ggf. können etwas mehr Ethanol und die strikte Befolgung der Versuchsvorschrift Abhilfe schaffen.

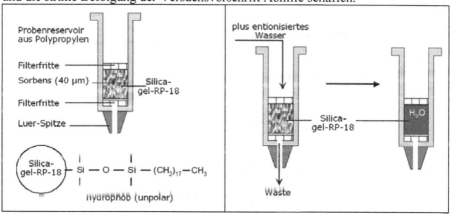

Abb. 2.7.3 SPE-Röhrchen mit RP-18   **Abb. 2.7.4** Konditionierung mit H_2O

Von klaren wässrigen Benzollösungen können nun UV-Spektren aufgenommen werden, um die Präsens des farblosen Benzols in der wässrigen Probelösung nachzuweisen (Abb. 2.7.6).

Beim der Festphasenextraktion von 4-Aminoazobenzol (Versuch 2.6) handelte es sich um einen gelben Farbstoff, der sich „farbig" selbst in einer Lösung „anzeigen" kann.

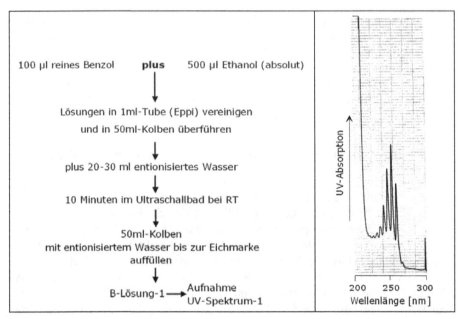

Abb. 2.7.5 Herstellung der wässrigen
Benzollösung (B-Lösung-1)

Abb. 2.7.6 UV-Spektrum
B-Lösung-1

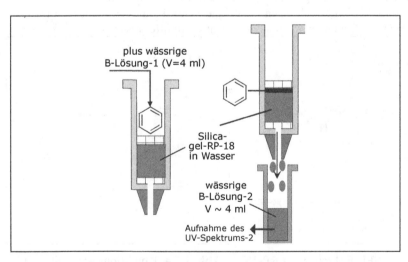

Abb. 2.7.7 Aufgabe der wässrigen Benzollösung (B-Lösung-1)

Das in Abbildung 2.7.4 dargestellte UV-Spektrum der Lösung zeigt charakteristische Absorptionsbanden für Benzol und somit gilt der qualitative Nachweis
des Aromaten aufgrund der „Art Hand mit ca. fünf Fingern" im mittleren UV-
Bereich als gesichert.

Diese wässrige Benzollösung (ca. 4 ml B-Lösung-1) wird nun auf das SPE-Röhrchen gegeben und mittels Saugpumpe hindurch eluiert. Dabei sollte das Benzol an der hydrophoben Trennphase sorbiert werden, während das „reine" Wasser in einem Probegefäß gesammelt wird (B-Lösung-2). Von dieser Lösung sollte unbedingt auch ein UV-Spektrum aufgenommen werden, um die Abstinenz des Aromaten auch experimentell zu sichern. Die Absorptionsbanden um ca. 250 nm dürften nicht mehr erscheinen. Erst ab ca. 220 nm ist ein für Wasser signifikanter Anstieg der Absorption zu erwarten.

In der Abbildung 2.7.8 ist dargestellt, dass das hydrophobe Benzol von der RP-18-Trennphase am Kopf des Extraktionsröhrchens sorbiert bleibt. Auch eine weitere Zugabe speziell von Wasser ändert an dieser Situation nicht.

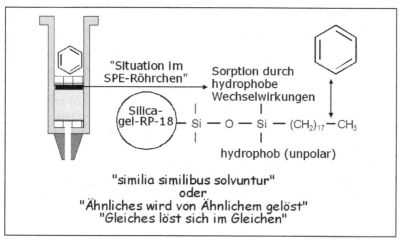

Abb. 2.7.8 „Situation" im SPE-Röhrchen

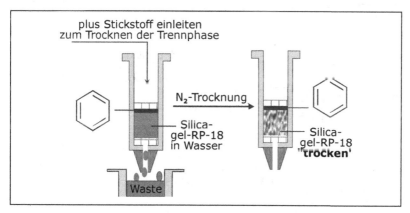

Abb. 2.7.9 Trocknung mit Stickstoff

Nun schließt sich die Trocknung der SPE-Trennphase an (Abb. 2.7.9). Dazu wird Stickstoff in das Röhrchen eingeblasen (ca. 5 Minuten). Die Eliminierung des Wassers bewirkt, dass beim nachfolgenden Desorptionsvorgang des Benzols keine unnötigen Verdünnungseffekte auftreten.

Das Trocknen einer Trennphase hat außerdem den Vorteil, dass auch mit Wasser nicht mischbare Eluenten eingesetzt werden können.

Für die Desorption des Benzols mithilfe von Ethanol ist dieser Trocknungsschritt nicht zwingend notwendig, da Ethanol und Wasser gut mischbar sind.

In Abbildung 2.7.10 ist dieser Vorgang dargestellt. Nach Auffüllen des SPE-Röhrchens mit ca. 4 ml absoluten Alkohol erfolgt mithilfe der Saugpumpe die Elution. Dabei soll das Benzol von der Trennphase desorbiert und im Ethanol aufgenommen werden. Der Alkohol besitzt mittelpolare Eigenschaften. Die CH_3- und CH_2-Gruppe verleihen dem Molekül einen hydrophoben Charakter, sodass sich das Benzol darin gut löst. Die OH-Gruppe steht für den polaren Anteil.

Die in einem Röhrchen aufgefangene ethanolische Benzollösung (B-Lösing-3) ist klar und kann nun mittels UV/VIS-Spektralphotometer vermessen werden. In der Abbildung 2.7.11 ist das UV-Spektrum dargestellt. Es entspricht in seinem Verlauf dem Spektrum der Ausgangslösung (B-Lösung-1, Abb. 2.7.6) und weist damit die Desorption des Benzols mit Ethanol signifikant nach. In Abhängigkeit der Qualität der verwendeten Lösungsmittel kann das Erscheinungsbild des Benzolspektrums auch geringfügig verändert sein.

Die Abbildung 2.7.10 veranschaulicht nochmals zusammenfassend die Vorgänge bei der Desorption des Benzols von der RP-18-Trennphase. Einerseits ist das Benzol in Ethanol gut löslich; andererseits hebt der Alkohol die hydrophoben Sorptionskräfte zwischen Benzol und der stationären Phase auf.

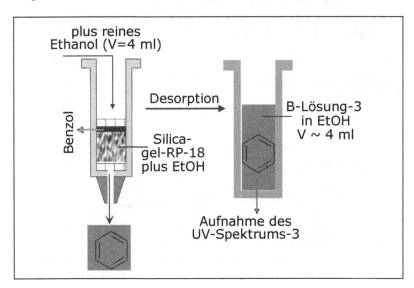

Abb. 2.7.10 Desorption des Benzols

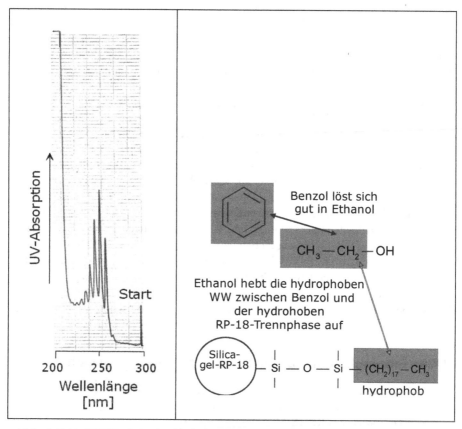

Abb. 2.7.11 UV-Spektrum, **Abb. 2.7.12** Situation: Desorption von Benzol
B-Lösung-3

2.7.5 Wissenswertes zum Versuch

2.7.5.1 Physikalisch-chemische Eigenschaften von Benzol

Benzol ist eine farblose, klare, stark lichtbrechende, leicht flüchtige und leicht brennbare Flüssigkeit. Es brennt mit leuchtender und stark rußender Flamme. Die Viskosität des Benzols ist geringer als die von Wassers, d.h., es ist dünnflüssiger. Benzol erstarrt bei 5,5 °C und siedet bei 80,1 °C.

Benzol und seine Dämpfe sind sehr giftig und cancerogen (s. 2.7.5.2). Deshalb wird es bei chemischen Versuchen im Labor i.d.R. durch das vergleichbare Toluol ersetzt.

Der Brechungsindex von Benzol stimmt recht gut mit dem Brechungsindex von Fensterglas überein. So ist ein Glasstab, der in Benzol eingetaucht, nahezu unsichtbar.

2.7.5.2 Toxizität von Benzol

Heutzutage kaum vorstellbar, dass noch in den 1970er-Jahren Benzol in den chemischen Laboratorien als Lösungs- und Reinigungsmittel sehr weit verbreitet war. So wurden Glasgräte (Kolben etc.) mit größeren Mengen (von ca. 100 ml bis Literbereich) Benzol gesäubert. Dadurch waren die Laborangehörigen einer hohen Exposition gegenüber dem – heute als cancerogen eingestuften Benzol – ausgesetzt. Das Gift wurde nicht nur im dampfförmigen Zustand aufgenommen, sondern gelangte auch dermal in den menschlichen Körper. Krebserkrankungen wie Leukämie, die erst später erkannt wurden, waren die Folge.

Bei akuter Toxizität sind einerseits unspezifische Symptome wie Kopfschmerzen, Fieber oder Schwindelgefühle zu verzeichnen, andererseits können auch Sehstörungen oder narkotische Wirkungen entstehen.

Vergleichbare allgemeine Symptome sind auch bei chronischer Toxizität bekannt. Neben Knochenmarkstoxität und Blutveränderungen ist die Entstehung von Leukämie besonders kritisch zu betrachten.

Die Giftwirkung bzw. die carzinogene Wirkung als Klastogen geht auf die Bildung eines krebserzeugenden Metaboliten zurück.

Im humanen Körper wird Benzol enzymatisch am Ring oxidiert. Das entstehende hochreaktive Epoxid reagiert mit zahlreichen biologischen Verbindungen und kann auch die DNA schädigen oder auch Protein-Addukte bilden.

2.7.6 Empfehlungen zur Versuchsauswertung (Auswahl)

1) Erarbeiten Sie sich ausführliche Kenntnisse über Silicagel!
2) Wie wird Silicagel chemisch modifiziert?
3) Was sind RP-18-Materialien bzw. -Trennphasen?
4) Beschreiben Sie die einzelnen Schritte der SPE!
5) Weshalb wird Benzol an RP-18-Material sorbiert?
6) Warum erfolgt durch Wasser keine Desorption?
7) Wodurch wird der Aromat mit MeOH oder EtOH desorbiert?
8) Weshalb ist Benzol cancerogen?
9) Welche Chemiekatastrophe ereignete sich in China im Jahre 2002?
10) Welche analytischen Methoden sind für Benzol geeignet, welche sind besonders sensitiv?
11) Welche Aromaten sind mit Fluoreszenzdetektion registrierbar?

2.6.7 Informationsquellen

1) Meyer VR (1990) Praxis der Hochleistungsflüssigchromatographie, Otto Salle, Frankfurt
2) Schwedt G (1995) Analytische Chemie: Grundlagen, Methoden und Praxis, Georg Thieme, Stuttgart
3) Gey MH (2015) Instrumentelle Analytik und Bioanalytik, Springer, Berlin

Man würde nichts tun,
wenn man derart wartet,
es perfekt tun zu können.

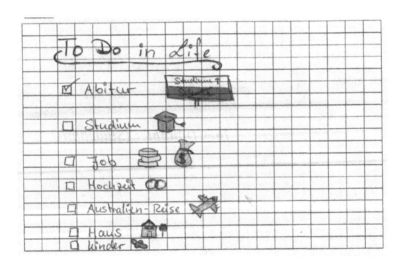

Anne Heymann (Studentin)

Chromatography is music and love!

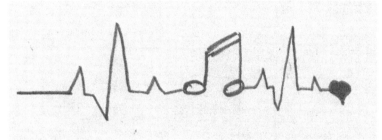

Ines Dünnbier (Studentin)

3 Instrumentelle & Bioanalytik: Versuch 1

3.1 RP-HPLC und UV-Spektroskopie von Aromaten

3.1.1 Einführung und Zielstellung

Aromatische Kohlenwasserstoffe stellen eine Gruppe unpolarer Verbindungen dar, deren Hydrophobizität mit steigender Anzahl aromatischer Ringe zunimmt. Sogenannte RP-Phasen (Reversed-Phase) sind ebenfalls hydrophob und demzufolge ideale stationäre Phasen zur Trennung aromatischer Strukturen (Kapitel 3.1.2 und 3.9). Für flüssigchromatographische Trennungen werden polare Eluenten wie ACN/Wasser- oder MeOH/Wasser-Gemische eingesetzt. Aufgrund der leicht anregbaren π-Elektronen im aromatischen Ringsystem können UV/VIS- und Fluoreszenzdetektoren für sensitive Detektionen angewandt werden.

Im Prinzip ist dieses Trennsystem sehr robust und arbeitet i.d.R. sehr reproduzierbar und zuverlässig. Deshalb ist es zur didaktischen Einführung in die verschiedenen Trenntechniken innerhalb der HPLC besonders geeignet.

Ziel des Versuches ist es demzufolge, charakteristische HPLC-Chromatogramme zu erstellen und zu demonstrieren, wie wichtige Chromatogramm-Parameter daraus ermittelt bzw. berechnet werden. Zu diesen gehören u.a. die chromatograpische Auflösung R, die theoretische Bodenzahl N und die theoretische Trennstufenhöhe H. Damit kann die Güte bzw. die Trenneffizienz einer HPLC-Säule gut beurteilt werden. Weiterhin sollen die Arbeitsweise und die Funktionen einer HPLC-Apparatur vom Prinzip her dargestellt und erläutert werden.

3.1.2 Materialien und Methoden

3.1.2.1 Aromatische Strukturen

Für die experimentelle Durchführung der Versuche wurden sehr gut und schnell trennbare aromatische Kohlenwasserstoffe (Naphthalin, Phenanthren, Pyren, Chrysen) ausgewählt (s. Tabelle 1). Hier ist es von Vorteil, dass bereits isokratische Elutionen zielführend sind, während für die RP-HPLC der Gruppe der Polycyclischen aromatischen Kohlenwasserstoffe (PAKs, s. Kapitel 3.9) Gradientenelutionen erforderlich sind.

Tabelle 3.1 Strukturen ausgewählter aromatischer Kohlenwasserstoffe

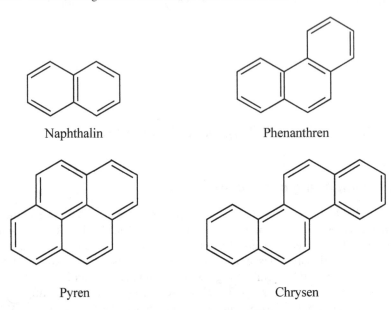

Naphthalin   Phenanthren

Pyren   Chrysen

Alle vier aromatischen Strukturen gehören zu den sogenannten polycyclischen aromatischen Kohlenwasserstoffen (PAKs bzw. PAHs). Diese werden auch als EPA-Aromaten in Anlehnung an die amerikanische Umweltschutzbehörde (EPA: *environmental protection agency*) bezeichnet.

Naphthalin (griech.: *naphtha* = Erdöl, IUPAC: Naphthalen) ist ein farbloser Feststoff ($C_{10}H_8$), der bereits bei Raumtemperatur sublimiert. Der bicyclische aromatische Kohlenwasserstoff besitzt einen charakteristischen Geruch nach Mottenpulver/Teer und wird als gesundheitsschädlich eingestuft.

Der kristalline Feststoff Phenanthren ($C_{14}H_{10}$) ist farblos bis gelblich und enthält 3 anellierte Benzolringe im Molekül. Der aromatische Kohlenwasserstoff ist weitestgehend geruchlos und kann aus Steinkohlenteer gewonnen werden. Phenanthren reizt die Augen und Haut. Es ist toxisch für Wasserorganismen und reichert sich in diesen an (Bioakkumulation).

Pyren ($C_{16}H_{10}$) ist ein weißlich gelber Feststoff, der in Pulver- oder als Plättchenform anfällt. Pyren gehört zu den PAKs und besitzt 4 Benzolringe. Es kann auch aus Steinkohlenteer isoliert werden, gilt als reizend und führt zur Rötung von Haut und Augen.

Der PAK Chrysen ($C_{18}H_{12}$) besitzt ebenso 4 kondensierte Benzolringe und ist gegenüber von Pyren durch die größere Anzahl von C- und H-Atomen etwas hydrophober (vgl. auch Trennungen an RP-Trennmaterialien). Es ist farblos und bildet rhombische Kristalle. Im Tierversuch zeigt Chrysen wie viele andere PAKs kanzerogene Eigenschaften. Es kommt auch in fossilen Rohstoffen vor und entsteht wie die meisten PAKs auch bei unvollständigen Verbrennungsprozessen.

3.1.2.2 Aufbau eines Flüssigchromatographen

In der folgenden Abbildung ist der prinzipielle Aufbau einer isokratischen HPLC-Apparatur dargestellt. Der Eluent (**1**) wird i.d.R. mit einem Inertgas (Helium) entgast und mittels pulsationsarmer Hochdruckpumpe (**2**) zum Injektor (**3**) gefördert. Die Verbindungskapillaren können zwischen diesen Bauteilen noch relativ großvolumig sein.

Die Aufgabe der Probe erfolgt mithilfe einer Dosierspritze über den Injektor (**3**) – meist wird ein sogenanntes Rheodyne-Ventil verwendet. Dabei wird eine Metallkapillarschleife, die ein definiertes Probevolumen (z.B. 20 µl) aufweist, gefüllt; die überschüssige Probeflüssigkeit landet in einem Abfallgefäß (Waste, hier nicht dargestellt).

Die Analyte der applizierten Probe werden nun in der HPLC-Säule (**4**) nach unterschiedlichen (hydrophoben) Wechselwirkungen getrennt.

Danach passieren sie einzeln die Mikrodurchflussküvette eines Detektors (**5**). Die Substanz-Pfropfen zeichnen sich dabei durch eine Art Gaussprofil aus, das bei der Registrierung in Form von Chromatogramm-Peaks z.B. auf einem Schreiber (**6**) sichtbar gemacht wird.

In einem UV/VIS-Detektor erfolgt die Messung bzw. Veränderung der Absorption der Analytmoleküle; mittels RI-Detektor (**r**efractive **i**ndex detector) können Differenzen der Brechungsindices registriert werden.

Die Verbindungskapillaren zwischen Injektor, HPLC-Säule und Detektorzelle sollen möglichst totvolumenarm sein, damit keine externen Peakverbreiterungen auftreten können. Nach der Mikrodurchflussküvette des Detektors wird das Eluat in Waste (**7**) überführt. Weitere Erläuterungen dazu in „Instrumentelle Analytik und Bioanalytik", Springer, 2015.

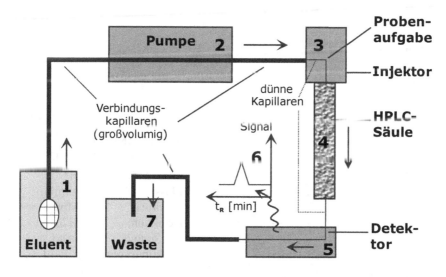

Abb. 3.1.1 Schematischer Aufbau einer HPLC-Apparatur

3.1.3 Versuchsergebnisse (Auswahl)

3.1.3.1 Standardchromatogramm

Die Abbildung 3.1.2 zeigt die HPLC-Trennung der 4 aromatischen Kohlenwasserstoffe (Naphthalin, Phenanthren, Pyren und Chrysen). Die RP-18-Trennphase wurde nur mit reinem Methanol eluiert, so dass die Säule permanent unter diesem relativ „inerten" Lösungsmittel sich befindet. Für die Auftrennung zwischen allen Peaks wird Basislinientrennung erzielt. Ein Berechnung der chromatographischen Auflösungen ist somit nicht erfoderlich. Alle R-Werte liegen bei > 1.

Die Gesamtretentionszeit liegt bei ca. 18 Minuten und damit für die Versuchspräsentation sehr hoch. Emphohlen wird, ggf. Chrysen nicht in weitere Experimente einzubeziehen. Auch kann die Flussrate weiter erhöht werden, um Zeit zu sparen. Andererseits ist damit eine Vergrößerung des Säulenvordruckes über 10 Mpa verbunden. Auch kürzere RP-Säulen sollten für derart einfache Aromatentrennungen ausreichend Auflösungskapazität besitzen.

Diese Trennsysten stellt die Basis für die Ermittlung signifikanter Chromatogramm-Paramter dar, wie in den folgenden Abschnitten gezeigt wird.

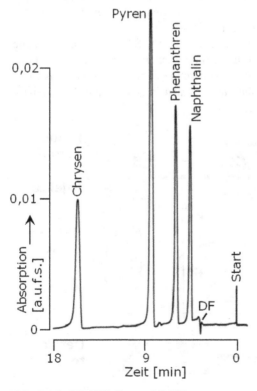

Experimentelle Bedingungen:

Säule: PAK-Säule
        250 × 4,0 mm i.D.

Mobile Phase: MeOH
Flussrate: 0,6 ml/min
Vordruck: 8,9 Mpa
Detektion: UV, 270 nm
Abs.-range: 0,04 a.u.f.s.
Injektionsvolumen: 20 µl

Abb. 3.1.2 RP-HPLC von 4 PAKs

3.1.3.2 Chromatographischen Auflösung

Die Injektion der Testmischung bestehend aus den 4 PAKs erfolgt erneut in die HPLC-Apparatur. Der angeschlossene Linienschreiber wird kurz zuvor auf eine schnelle Chart-Geschwindigkeit gestellt, damit z.B. die Peakbreite in halber Höhe gut auswertbar ist.

Aus dem Chromatogramm und den aufgezeichneten Peaks lassen sich wichtige Kenngrößen wie die Peakbasisbreite w_b oder die Peakbreite in halber Höhe w_h (früher $b_{1/2}$) ermitteln, die zur Charakterisierung einer chromatographischen Trennung erforderlich sind (s. Abbildung 3.1.2).

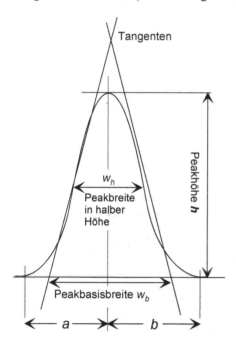

Abb. 3.1.3 Peakprofil und Kenngrößen

Als Maß für das Trennvermögen der Säule wird die auf ein benachbartes Peakpaar bezogene Auflösung R herangezogen, die in der Praxis durch die Bildung des Quotienten aus dem Abstand beider Peakmaxima (Differenz der Retentionszeiten t_{R2} und t_{R1}) und dem arithmetischen Mittel aus den dazugehörigen Peakbasisbreiten w_1 und w_2 (3.1.1) oder genauer auf der Basis der Retentionszeit und Peakbreite in halber Höhe (Abbildung 3.1.2) berechnet wird.

$$R = \frac{2(t_{R2} - t_{R1})}{w_{b1} + w_{b2}} \qquad (3.1.1)$$

Angestrebt werden optimale chromatographische Auflösungen. Bei $R = 1,5$, was auch als 6σ-Trennung bezeichnet wird, erfolgt Basislinientrennung zwischen beiden Peaks. Für quantitative Peakauswertungen sind R-Werte $\leq 0,8$ unzureichend.

Die Abbildung 3.1.3 zeigt einen Ausschnitt des schnell „abgefahrenen" Chromatogramms. Dieses wurde eingescannt und mithilfe eines Designer-Programms erfolgten die entsprechende „Beschriftungen".

Für alle 4 Aromaten wurden Basislinientrennungen erzielt. D.h., die R-Werte waren alle größer als 1,5 und sind in der Abbildung aufgeführt. Die Auswertung der Chromatogramme bzw. die Ermittlung der „Retentionszeiten" und „Peakbasisbreiten" erfolgte nicht über Zeitmessungen, sondern durch Vermessen der Abstände mithilfe eines Lineals und einer Messlupe (alle Angaben in mm!).

Die folgende Tabelle zeigt die erhaltenen Messwerte und die bestimmten Paramter wie theoretische Bodenzahl (N, dimensonslos) bzw. theoretische Bodenhöhe (H, angaben in µm).

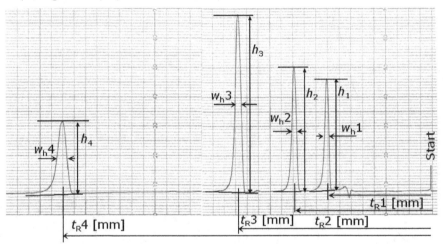

Abb. 3.1.4 RP-HPLC von 4 PAKs

3.1.3.3 Theoretische Bodenzahlen und -höhen

Die Van-Deemter-Gleichung bzw. die Van-Deemter-Kurve stellen die Basis für diese Parameter dar und werden im Fachbuch „Instrumentelle Analytik und Bioanalytik" (Springer 2015) ausführlich erklärt. In diesem Kapitel wird zur praktischen Versuchsdurchführung das Wichtigste dazu kurz herangezogen. Der Student soll eine Vorstellung erhalten, was man unter der theoretischen Bodenzahl und Bodenhöhe versteht.

Die theoretische Bodenzahl in der Chromatographie weist Parallelen zur klassischen Destillationskolonne auf und kann mit ihrer Hilfe leicht erklärt werden. Die Kolonne besitzt zahlreiche Böden, auf die der Dampf aufsteigt und als Flüssigkeit wieder kondensiert. Mit jedem weiteren Boden stellt sich dieses Gleichgewicht immer wieder erneut ein. Je öfter das passiert bzw. je mehr Böden die Destillationskolonne aufweist, desto besser können zwei Stoffe (z.B. Methanol und Ethanol) destillativ getrennt werden.

Übertragen auf die Chromatographie resultiert, je öfter sich das Gleichgewicht zwischen den Analytmolekülen und der stationären/mobilen Phase einstellt, umso größer ist die theoretische Bodenzahl.

Daraus resultieren vor allem signifikant spitze Peakformen, d.h., die Peakbreite in halber Höhe (w_h, siehe Abbildung 3.1.2 und Gleichung 3.1.2).

$$N = 5{,}54 \left(\frac{t_R}{w_h} \right)^2 \tag{3.1.2}$$

Die Bodenzahl wird i.d.R. pro Meter Trennsäule angegeben, damit unterschiedlich lange HPLC-Säulen besser untereinander verglichen werden können. Für sehr gut gepackte Säulen mit kleinen Partikeln (z.B. um 3 μm) können bis zu 100 000 theoretische Böden pro 1 Meter Trennsäule (N/m) erzielt werden.

Die theoretische Trennstufenhöhe H berechnet sich aus der Länge der Säule L und der ermittelten Bodenzahl N.

$$H = \frac{L}{N} \tag{3.1.3}$$

Danach ist H ein Maß für die Bandenverbreiterung eines Peaks und wird meist im μm-Bereich angegeben; für sehr effiziente HPLC-Säulen liegen diese Werte bei 10 μm und z.T. auch noch darunter. Je kleiner H ist, desto schmaler werden die Peaks im Chromatogramm und umso größer ist die theoretische Bodenzahl N.

Tabelle 3.1.2: Ermittelte Parameter für die PAK-Trennsäule

Aromat	t_R [mm]	w_h [mm]	N	N/m	H [μm]
Naphthalin	268	11	3.293	13.174	75
Phenanthren	352	12	4.756	13.174	52
Pyren	497	16	5.336	13.174	46
Chrysen	947	27	6.820	13.174	36

3.1.3.4 Peaksymmetrie der Aromaten

Die bisherigen Ergebnisse haben gezeigt, dass alle vier polycyclischen Aromaten an der RP-Säule bei Elution mit reinem Methanol gut getrennt werden. Andererseits sind die Trennparameter (s. u.a. die Bodenzahlen, Tab. 3.1.2) relativ niedrig und von Spitzenwerten für Hochleistungstrennsäulen weit entfernt. Trotzdem ist die Säule für qualitative Praktikumsexperimente noch ausreichend gut geeignet.

Durch eine starke Unsymmetrie wird die Zahl der theoretischen Böden verkleinert und auch die Auflösung kann schlechter werden. Mögliche Ursachen dafür sind Überladungen der Säule oder externe Totvolumina in der Messapparatur.

Für exakte quantitative Bestimmungen sind deshalb auch symmetrische Peakprofile eine wichtige Voraussetzung.

Die Peaks können bei Verlusten von deutlichen Trennleistungsvermögen Asymmetrien wie Fronting oder Tailing zeigen. Dies wird sichtbar, wenn die Peakprofile weit auseinander gezogen werden. Ausserdem ist es hilfreich, die Peaksymmetrie T zu berechnen.

$$T = \frac{b_{0,1}}{a_{0,1}} \qquad\qquad (3.1.4)$$

Der Abstand a ist der Abschnitt vom Peakbeginn bei 10 % des Peakmaximums bis zum Peakmaximum. Die Strecke b wird vom Peakmaximum bis zum Peakende bei 10% des Peakmaximums ermittelt (Abb. 3.1.5 – 3.1.8).

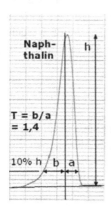
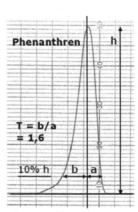

Abb. 3.1.5/6 Peakprofile von Naphthalin und Phenanthren

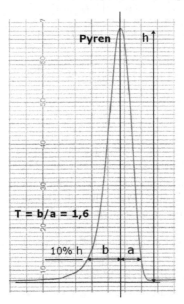
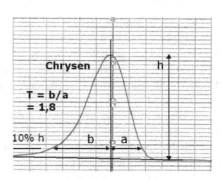

Abb. 3.1.7/8 Peakprofile von Pyren und Chrysen

Der Wert der Peaksymmetrie sollte zwischen 0,8 (Richtung Fronting) und 1,2 (Richtung Tailing) liegen.

Somit zeigen alle 4 Aromatenpeaks ein leichtes (Naphthalin, Phenanthren) bis sehr starkes (Chrysen) Tailing.

3.1.3.5 UV/VIS-Spektren der Aromaten

Mithilfe von UV/VIS-Spektren für Naphthalin, Phenanthren, Pyren und Chrysen (Abb. 3.1.3) können diese Aromaten in komplexen Matrices viel sicherer identifiziert werden, da allein die Übereinstimmung in den Retentionszeiten meist nicht ausreichend ist.

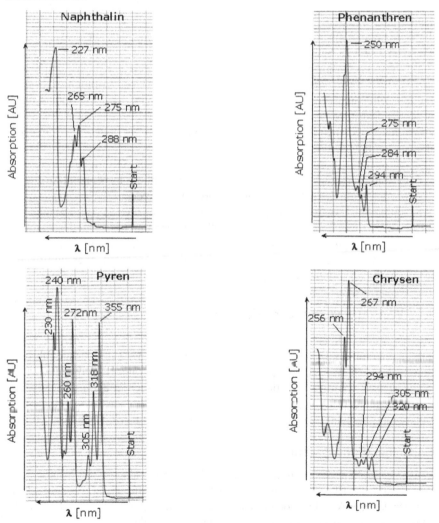

Abb. 3.1.9-12 UV-Spektren: Naphthalin, Phenanthren, Pyren, Chrysen

Diese UV-Spektren (Spektralbereich: 200 – 400nm) wurden sozusagen „offline" anhand entsprechender Referenzsubstanzen mithilfe eines konventionellen UV/VIS-Spektralphotometers erstellt. Als Lösungsmittel für die Aromaten diente spektralreines Methanol, da für die RP-HPLC-Trennungen ebenfalls dieser Eluent eingesetzt wurde.

Die UV-Spektren der 4 Aromaten sollen in der Versuchsauswertung näher charakterisiert werden. Auffällig sind die bei ansteigender Zahl aromatischer Ringe Verschiebungen in den langwelligeren Absorptionsbereich. Besonders für den Diaromaten Naphthalin, aber auch für das Phenanthren existieren die Hauptabsorptionsmaxima z.T. deutlich unterhalb von 300 nm. Pyren und Chrysen mit 4 annellierten aromatischen Ringen weisen auch sehr signifikante Absorptionen zwischen ca. 300 und 350 nm auf.

Falls das Labor über einen Dioden-Array-Detektor verfügt, bieten sich Aufnahme von UV/VIS-Spektren für Naphthalin, Phenanthren, Pyren und Chrysen an, und zwar im Online-Betrieb. Damit können diese PAKs z.B. in komplexen Matrices viel sicherer identifiziert werden, da allein die Übereinstimmung in den Retentionszeiten meist nicht ausreichend ist. Die Aufnahme der DAD-Spektren ist mithilfe der Software des entsprechenden DAD-Detektor-Typs leicht zu realisieren. Damit können auch Reinheitsprüfungen von den einzeln eluierten Aromatenpeaks durchgeführt werden.

Für die weitere „Ausgestaltung" des Versuches sollten „Offline-Spektren" als auch „On-line-Spektren" aufgenommen und hinsichtlich ihrer Identität bzw. Übereinstimmung in den Kurvenverläufen verglichen werden.

Angemerkt sei, dass die Absorptionsmaxima der Aromaten in Abbildung 3.1.3 nicht elektronisch erfasst wurden, sodass die vorgenommene „visuelle Auswertung" der UV-Spektren geringfügige Abweichungen in den Absorptionsmaxima aufweisen kann. Für die Versuchsauswertung ist das zu beachten, aber signifikante Interpretationen sollten diese geringfügigen Unterschiede nicht tangieren.

3.1.4 Wissenswertes zum Versuch

Die RP-HPLC ist die charakteristische Standardmethodik in der modernen Flüssigchromatographie und wird an sehr vielen Stellen in der Literatur ausführlich erläutert – so auch im Fachbuch „Instrumentelle Analytik und Bioanalytik".

Mindestens 2 wichtige Funktionsweisen sollen hier noch in den Fokus der Erläuterungen gebracht werden. Dies ist eine einfache Variante zur Herstellung einer RP-Phase und die Funktionsweise eines Dosierventils (i.d.R. ein Rheodyneventil).

3.1.4.1 Injektionssysteme

Sogenannte Septuminjektoren werden heute kaum noch eingesetzt. Probeschleifenventile wie das Rheodyneventil sind Bestandteil fast aller HPLC-Systeme. Die Probeaufgabetechnik unter Hochdruck zeigt Abbildung 3.1.4. In der Situation A wird die Probeflüssigkeit mithilfe einer Dosierspritze in das Injektionsventil unter Normaldruck (dünne Linie) appliziert.

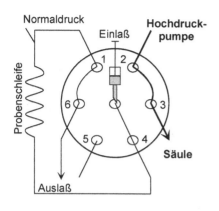
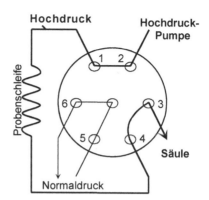

A : Füllen der Probeschleife
bei Normaldruck

B : Injektion der Probe auf die
Säule unter Hochdruck

Abb. 3.1.13 Schematische Darstellung des HPLC-Injektionsventils

Um eine Probeschleife von 20 µl zu füllen, ohne dass Restsubstanzen der vorangegangenen Dosierung noch vorhanden sind, sollte das Aufgabevolumen ca. 50 bis 100 µl betragen, wenn zuvor keine Schleifenspülung z.B. mit der mobilen Phase erfolgte. Die Förderung der mobilen Phase von der Pumpe zur Trennsäule erfolgt zu dieser Zeit unter Hochdruck (dicke Verbindungslinie).

Bei der Injektion der Probe auf die Säule werden durch Drehen des Dosierventils die Kapillarwege, wie in der Situation B dargestellt, positioniert. Die Probeschleife wird schlagartig in das Hochdruck-Kapillarsystem eingeschaltet, sodass die Probe auf die Trennsäule appliziert wird. Die Injektionswege (dünne Linie) befinden sich jetzt unter Normaldruck.

3.1.4.2 Herstellung von RP-Trennophasen

Eine besonders geeignete Methode zur Funktionalisierung der Silanolgruppen des Silicagels ist die Silylierung. Am Anfang wurden vorrangig alkylsubstituierte Silane eingesetzt. Der Oberflächencharakter der stationären Phase wird dadurch überwiegend hydrophob (Abb. 3.1.5). Die chemischen Modifizierungen der Silanolgruppen erfolgen meist mit mono-, bi- oder trifunktionellen Reagenzien, wobei in der Regel Chlorsilane verwendet werden.

Am stabilsten sind Si-O-Si-C-Verknüpfungen, wie im Beispiel der ersten Reaktionsgleichung in Abbildung 3.1.5 dargestellt ist.

Mithilfe der Reaktionen im zweiten Teil des Bildes ergeben sich hydrophobe Polymerstrukturen, die als Polysiloxane bezeichnet werden. Die Dicke der Polymerschicht auf der Silicageloberfläche kann fast beliebig variiert werden. Dicke Schichten schützen den „Silicagelunterbau" vor irreversiblen Adsorptionen und führen zu einer verbesserten pH-Beständigkeit der RP-Phasen.

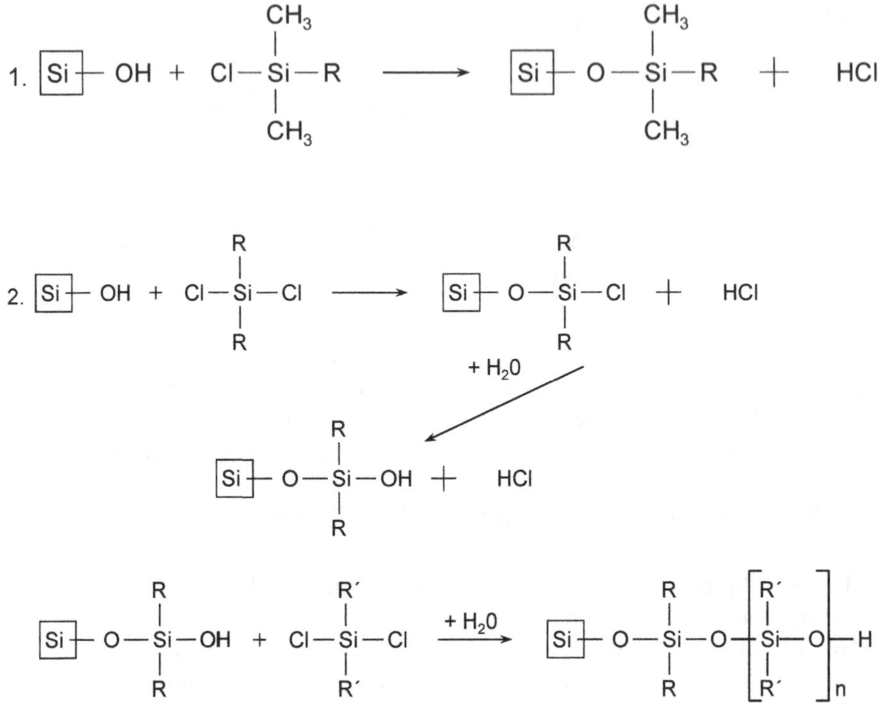

1. $\boxed{Si}$—OH + Cl—$\overset{\overset{\displaystyle CH_3}{|}}{\underset{\underset{\displaystyle CH_3}{|}}{Si}}$—R $\longrightarrow$ $\boxed{Si}$—O—$\overset{\overset{\displaystyle CH_3}{|}}{\underset{\underset{\displaystyle CH_3}{|}}{Si}}$—R + HCl

2. $\boxed{Si}$—OH + Cl—$\overset{\overset{\displaystyle R}{|}}{\underset{\underset{\displaystyle R}{|}}{Si}}$—Cl $\longrightarrow$ $\boxed{Si}$—O—$\overset{\overset{\displaystyle R}{|}}{\underset{\underset{\displaystyle R}{|}}{Si}}$—Cl + HCl

$+ H_2O$

$\boxed{Si}$—O—$\overset{\overset{\displaystyle R}{|}}{\underset{\underset{\displaystyle R}{|}}{Si}}$—OH + HCl

$\boxed{Si}$—O—$\overset{\overset{\displaystyle R}{|}}{\underset{\underset{\displaystyle R}{|}}{Si}}$—OH + Cl—$\overset{\overset{\displaystyle R'}{|}}{\underset{\underset{\displaystyle R'}{|}}{Si}}$—Cl $\xrightarrow{+ H_2O}$ $\boxed{Si}$—O—$\overset{\overset{\displaystyle R}{|}}{\underset{\underset{\displaystyle R}{|}}{Si}}$—O$\left[\overset{\overset{\displaystyle R'}{|}}{\underset{\underset{\displaystyle R'}{|}}{Si}}—O\right]_n$H

Abb. 3.1.14 Modifizierung von Silicagel mit Chlorsilanen

Diese hydrophoben Umkehrphasen (Reversed-Phase-Materi-alien, C8- oder C18-Trennphasen) werden mit polaren mobilen Phasen (Methanol- oder Aceto-nitril/Wasser-Gemische) eluiert.

Etwa nur die Hälfte der Oberflächensilanolgruppen (ca. 8 μmol/m^2) kann aus sterischen Gründen besetzt werden, sodass irreversible Adsorptionen an den nicht modifizierten polaren Gruppen auftreten können. Die weitestgehende Verringe-rung der Silanolgruppen erfolgt durch Substitution mit Trimethylchlorsilan (TMCS) oder Hexamethyldisilazan (HMDS). Diese nachträgliche Modifizierung wird als „endcapping" bezeichnet. Auf der Basis verschiedener bzw. unterschied-lich bezeichneter Silicagele (LiChrosorb, Silasorb, Nucleosil, Spherisorb, Zorbax, Hypersil u.a.) finden diese stationären Phasen als RP-Materialien die breiteste Anwendung in der HPLC kleiner Moleküle. Durch Silylierung des Silicagels mit Chlorsilanen polarer Struktur werden auch (polare) chemisch gebundene Trenn-materialien erhalten, die als Amino-, Diol- oder Nitrilphasen bezeichnet werden. Diese stationären Phasen besitzen gegenüber unmodifizierten Silicagelen meist eine höhere Selektivität und werden z.B. bevorzugt in der Kohlenhydratanalytik eingesetzt.

3.1.5 Empfehlungen zur Versuchsauswertung (Auswahl)

1) Benennen Sie Eigenschaften von polycyclischen aromatischen Kohlenwasserstoffen (PAKs)!
2) Zeichnen Sie die Strukturen der 4 PAKs!
3) Weshalb sind diese PAKs gut mittels RP-HPLC und UV-Detektion analysierbar?
4) Wie werden RP-18-Trennmaterialien hergestellt?
5) Wie erfolgt die Ermittlung der Parameter R, N und H?
6) Schätzen Sie die Güte Ihrer HPLC-Säule anhand der von Ihnen im Versuch ermittelten Parameter ein!
7) Wie erfolgt die Bestimmung der NWG praktisch?

3.1.6 Informationsquellen

1) Borsdorf R, Scholz M (1968) Spektroskopische Methoden in der organischen Chemie, Akademie-Verlag, Berlin
2) Cammann K (2001) Instrumentelle Analytische Chemie, Spektrum Ak Verlag, Heidelberg
3) Galla H-J (1988) Spektroskopische Methoden in der Biochemie, Georg Thieme, Stuttgart
4) Gey MH (1998) Instrumentelle Bioanalytik, Friedr Vieweg & Sohn, Braunschweig, Wiesbaden
5) Otto M (1995) Analytische Chemie, VCH, Weinheim
6) Perkampus H-H (1986) UV-VIS-Spektroskopie und ihre Anwendungen, Springer, Heidelberg
7) Schwedt G (1995) Analytische Chemie : Grundlagen, Methoden und Praxis, Georg Thieme, Stuttgart
8) Hesse M, Meier H, Zeeh B (1995) Spektroskopische Methoden in der organischen Chemie, Georg Thieme, Stuttgart

Alcopops: süß & hoch-%ig!

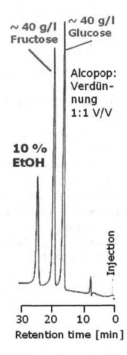

Liquid Chromatography

3 Instrumentelle & Bioanalytik: Versuch 2

3.2 Bestimmung von Ethanol und Zuckern in alkoholischen Produkten (Wein, Alcopops)

3.2.1 Einführung und Zielstellung

Hauptziel des Versuches ist die qualitative und quantitative Bestimmung der monomeren Zucker Glucose und Fructose sowie von Ethanol vorrangig in alkoholischen Getränken. Diese Analyte stellen die Hauptkomponenten in diesen Matrices dar und liegen in Konzentrationsbereichen von wenigen bis mehreren Gramm pro Liter (Zucker) bzw. im Falle des Ethanols im unteren Prozentbereich (ca. 5 ... 15).

In Weinen kann auch Glycerin erfasst werden, das ein natürliches Gärungsprodukt darstellt. Ein bewusster Zusatz von Glycerin zu Weinen ist nicht statthaft, kann aber immer wieder bei einzelnen Weinen nachgewiesen werden.

Als Bestimmungsmethode wird die Ligandenaustauschchromatographie eingesetzt, die alle Hauptkomponenten mit Basislinientrennung auftrennen kann. Im Versuch werden auch methodisch-statistische und apparative Parameter wie z.B. Mittelwertbildung, Reproduzierbarkeit, Standardabweichung und Nachweisgrenzen ermittelt. Auch Probenvorbereitungen oder die Herstellung von Test- und Probelösungen sind Bestanteil der Versuchsbeschreibungen.

Anhand verschiedener Applikationen aus der eigenen Praxis soll einerseits das Funktionieren und die Leistungsfähigkeit der Methode nachgewiesen werden; andererseits erfolgt eine fundierte und kritische Interpretation der Ergebnisse.

Alle Versuche wurden vom Autor selbst durchgeführt und sollen so beschrieben werden, dass ein Nacharbeiten möglichst problemlos möglich ist.

3.2.2 Materialien und Methoden

3.2.2.1 Equipment für den Versuch

Für die Analysen können auch einfach aufgebaute/zusammengestellte Flüssigchromatographen eingesetzt werden, die in der Hauptsache aus einem Eluenten, einer Hochdruckpumpe sowie Injektor, Säulenofen, „Zuckersäule", RI-Detektor und einer Auswerteeinheit bestehen.

Die hier verwendete Apparatur bestand aus folgenden Elementen:

- Eluent: Entionisiertes Wasser
- Pumpe: LC 7200 (Firma Merck-Hitachi)
- Injektor: Rheodyneventil (7010) mit 20-µl-Probeschleife
- Säulenofen: T 6300 column thermostat, Temperatur: 85 °C
- Säule: Carbohydrate Analysis Column, Aminex HPX-87C
- Säulendimension: 250 x 4 mm i.D. (Firma BioRad)
- RI-Detektor: Refractive index detector (Firma Bischoff)
- Empfindlichkeit: 32 x 10^{-6} (RIUFS, RI-Units Full Scale)
- Response: Fast
- Auswertung: Linienschreiber: Speed: 30 cm/h; U: 5 mV

3.2.2.2 Chemikalien, Lösungsmittel, Zubehör

- Entionisiertes Wasser wird täglich frisch eingesetzt und soll permanent mit Helium entgast werden
- Ethanol für die HPLC (96-prozentig)
- Glucose
- Fructose
- Glycerin
- Analysenwaage
- HPLC-Dosierspritze (100 µl, 500µl)
- Maßkölbchen (V: 10 ml und 50 ml)
- Bechergläser (V: 20 und 50 ml)
- Spritzen zur Verdünnung (100 µl und 500 µl)
- Ultraschallbad
- Diverse Rot- und Weißweine, Alcopops
- Selbst hergestellte Alkoholika

3.2.2.3 Herstellung von Test- und Probelösungen

Testlösungen:

- Einwaage von je 25 mg Glucose und Fructose in 50-ml-Kolben und Auffüllen mit Eluent: **Stammlösung A**, (c = 0,5 mg/ml)
- 1 ml EtOH in 10 ml Eluent: **Stammlösung B,** (9,6 %)
- 200 µl Stammlösung B in 10 ml Eluent: **Lösung B-1** (1:50 V/V)
- 500 µl **Lösung B-1** plus 500 µl **Stammlösung A: Dosierlösung-T**

Probelösungen:

- Weine/Alcopops: 100 µl Probe in 10 ml Eluent: **Lösung C-1**, die in den Flüssigchromatographen appliziert wird
- Proben mit hohem Ethanol-Gehalt (ca. > 15 %) und hohem Gehalt an Glucose und Fructose (ca. > 30 g/l) werden weiter verdünnt (1 + 4 V/V).

3.2.3 Trennungen von Standardlösungen, Reproduzierbarkeit

Die Abbildungen 3.2.1 und 3.2.2 zeigen die Separationen von Glucose, Fructose und Ethanol einer Standardlösung (vgl. **Dosierlösung-T** in Kap. 3.1.2.3) mit ausreichend guter Basislinientrennung zwischen den Zuckern und Reproduzierbarkeiten beim Vergleich beider Chromatographie-Läufe unter identischen Bedingungen (s. auch Kap. 3.1.2.1).

Auf der Abszisse sind die Retentionszeiten (t_R) für Glucose, Fructose und Ethanol in Minuten [min] aufgetragen. Die Registrierung der Elutionskurve erfolgte mit einem RI Detektor (refractive index detector) – auf der Ordinate sind demzufolge die **B**rechungs**i**ndex**e**inheiten (BIE bzw. RIUFS – s. Kap. 3.1.2.1) aufgetragen. Der eingestellte Empfindlichkeitswert von 32 wird mit 10^{-6} multipliziert. In den Abbildungen 3.1 und 3.2 sind die „halben Vollausschläge" (RIUFS: **RI-Units Full Scale**) auf der y-Achse aufgetragen.

Die Durchbruchsfront (DF) wird kaum registriert, da Eluent (entionisiertes Wasser) und Verdünnungslösungen (entionisiertes Wasser) „nahezu" identisch sind.

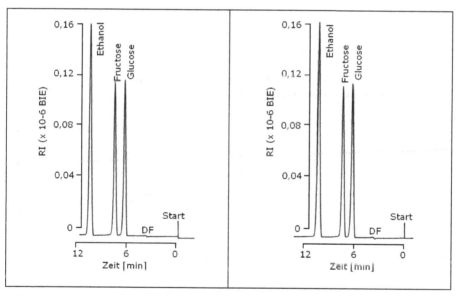

Abb. 3.2.1 / 3.2.2 Ligandenaustauschchromatographie von Standardlösungen

Bei manueller Injektion hängt die Reproduzierbarkeit stark von der Qualität und der Beschaffenheit des Dosierventils ab. Automatisches Applizieren (Probengeber) ist i.d.R. mit sehr einheitlichen Ergebnissen (Peakhöhe, Peakfläche) verbunden.

Abbildung 3.3 zeigt die Trennung des Referenzgemisches bestehend aus Glucose und Fructose (Konzentrationen: je 250 µg/ml) und Ethanol (9,6 %, Verdünnung 1: 100 V/V) nach 6-facher manueller Injektion.

Die Reproduzierbarkeit ist als sehr gut zu bewerten.

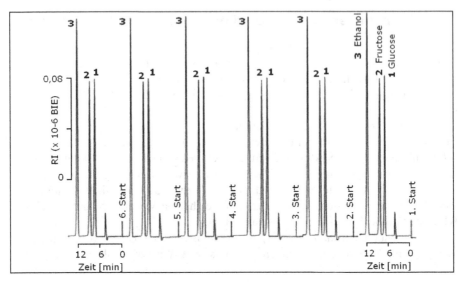

Abb. 3.2.3 Reproduzierbarkeiten nach 6-facher Injektion der Referenzlösung

3.2.4   Versuchsergebnisse (Auswahl)

Als Proben wurden verschiedene Weine ausgewählt, die größere Unterschiede in den Gehalten an Glucose und Fructose erwarten lassen.

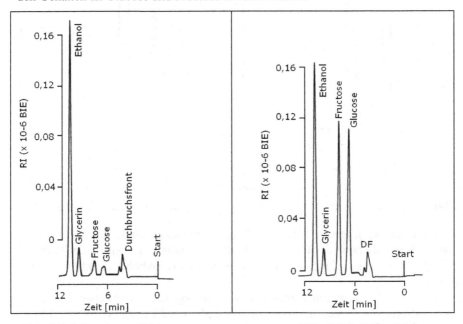

Abb. 3.2.4 Trockener Wein   **Abb. 3.2.5** Süßer Wein

In den Abbildungen 3.2.4 und 3.2.5 sind die Chromatogramme eines trockenen („Dornfelder") und milden Rotweins („Rot und Süß") gegenübergestellt. In beiden Proben ist Glycerin enthalten, das auf den alkoholischen Gärprozess hinweist. Die Durchbruchsfronten sind wenig signifikant und werden nicht weiter beachtet.

Die Zuckergehalte im trockenen Dornfelder sind deutlich geringer und betragen für Glucose 1,4 g/l, für Fructose 2,5 g/l. Im Bereich des Glucose deutet sich eine Koelution an, die aber diesen Zucker nicht signifikant beeinflussen wird. Der Alkoholgehalt wird mit 11,4 % bestimmt und im süßen Wein beträgt er mit 9,6 % etwas weniger. Dagegen beinhaltet dieser Rotwein 23,6 g/l Glucose und 25,3 g/l Fructose. Das sind ca. 15 Stück Würfelzucker in einem Liter süßen Rotwein!

Ein Weißwein (vgl. Abb. 3.2.6) von der Mosel enthält auffällig viel Fructose (36,6 g/l). Hier muss geprüft werden, ob Fructose extern bewusst zugesetzt worden ist oder ob der Gärprozess für diesen hohen Fructosegehalt verantwortlich ist. Denn der Anteil von Glucose liegt mit 6,4 g/l deutlich niedriger. Beide Monosaccharide liegen meist in vergleichbaren Größenordnungen vor, wenn sie aus dem entsprechenden Disaccharid Saccharose (im Molekül sind α-D–Glucose und β-D–Fructose über eine α,β-1,2-glycosidische Bindung gebunden) gebildet werden. Der Alkoholgehalt liegt mit 8 % im unteren Bereich für diese Weine.

Abbildung 3.2.7 zeigt das Chromatogramm (Ligandenaustausch) eines süßen Weißweins („Sweet") – hier sind die Zuckergehalte um ca. 24 g/l relativ einheitlich. Der Ethanolanteil liegt mit 7,7% auch hier relativ niedrig.

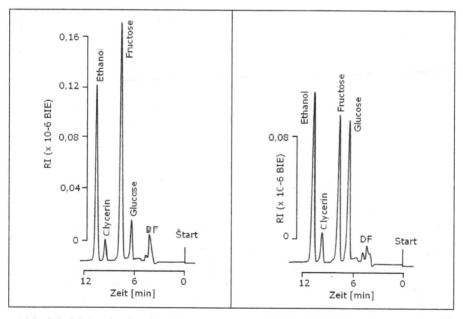

Abb. 3.2.6 Moselwein   **Abb. 3.2.7** Süßer Weißwein (Sweet)

Die analytische Charakterisierung „moderner Alcopops" ist vor allem aus ernährungsphysiologischer Sicht von besonderem Interesse. Von Alcopops ist bekannt, dass der z.T. intensive „Schnapsgeschmack" durch reichliche Zuckerzugabe kaschiert wird. Insbesondere für Jugendliche ist diese Alkoholdroge besonders schmackhaft und ermöglicht erhöhten Alkoholkonsum.

In den Abbildungen 3.2.8 und 3.2.9 sind die Analysen von zwei verschiedenen Alcopops gegenübergestellt. Während im Lemonprodukt relativ niedrige Alkoholwerte (2,5%) zu verzeichnen sind und die Zuckerwerte im Bereich von süßen Weinen liegen, enthält der Barcardi-Alcopop 9,8 % Ethanol mit ca. 100 g/l extrem viel Gesamtzucker (Glucose: 49,1 g/l, Fructose: 51,1 g/l). Das entspricht immerhin ca. 33 Stück Würfelzucker in einem Liter Alcopop! Glycerin ist nicht signifikant nachweisbar und verdeutlicht somit den Mix von „Schnaps und Zucker".

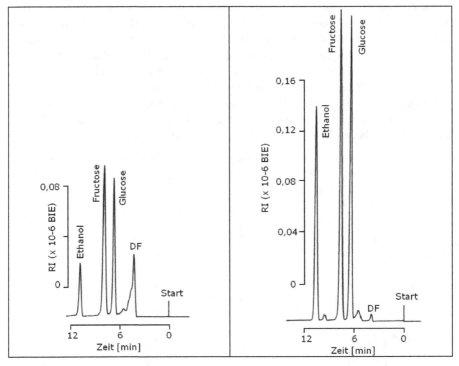

Abb. 3.2.8 Lemon (Alcopop)   **Abb. 3.2.9** Barcadi (Alcopop)

Bevorzugt werden heutzutage gern trockene Weine – vor allem von der älteren Generation. Hier besitzen auch Weine für Diabetiker mit niedrigen Glucose- bzw. Fructosegehalten ernährungsphysiologisch eine wichtige Funktion.

In den Abbildungen 3.2.10 und 3.2.11 sind die Chromatogramme von zwei trockenen Weißweinen dargestellt, die wir gern als „Hausweine" bestellen.

Erstere ist ein Deutscher Landwein (Müller-Thurgau) mit ca. 11 % Alkohol und nur geringen Zuckergehalten (Glucose: 1,1 g/l, Fructose: 2,5 g/l). Auch der Silvaner trocken enthält nur ca. 2 – 3 g/l Gesamtzucker und 12% Alkohol.

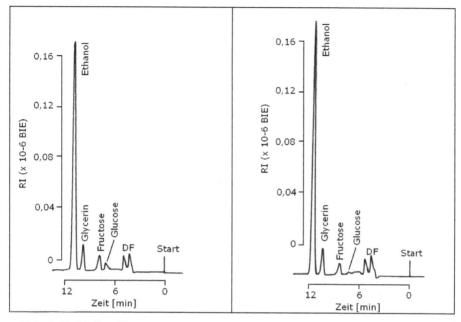

Abb. 3.10 Müller-Thurgau, trocken   **Abb. 3.11** Silvaner, trocken

Andererseits gibt es nicht wenige Bestrebungen, alkoholische Getränke selbst herzustellen – ob alkoholische Gärungen von Obst (Kirschen, Äpfel etc.) oder eine Art „Likörpräparation".

Die folgenden Beispiele zeigen die Ergebnisse von Eigenprodukten. Die Zuckergehalte waren so hoch, dass für die chromatographischen Analysen eine weitere Verdünnung der Proben im Verhältnis 1:4 V/V (s. auch Kap. 3.1.2.3) erfolgen musste, um die entsprechenden Peaks noch auf dem Linienschreiber auswerten zu können.

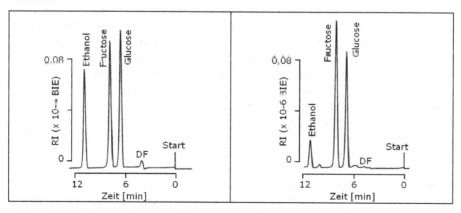

Abb. 3.2.12 „Rote Johanna" (Likör)   **Abb. 3.2.13** „Stephanie-Likör"

Die „Rote Johanna" enthält 17,8 % Alkohol, aber auch 88,8 g/l Glucose und 83,3 g/l Fructose. Im zweiten Likör sind vergleichbare Zuckergehalte (75,6 g/l Glucose und 92,5 g/l Fructose) – jedoch weniger Alkohol (4,9 %) enthalten.

3.2.5 Wissenswertes zum Versuch

3.2.5.1 Glucose

Glucose (Glc) ist ein Monosaccharid (Einfachzucker). Es gibt zwei Enantiomere: D–Glucose und L–Glucose. In der Natur kommt ausschließlich D–Glucose vor. Diese wird auch als Traubenzucker oder in älterer Literatur als Dextrose bezeichnet. L–Glucose ist nur synthetisch zugänglich und besitzt nur geringe praktische Bedeutung.

Traubenzucker ist als Baustein in Zweifachzuckern wie Lactose (Milchzucker) oder Saccharose (Rohr- oder Rübenzucker, s.o.), in Mehrfachzuckern wie Raffinose und in Vielfachzuckern wie Stärke, Glycogen oder Cellulose enthalten.

Er wird durch die vollständige enzymatische Spaltung von Stärke (z.B. aus Mais oder Kartoffeln) hergestellt.

3.2.5.2 Fructose

Fructose (Fru; umgangssprachlich Fruchtzucker) ist ein Monosaccharid (*Einfachzucker*). Sie kommt in mehreren isomeren (anomeren) Formen vor. Man unterscheidet zwischen D–Fructose und der L–Fructose, die allerdings nur geringe Bedeutung besitzt.

Fructose ist eine farb- und geruchlose, leicht wasserlösliche, sehr süß schmeckende Verbindung, die prismen- oder nadelförmige Kristalle bildet. Das Monosaccharid ist optisch aktiv und kommt daher in zwei spiegelbildlichen Isomeren, den sogenannten *Enantiomeren*, vor. Fructose gehört zur Gruppe der Hexosen und – wegen der Ketogruppe – zu den Ketosen.

In kristalliner Form liegt sie als Sechsring (*Fructopyranose*) vor, gebunden als Fünfring (*Fructofuranose*). Die α- und β-Anomere der jeweiligen Ringformen können in wässriger Lösung ineinander umgewandelt werden und stehen untereinander in einem Gleichgewicht. Fructose kommt in der Natur vor allem in süßen Früchten und im Honig vor. Im Haushaltszucker (hergestellt aus Zuckerrüben oder Zuckerrohr) ist Fructose in gebundener Form enthalten. Ein bedeutsamer Anteil bei der Zuckeraufnahme kommt aus industriell gefertigten Nahrungsmitteln, die mit Fructose angereicherten Sirup aus Maisstärke (*high-fructose corn syrup*, HFCS) enthalten. Im Darm wird Fructose von Menschen unterschiedlich gut, vor allem langsamer als Glucose, resorbiert.

Glucose wird unter Energieverbrauch in die Zelle gepumpt. Im Gegensatz dazu fließt Fructose unreguliert ohne Energieaufwand entlang ihres Konzentrationsgradienten. Dies führt dazu, dass Fructose niemals vollständig aus der Nahrung aufgenommen wird. Vor allem bei Kleinkindern besteht daher die Gefahr, dass es bei zu hohen Fructosemengen in der Nahrung zu osmotischer Diarrhoe kommt.

3.2.5.3 Methanol

Neben Ethanol entsteht durch den enzymatischen Pektinabbau auch Methanol. Der natürliche Methanolgehalt ist gering und liegt bei Weißwein zwischen 17 – 100 mg/l und bei Rotwein zwischen 60 – 230 mg/l. Der Unterschied ergibt sich durch die unterschiedliche Kontaktzeit mit der Maische. Methanol ist giftig und hat eine akute, nicht jedoch eine chronische Giftwirkung.

Bei akuten Methanolvergiftungen wird als „Gegenmittel" (Antidot) Ethanol dem Körper zugeführt. Hintergrund ist, dass das Enzym Alkoholdehydrogenase sowohl Ethanol als auch Methanol abbaut (vgl. auch Kapitel 3.2.5.4). Aus diesem Alkohol entsteht jedoch die hochgiftige Ameisensäure. Ihre Bildung wird unterdrückt, wenn die Alkoholdehydrogenase sich mit dem Ethanolabbau „beschäftigen" kann.

Noch einige „historische Anmerkungen" zum MeOH: Die antiken Ägypter erhielten Methanol durch Pyrolyse von Holz (Holzgeist) und balsamierten ihre Toten mit einem Substanzgemisch auf dessen Basis. Mit dem gleichen Verfahren, der „trockenen Destillation", erhielt der irische Chemiker Robert Boyle 1661 erstmals reines Methanol aus Buchsbaumholz.

3.2.5.4 Ethanol

Ethanol (EtOH, auch *Äthanol*), Trivialname: Alkohol, ist eine bei Raumtemperatur farblose, leicht entzündliche Flüssigkeit mit der Summenformel C_2H_6O. Die reine Substanz hat einen brennenden Geschmack und einen charakteristischen, würzigen Geruch. Bekannt ist Ethanol als Bestandteil von Genussmitteln und Volksdrogen wie Wein, Bier und Likör.

In Tabelle 3.2.1 sind die Ethanolgehalte einiger Spirituosen einander gegenübergestellt. Für weitere Interpretationen dienen auch die bereits analysierten alkoholischen Getränke aus den eigenen Laborpraktika (Kapitel 3.2.4).

Tabelle 3.2.1 Ethanolgehalte (Volumen-%) ausgewählter alkoholischer Getränke

Biere	Ethanolgehalt	Weine	Ethanolgehalt
Leichtbier	2 2,5%	Apfelwein	5–6%
Weißbier	3%	Tafelwein	7–10%
Pilsner	1,9%	Schaumwein	8–11%
Bockbier	5–6%	Wermut	14%
Porter	6–7%	Portwein	15–17%

Niedrige Ethanolgehalte werden für Leichtbier (ca. 2%) oder auch Apfelweine gemessen. Hohe Gehalte findet man im Wermut (14 %) und im Portwein (16–17 %). Vor allem auch Wermutwein beinhaltet oft höhere Zuckergehalte und wird i.d.R. in kleineren Mengen (0,1 Liter) als Aperitif vor dem Essen gereicht, um den Appetit anzuregen.

Die Vergärung von Zucker zu Ethanol (Ethylalkohol) ist eine der ältesten bekannten organischen Reaktionen.

Neben Wasser ist Ethanol der Hauptanteil von Wein. Das Getränk enthält i.d.R zwischen 9 – 13 Volumenprozent Alkohol (das sind 72 – 104 g/l).

Einen Alkoholgehalt über 16,5 Volumenprozente hinaus können Weine durch natürliche Gärung nicht erreichen, da die Hefen durch die erhöhte Menge des Zellgifts Alkohol absterben.

Ethanol hat weite Verbreitung als Lösungsmittel für Stoffe, die medizinischen oder kosmetischen Zwecken dienen wie Duftstoffe, Aromen, Farbstoffe oder Medikamente sowie als Desinfektionsmittel. In der chemischen Industrie dient es sowohl als Lösungsmittel als auch als Ausgangsstoff für die Synthese von weiteren Produkten. Ethanol wird energetisch als Biokraftstoff, etwa als sogenanntes Bioethanol verwendet; z.B. enthält der Ethanol-Kraftstoff *E85* einen Ethanolanteil von 85 Vol.-%.

3.3.5.5 Abbau von Ethanol im Körper

Circa 90 % der aufgenommenen Alkoholmenge werden im Körper mithilfe von Enzymen metabolisiert, wobei die Leber das Hauptmetabolisierungsorgan darstellt. Die übrigen 10 % Ethanol werden mit der Atemluft, dem Schweiß und mit dem Harn ausgeschieden.

3.3.5.5.1 Enzymatischer Ethanolabbau

Im Wesentlichen erfolgt der metabolische Abbau von Ethanol im menschlichen Körper in drei Stufen. Zuerst wird Ethanol mit Hilfe der Alkoholdehydrogenase (ADH) zu Acetaldehyd abgebaut (Gleichung 3.3.1).

$$
\underset{CH_3\text{-}CH_2\text{-}OH}{\overset{\text{Ethanol}}{}} \quad \xrightarrow[\text{ADH}]{\text{Enzym-1}} \quad \underset{CH_3\text{-}CHO}{\overset{\text{Acetaldehyd}}{}}
$$

$$NAD^+ \quad \searrow \quad NADH + H^+$$

(3.3.1)

Der Aldehyd ist toxisch und eine sehr „unangenehme" Substanz, die bei zu hohen Konzentrationen Kopfschmerzen und Kater verursacht. Mit Hilfe eines weiteren Enzyms, der Acetaldehyddehydrogenase (ALDH) kann der Aldehyd zu der relativ ungefährlichen Essigsäure weiter oxidiert werden (Gleichung 3.3.2). Diese beiden Reaktionen benötigen NAD^+ als Kofaktor.

$$
\underset{CH_3\text{-}CHO}{\overset{\text{Acetaldehyd}}{}} \quad \xrightarrow[\text{ALDH}]{\text{Enzym-2}} \quad \underset{CH_3\text{-}COOH}{\overset{\text{Essigsäure}}{}}
$$

$$NAD^+ + H_2O \quad \searrow \quad NADH + H^+$$

(3.3.2)

Die Essigsäure wird schließlich in einem dritten Schritt in Wasser und Kohlendioxid umgewandelt. Somit resultieren im Endeffekt beim Ethanolabbau relativ unkritische Produkte.

Circa 46 Prozent der Japaner und 56 Prozent der Chinesen sind von einem Polymorphismus der Acetaldehyddehydrogenase 2 betroffen. Sie sind Träger eines dominanten Allels des ALDH2-Gens, bei dem an Position 487 der Aminosäuresequenz das Glutamat gegen Lysin ausgetauscht ist. Das mutierte ALDH2 kann Acetaldehyd weniger effektiv verarbeiten als das Wildtyp-Protein und wird selbst schneller abgebaut. Dadurch kommt es leichter zu einer Anhäufung des Acetaldehyds im Körper und damit zu den mit übertriebenem Alkoholkonsum verbundenen Vergiftungserscheinungen (Flush-Syndrom). Die betroffenen Personen sind somit empfindlicher gegenüber den negativen Auswirkungen des Alkoholgenusses (aus CHEMIE.de).

Problem ist auch, dass bei der gleichzeitigen Zufuhr fettreicher Nahrungsmittel auch das Enzym ADH benötigt wird, um diese Fette abzubauen. Dies gelingt nur im geringeren Maße, wenn die Alkoholdehydrogenase sich parallel mit dem Ethanolabbau beschäftigen muss. Das nicht abgebaute Fett lagert sich deshalb in der Leber ein und erzeugt somit eine Fettleber.

Erhöhter Alkoholkonsum bzw. -missbrauch (Abusus) über Jahre hinweg führt zu Veränderungen im enzymatischen Ethanolabbau. Es kommt zum schnelleren Abbau des giftigen Acetaldehyds und ist eine Art Schutzfunktion des menschlichen Körpers. Während für Probanden mit geringem Alkoholkonsum Abbauraten von 0,15 Promille pro Stunde (0,15 $^0/_{00}$ pro h) ermittelt worden (vgl. Kapitel 3.3.5.5.2), zeigen Konsumenten mit hohem Alkoholverbrauch einen Ethanolabbau bis 0,35 $^0/_{00}$ pro Stunde.

Die Wirkungsweise des sogenannten MEOS (**M**ikrosomie **E**thanol **O**xidierendes **S**ystem) ist in der Gleichung 3.3.3 zusammengefasst. Auch hier entsteht durch Oxidation aus dem Ethanol zuerst Acetaldehyd und dann Essigsäure. MEOS ist abhängig von NADPH und benötigt molekularen Sauerstoff.

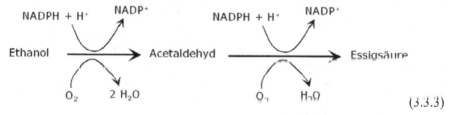

$$(3.3.3)$$

3.3.5.5.2 *Verfolgung des Ethanolabbaus nach Widmar*

Die sogenannte Widmar-Formel (Gleichung) zeigt eine lineare Abhängigkeit zwischen der vom menschlichen Körper aufgenommene Ethanolmenge (A) und den Faktoren Körpermasse (KM), Blutalkoholkonzentration (BAK) und einem ermittelten Reduktionsfaktor r, der für Männer 0,7 und für Frauen 0,6 beträgt.

$$A = KM \cdot c \cdot r \qquad (3.3.4)$$

Der BAK-Wert wird als Konzentrationsangebe mit c symbolisiert, seine Angabe erfolgt in g/kg (1:1000) bzw. allgemein in Promille ($^0/_{00}$).

An zwei Beispielen sollen die unterschiedlichen Trinkgewohnheiten hinsichtlich des Ethanol Abbaus dargestellt werden (s. a. Tabelle 2).

Angenommen, eine männliche Person mit einer Körpermasse (KM) von 110 kg trinkt einen Liter Weißwein, der einen Ethanolgehalt von 10 % aufweist. Das entspricht einem Volumen von 100 ml Ethanol bzw. einer Alkoholmasse von 80 g (die Dichte von Ethanol beträgt 0,8 g/cm³ bzw. 0,8 g/ml). Der Reduktionsfaktor für die Species Mann liegt bei 0,7. Errechnet werden soll die Blutalkoholkonzentration c, nach der die Widmar-Formel umzustellen ist (Gleichung 3.3.5).

$$c = \frac{A}{KM \cdot r} \qquad (3.3.5)$$

Es wird ein BAK-Wert von 1,04 Promille errechnet. Autofahren mit einer Blutalkoholkonzentration von 0,5 bis 1,09 $^0/_{00}$ wird gegenwärtig mit 2 Strafpunkten, einem Bußgeld von 500 € und einem Monat Fahrverbot belegt. Ab 1,1 $^0/_{00}$ ist eine „absolute Fahruntüchtigkeit" vorhanden, die als Straftat (Freiheits- oder Geldstrafe) geahndet wird.

Falls dieser Proband (BAK: 1,04 $^0/_{00}$) sehr häufig Alkohol konsumiert, könnte er über ein erworbenes MEOS verfügen. Dies würde bedeuten, dass er bei einer Ethanolabbaurate von 0,35 Promille/h in ca. 3 Stunden wieder clean ist und per Auto den Heimweg antreten kann. In der Realität sollte man jedoch nur dann Autofahren, wenn die Periode der Abstinenz hinreichend groß ist.

Ein zweiter Fall geht davon aus, dass eine Frau (KM = 60 kg, r = 0,6) die gleiche Menge Alkohol (80g) konsumiert. Nach Berechnung mit der Widmar-Formel (Gleichung 3.3.5) würde die weibliche Person einen BAK-Wert von 2,22 Promille erreichen (fahruntauglich). Da sie nur selten Alkohol trinkt – und das soll nicht als „Nachteil" im Vergleich zu Fall 1 interpretiert werden – ist ein Ethanolabbau von ca. 0,15 Promille pro Stunde anzusetzen. Es wird immerhin ca. 15 Stunden dauern, bis der gesamte Alkohol im Körper metabolisiert worden ist.

Ein BAK-Wert von 5 bis 5,5 Promille gilt in der einschlägigen Literatur bereits als tödlich. Aus den Medien sind auch höhere Werte um 7 oder 8 Promille bekannt; der Wahrheitsgehalt kann an dieser Stelle nicht eingeschätzt werden. Eine steigende Tendenz liegt allerdings im Bereich des Möglichen.

3.2.5.5 Phenole/Polyphenole

Die Phenole im Wein umfassen eine Gruppe einiger Hundert chemischer Substanzen aus der Stoffgruppe der Polyphenole.

Die Phenole beeinflussen im Wesentlichen die Farbe, den Geruch, den Geschmack sowie die Textur („Mundgefühl") des Weins. Sie sind verantwortlich für den Unterschied zwischen Weiß- und Rotwein. Auf das sogenannte French paradox wird im Kapitel 3.2.5.6 näher eingegangen.

Tannine befinden sich in der Schale, den Stielen und den Kernen der Traube. Sie verursachen den bitteren Geschmack und können im Mund ein pelziges, zusammenziehendes Gefühl hinterlassen. Die richtige Menge jedoch kann die Textur und den Geschmack eines Weins enorm verbessern.

Polyphenole sind aromatische Verbindungen, die zwei oder mehr direkt an einen aromatischen Ring gebundene Hydroxygruppen enthalten und zu den sekundären Pflanzenstoffen gerechnet werden.

Einige Polyphenole wirken wie andere Antioxidantien unter anderem entzündungshemmend und krebsvorbeugend. Im Rahmen verschiedener Studien mit Granatapfel-Polyphenolen wurde ein gehemmtes Wachstum von Krebszellen in der Brustdrüse, Lunge, Haut, dem Darm und der Prostata beobachtet.

Flavonoide und Anthocyane schützen Körperzellen vor freien Radikalen und verlangsamen die Zelloxidation. Sie vermindern die Fettablagerungen (Plaques) in den Blutgefäßen und beugen damit der Arteriosklerose vor. So reduzierte sich die Dicke der inneren Gefäßwand der Arteria carotis bei Patienten mit Arteriosklerose nach einjährigem Verzehr von Granatapfelsaft um 30 %, während sie in der Kontrollgruppe um 9 % zunahm.

Tannine und Säure haben darüber hinaus die positive Eigenschaft, konservierend zu wirken. Weine mit einem hohen Anteil an einem oder beiden Stoffen halten sich in der Flasche oft viele Jahre lang. Weißwein hingegen verfügt über keinen nennenswerten Tanningehalt.

3.2.5.6 French paradox

Das Französische Paradox ist der Begriff für die Beobachtung, dass Franzosen trotz Alkoholkonsums (Rotwein) länger leben als z. B. Deutsche oder Amerikaner. Auch ihre Alterungsprozesse seien weniger ausgeprägt.

Aus dem Französischen Paradox wurde die Erkenntnis gezogen, dass das Rotwein-Trinken (trotz des für den menschlichen Organismus giftigen Alkohols) offenbar gesund sein müsse. Dieser Effekt ergibt sich daraus, dass mäßige Alkoholmengen von der Leber – wie andere Stoffe auch – schadlos abgebaut werden können, andererseits aber durch den gefäßerweiternden Effekt des Alkohols die Wahrscheinlichkeit bestimmter Herz-Kreislauf-Erkrankungen sinkt.

Trotz der positiven Wirkung dieser Stoffe ist jedoch umstritten, ob das *Französische Paradox* überhaupt existiert. So hat die WHO in einer Studie festgestellt, dass die Häufigkeit von Herzerkrankungen in Frankreich bisher unterschätzt wurde. Vor allem aber gibt es Länder mit einem höheren Rotweinkonsum als Frankreich, in denen ein solches Paradox nicht beobachtbar ist. Auch ist ein klarer Vorteil von Rotwein gegenüber Abstinenz oder anderen Alkoholika nicht erkennbar.

3.2.5.7 Fuselöle

Fuselöle sind ein Gemisch aus mittleren und höheren Alkoholen (sog. Fuselalkohole), Fettsäureestern, Terpenen, Furfuralen, Acetalen, Aldehyden und Carbonsäuren sowie einigen weiteren Stoffen.

Sie entstehen bei der alkoholischen Gärung als Nebenprodukte des Hefestoffwechsels und dienen in Bier, Wein und Spirituosen als Geschmacks- und Aromaträger.

Fuselöle spielen für die Verträglichkeit von alkoholischen Getränken eine entscheidende Rolle. Aus diesem Grund sollte der Fuselölgehalt von Spirituosen auch nicht über 0,1% liegen.

Fuselöle sind im Gegensatz zum „Volksglauben" nicht für den „Kater" bei Alkoholintoxikation verantwortlich. Sie lindern den Effekt von Ethanol sogar. Zudem konnte gezeigt werden, dass Fuselöle die geschmackliche Abneigung gegenüber hochprozentigem Alkohol verringern.

3.2.5.8 Wein

Die Ergebnisse innerhalb der Weinanalytik des Versuchspraktikums 2 hatten u.a. anschaulich gezeigt, dass milde bzw. sogar süße Produkte durch z.T. sehr hohe Zuckergehalte gekennzeichnet sind. An dieser Stelle soll das Thema „Wein" weiteren Betrachtungen unterzogen werden.

Wein (entlehnt über provinzlateinisch vino aus lat. vinum) ist ein alkoholisches Getränk, das aus dem vergorenen Saft von Weinbeeren hergestellt wird.

Die Beerenfrüchte wachsen in traubenartigen, länglichen Rispen an der Weinrebe (*Vitis vinifera*). Sie stammen überwiegend von ihrer Unterart ab, der europäischen Edlen Weinrebe *Vitis vinifera subsp. vinifera*.

Da diese zu den nicht Reblaus resistenten Rebenarten gehört, wird sie zum Schutz vor der Reblaus auf teilresistente Unterlagen (Wurzeln) der wilden Rebarten Vitis riparia, Vitis rupestris, Vitis berlandieri bzw. deren interspezifischen Kreuzungen (Hybridreben) gepfropft.

Die häufigsten Weine sind Rot- und Weißweine sowie Roséweine. Schaumwein (Sekt, Cava, Champagner etc.) entsteht aus Wein während einer zweiten Gärung. Gering schäumende Weine werden als Perlweine bezeichnet (Prosecco frizzante, Secco etc.). Dabei wird in der Regel dem Wein die Kohlensäure technisch zugesetzt.

Nur ein Getränk, das von Früchten der Weinrebe stammt, darf die Handelsbezeichnung „Wein" (ohne weitere Erklärung) tragen. Laut der Gesetzgebung in der EU muss ein Wein mindestens 8,5 Volumenprozente Alkohol enthalten.

„Wein" ist ein klassisches „Wanderwort", das im ganzen mediterranen Raum verbreitet war. Das arabische *wayn*, das lateinische *vinum*, das griechische *oínos* sind miteinander verwandt, ohne dass man folgern könnte, aus welcher Sprache es ursprünglich stammt.

Das hochdeutsche Wort Wein, das althochdeutsche *wîn* oder *winam*, der französische Begriff *vin* und der englische Begriff *wine* sind alle dem lateinischen Wort *vinum* entlehnt.

Auch das walisische Wort *gwin* sowie das irische *fion* ist gleichen Ursprungs. Erklärt wird dies durch die Tatsache, dass sowohl Germanen als auch Kelten erstmals über die Römer in größerem Umfang mit Wein in Berührung kamen und somit den lateinischen Begriff übernahmen.

3.2.5.9 Weinsprüche *(„nur für die Augen"!)*

- In vino veritas
- Preaching water and drinking wine
- Wenn das Wasser im Rhein (Lied)
- Sag niemals leise, sag niemals laut, was Dir der Freund beim Wein vertraut
- Alter Wein und junge Weiber – das sind die besten Zeitvertreiber! (Volksmund)
- Alter Wein in neuen Schläuchen
- Die Rebe ist ein Sonnenkind – sie liebt den Berg und haßt den Wind (Volksmund)
- Rotwein ist für alte Knaben eine von den besten Gaben (Wilhelm Busch)
- Die besten Vergrößerungsgläser für die Freuden dieser Welt sind jene, aus denen man trinkt (Joachim Ringelnatz)
- Die süßesten Trauben hängen am höchsten (Sprichwort)

3.2.6 Empfehlungen zur Versuchsauswertung (Auswahl)

1) Welche Strukturen besitzen Glucose, Fructose, Saccharose?
2) Nennen Sie wichtige Eigenschaften von MeOH und Ethanol!
3) Wie kann Saccharose in Einfachzucker gespalten werden?
4) Wie entsteht Karamell?
5) Wie wird Wein hergestellt?
6) Wie funktioniert die Ligandenaustauschchromatographie?
7) Berechnen Sie die Mittelwerte und Standardabweichungen aus den Testläufen Ihrer Referenzlösungen!
8) Ermitteln Sie die Gehalte an Glucose und Fructose in g/l und den Volumenprozentanteil von Ethanol in Ihren ausgewählten alkoholischen Getränken!
9) Berechnen Sie Chromatogramm-Parameter wie die chromatographische Auflösung R zwischen zwei Peaks, die theoretische Bodenzahl N und die theoretischen Bodenhöhe H. Interpretieren Sie die erhaltenen Ergebnisse!
10) Was versteht man unter Fuselölen – Nennen Sie einige!
11) Wie ist die LEC-Methode aufgebaut und wie funktioniert sie?
12) Was wird bei der RI-Detektion gemessen – siehe auch Mess- und Vergleichsküvette des Detektors!
13) Wie funktioniert ein „Rheodyneventil"?
14) Was bedeutet das Chromatographieren mit einem sogenannten externen Standard – was ist ein interner (innerer) Standard?
15) Welche wichtigen Inhaltsstoffe enthalten vor allem Rotweine und worin soll ihre Bedeutung liegen?
16) Was versteht man und dem French paradox?

3.2.7   Informationsquellen

1)   Gey MH (2008) Instrumentelle Analytik und Bioanalytik, Springer, Berlin
2)   Gey MH (2015) Instrumentelle Analytik und Bioanalytik, Springer, Berlin
3)   Meyer VR (1990) Praxis der Hochleistungsflüssigchromatographie, Otto Salle, Frankfurt
4)   Schwedt G (1995) Analytische Chemie: Grundlagen, Methoden und Praxis, Georg Thieme, Stuttgart
5)   Linden CJ, Lawhead CL (1975) J Chromatogr 105:125
6)   Palmer K (1975) Anal Letter 8:215
7)   Schwarzenbach R (1976) J Chromatogr 117:206
8)   Aitzetmüller K (1978) J Chromatogr 156:354
9)   Boumahraz M, Davydov VYa, Kieselev AV (1982) Chromatographia 15:751
10) Gey MH, Müller W (1988) Die Nahrung – Food 32:653
11) Koizumi K, Kubota Y, Tanimoto T, Okoda Y (1989) J Chromatogr 464:365
12) Gey MH, Unger KK (1996) Fresenius J Anal Chem 356:488
13) Bauer H, Voelter W (1976) Chromatographia 9:433
14) Binder H (1980) J Chromatogr 189:414
15) Brons C, Olieman C (1983) J Chromatogr 259:79
16) Gey MH, Rietzschel A, Nattermüller W (1991) Acta Biotechnol 11:105
17) Huber CG, Bonn GK (1995) J Chromatogr Libr 58:147
18) Gey MH, Unger KK, Battermann G (1996) Fresenius J Anal Chem 356:339
19) Scherz H, Bonn G (1998) Analytical chemistry of carbohydrates, Georg Thieme, Stuttgart

3 Instrumentelle & Bioanalytik: Versuch 3

3.3 Analyse von Lactose, Glucose und Galactose: Problematik „Lactoseintoleranz"

3.3.1 Einführung und Zielstellung

Kuhmilch enthält das dimere Kohlenhydrat Lactose zu einem Anteil von ca. 5%. Diesen Milchzucker vertragen vor allem Südländer nur wenig (Lactoseintoleranz, LIT), was durch Blähungen und Durchfall anzeigt wird.

Die Lactose kann demzufolge im Dünndarm aufgrund fehlender Enzyme (Lactase, β-Galactosidase) nicht in die resorbierbaren monomeren Zucker Glucose und Galactose gespalten werden. Probanden mit dieser Lactoseintoleranz fügen deshalb den Milchprodukten Lactase hinzu, um den Milchzucker (Laktose) in die verträglichen monomeren Zucker umzuwandeln.

Für die Analyse von Kohlenhydraten sind flüssigchromatographische Trennmethoden besonders gut geeignet. Zu Beginn der Zuckeranalytik mittels HPLC in den 1980er-Jahren kamen mit Aminopropylgruppen chemisch modifizierte Silicagele zur Anwendung. Eluiert wurde mit Acetonitril/Wasser-Gemischen und die Detektion erfolgte mit einem RI-Detektor. Diese Trennphasen waren wenig robust und über längere Zeiträume hinweg kaum hydrolysestabil.

Die Einführung spezieller „Zucker-Analysatoren" (HPAEC-PAD) war erfolgreicher. Die Kohlenhydrate wurden an Anionenaustauschern, deren Elution mit stark basischen NaOH-Gradienten erfolgte, getrennt. Bei hohen pH-Werten werden die Zucker in Anionen überführt (Oxidation) und können so vom Anionenaustauscher retardiert werden. Die gepulsed-amperometrische Detektion (PAD) erfasst die Zucker sehr sensitiv. Diese werden reduziert und in ihre Ausgangsform überführt. Dieses Equipment steht eher selten in den Laboren zur Verfügung.

Gut geeignet ist auch die Ligandenaustauschchromatographie (LEC) mit RI-Detektion (RI: refractive index detector).

Ziel des Versuches ist, Lactose enzymatisch in Abhängigkeit der Temperatur und Zeit zu hydrolysieren und sowohl den Ausgangszucker als auch die entstehenden Monosaccharide (Glucose, Galactose) qualitativ und quantitativ mittels „saurer" Ligandenaustauschchromatographie zu analysieren. Außerdem sind weitere Produkte lactosefreie Milch, Katzenmilch und die aus eigener Haltung stammende Milch zu untersuchen.

3.3.2 Materialien und Methoden

3.3.2.1 Equipment für den Versuch

Für die Analysen können auch einfach aufgebaute/zusammengestellte Flüssigchromatographen eingesetzt werden, die in der Hauptsache aus einem Eluenten, einer Hochdruckpumpe sowie Injektor, Säulenofen, „Zuckersäule", RI-Detektor und einer Auswerteeinheit bestehen.

Die hier verwendete Apparatur bestand aus folgenden Elementen:

- Eluent: Entionisiertes Wasser; pH-Wert: 3,0
- Pumpe: LC-7200 (Firma Merck-Hitachi)
- Injektor: Rheodyneventil (7010) mit 20-μl-Probeschleife
- Säulenofen: T 6300 column thermostat, Temperatur: 60 °C
- Säule: Carbohydrate Column (Aminex)
- Säulendimension: 300 x 4 mm i.D. (Firma BioRad)
- RI-Detektor: refractive index detector (Firma Bischoff)
- Empfindlichkeit: 32 x 10^{-6} (RIUFS, RI-Units Full Scale)
- Response: Fast
- Auswertung: Linienschreiber: Speed: 30 cm/h; U: 5 mV

3.3.2.2 Chemikalien , Lösungsmittel, Zubehör

- Entionisiertes saures Wasser (pH = 3,0) wird permanent während der Analysen mit Helium entgast
- Lactose, Lactasetabletten
- Glucose
- Galactose
- HPLC-Dosierspritze (100 μl)
- Maßkölbchen (V: 10 ml und 50 ml)
- Bechergläser (V: 20 und 50 ml)
- Spritzen zur Verdünnung (100 μl und 500 μl)
- Kuhmilch, lactosefreie Biomilch, Whiskas (Katzenmilch)

3.3.2.3 Herstellung von Test- und Probelösungen

Testlösungen:

- Einwaage von je 10 mg Lactose, Glucose und Galactose in 50-ml-Kolben und Auffüllen mit Eluent: **Stammlösung A**, (c = 0,5 mg/ml)
- 200 μl Stammlösung B in 10 ml Eluent:**Lösung B-1** (1:50 V/V)
- 500 μl **Lösung B-1** plus 500 μl **Stammlösung A**: **Dosierlösung-T**

Kommerzielle Probelösungen:

- Milch (u.a. Kuhmilch, s.o.) wird mit saurem Wasser im Verhältnis 1:100 V/V (500 μl/50 ml oder 250 μl/25 ml) verdünnt zentrifugiert.

Probelösungen nach enzymatischer Hydrolyse:

- Für die enzymatische Hydrolyse in 100-ml-Bechergläsern werden Milchvolumina von 80 ml eingesetzt.
- Die Lactasekapseln werden vorsichtig geöffnet und in die Milch überführt. Empfehlenswert für eine schnelle und komplette Lösung des Enzyms ist die Einbeziehung von Rührern oder Ultraschall.
- Die Versuchsgestaltung erfolgt in Abhängigkeit der Enzymmenge (Anzahl der Lactasekapseln), der Reaktionszeit und Temperatur. Hohe Temperaturen führen dabei zur Denaturierung des Enzyms.
- Zum vorgesehenen Zeitpunkt werden bei weiterlaufender Hydrolyse 100 µl Milch, in ein Eppi überführt, mit 900 µl saurem Wasser aufgefüllt, 10 Minuten bei 5000 g zentrifugiert.
- Der Fettanteil der Milch setzt sich dabei ab und der Überstand wird mit der HPLC (LEC-RI) analysiert.

3.3.3 Versuchsergebnisse (Auswahl)

3.3.3.1 Standardchromatogramm und Milchprodukte

Das Chromatogramm einer Testlösung mit den repräsentativen Zuckern für diesen Versuch ist in Abbildung 3.3.1 dargestellt.

Die Durchbruchsfront (DF) erscheint nach 7 Minuten und 8 Sekunden. Diese Zeit sollte in etwa der Totzeit t_0 entsprechen. Danach folgt die Lactose (1) als separater Peak und die beiden monomeren Kohlehydrate Glucose (2) und Galactose (3) werden annähernd noch mit Basislinientrennung chromatographiert.

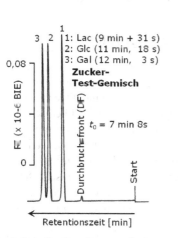

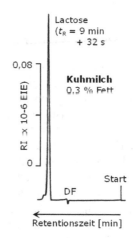

Abb. 3.3.1 Zucker-Testgemisch   **Abb.3.3.2** Kuhmilch, 0,3% Fett

Das Chromatogramm der verdünnten Kuhmilch zeigt erwartungsgemäß nur den Lactosepeak, der zur gleichen Retentionszeit wie die Lactose im Test registriert wird. Empfehlenswert für die Hydrolysen ist fettarme Milch, da nach der Zentrifugation der Probe meist klare wässrige Lösungen vorliegen. Der geringe Fettanteil kann sich dabei komplett am Gefäßboden absetzen, sodass klare Lösungen in die HPLC-Apparatur appliziert werden können.

Die Zusammensetzung einer lactosefreien Biomilch (Abb. 3.3.3) hinsichtlich der Zuckerbestandteile ist natürlich vergleichbar mit anderen Produkten (Abb. 3.3.4, Katzenmilch „Whiskas"). Sehr geringe Mengen Lactose (s. Peak 1 in den Chromatogrammen), die auch bei akuter Lactoseintoleranz vernachlässigbar sein sollten, können analytisch noch erfasst werden.

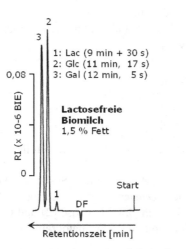

Abb. 3.3.3 LEC einer Biomilch (–L)

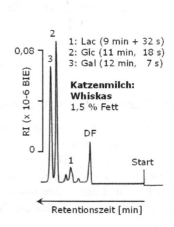

Abb.. 3.3.4 LEC, Katzenmilch (–L)

3.3.3.2 Ergebnisse der enzymatischen Hydrolysen

Hinweise zur Versuchsplanung (Enzymmenge, Reaktionszeit, Temperatur) wurden bereits erteilt. Es hängt auch davon ab, ob die Experimente mehr auf eine erfolgreiche Chromatographie der Kohlenhydrate orientiert sind. Oder die Charakterisierung und die Leistungsfähigkeit der Enzyme stehen beim Lactoseabbau im Vordergrund. Das Erste ist eher das Anliegen analytischer Versuchspraktika, die andere Zielrichtung wird stärker bei biochemischen Praktika im Fokus stehen.

Für unsere Versuchsplanung wurden kommerzielle Lactasetabletten aus der Apotheke einbezogen. Weiterhin erfolgte die Verwendung von sehr fettarmer Kuhmilch (0,3%), die für die Probenvorbereitung (s.o.) sehr vorteilhaft ist.

Bei der Öffnung der Lactasekapseln ist mit Vorsicht und Gefühl zu agieren, damit keinerlei Enzym verloren geht.

Auch ist die vollständige Löslichkeit der Enzymmenge in der Probemilch sicherzustellen. Günstig ist die Einbeziehung eines Rührwerkes oder Ultraschallbades (siehe oben!).

Die folgenden Chromatogramme zeigen eine kleine Auswahl von analytischen Ergebnissen aus den letzten Jahren. Dabei sind auch Effekte aufgetreten, die noch nicht abschließend erklärt werden können und die weiteren Untersuchungen vorbehalten sind.

So ist der Abbau von Lactose in normaler Kuhmilch mithilfe kommerzieller Enzyme i.d.R. sehr langsam. Es entstehen auch Nebenprodukte, die bisher nicht identifiziert wurden.

Besonders auffällig ist, das zu Beginn von hydrolytischen Lactosespaltungen ein ungleiches Verhältnis zwischen dem Glucose- (2) und Galactosepeak (3) besteht (s. Abb. 3.3.5 oder 3.3.6). Wie bekannt, wird die Lactose zu gleichen Teilen in Glucose und Galactose gespalten. Wichtig ist auch, dass die Responsefaktoren bei RI-Detektion für beide Zucker kaum unterschiedlich sind. Somit sind annähernd gleich Peakhöhen zu erwarten, wie das bereits bei den lactosefreien Milchprodukten (vgl. Abb. 3.3.3 und 3.3.4) der Fall war.

Ungeachtet dessen, sind signifikante Ergebnisse zu vermerken. Natürlich muss der enzymatische Abbau nach gleicher Hydrolysezeit (15 min) bei „aktiveren Enzymen" schneller erfolgen (vgl. Abb. 3.3.7 und 3.3.8). Allerdings ist nach 15 Minuten sowohl mit der 4.500-Einheiten-Kapsel als auch bei 12.000 Einheiten nur ein geringfügiger Lactoseabbau zu registrieren.

Vergleichbare Hydrolysevorgänge gehen auch aus den Abbildungen 3.3.7 und 3.3.8 hervor. Auch hier ist die Abbauleistung der Kapseln mit 12 000 Einheiten größer, aber das Ende der vollständigen enzymatischen Spaltung des Disaccharides in Glucose und Galactose ist nicht in Sicht.

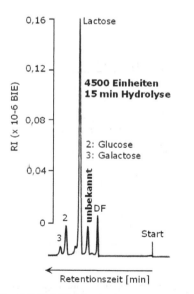

Abb. 3.3.5 Milchhydrolysat-1

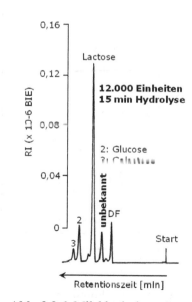

Abb. 3.3.6 Milchhydrolysat-2

Erst nach einem Tag (ggf. früher) ist ein fast vollständiger Abbau erfolgt (Abb. 3.3.9 und 3.3.10) und die Monosaccharidpeaks der Glucose und Galactose sind jetzt in ihrer Größe vergleichbar.

Insofern erscheint die analytische Trennmethode „Ligandenaustauschchromatographie mit RI-Detektion" als robust und reproduzierbar.

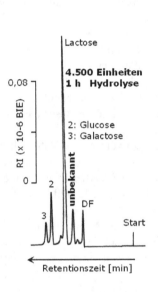

Abb. 3.3.7 Milchhydrolysat-3

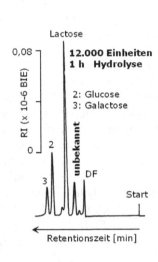

Abb. 3.3.8 Milchhydrolysat-4

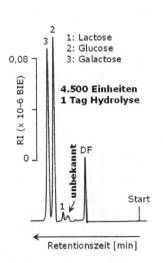

Abb. 3.3.9 Milchhydrolysat-5

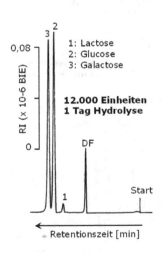

Abb. 3.3.10 Milchhydrolysat-6

3.3.4 Wissenswertes über Lactose-Intoleranz

3.3.4.1 Lactose

Sie gehört wie Maltose und Saccharose zu den dimeren Kohlenhydraten und wird durch Enzyme wie Lactase (Mensch) bzw. β-Galactosidase (Bakterien) in Galactose und Glucose (s. 3.3.11) gespalten.

Im Lactosemolekül sind diese beiden Zucker durch eine β-1,4 glycosidische Bindung miteinander verknüpft.

Man unterscheidet auch zwischen α- und β-Lactose; eine Gleichgewichtslösung von Lactose enthält bei 25 °C etwa zu 38 % der α-Lactose und zu 68% die β-Form. Diese ist süßer und noch leichter in Wasser löslich, wogegen beide Formen in absolutem Alkohol, Ether und Chloroform unlöslich sind.

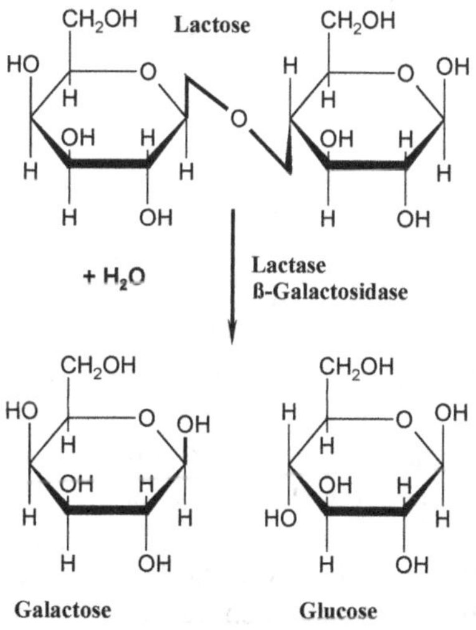

Abb. 3.3.11 Enzymatische Hydrolyse von Lactose

3.3.4.2 Kohlenhydratverdauung

Der größte Teil der mit der Nahrung aufgenommenen Kohlenhydrate besteht aus dem Polysaccharid Stärke. Die restlichen Kohlenhydrate setzen sich zusammen aus tierischem Glykogen, Disacchariden – wie z.B. Saccharose (Rohrzucker) und Lactose (Milchzucker) – und Monosacchariden, wie Glucose (Traubenzucker), Galactose und Fructose (Fruchtzucker).

Mithilfe der im Mundspeichel enthaltenen α-Amylase (Ptyalin) beginnt die Kohlenhydratverdauung bereits im Mund, wobei Stärke in kleine Bruchstücke (Oligosaccharide, Disaccharide) enzymatisch gespalten wird.

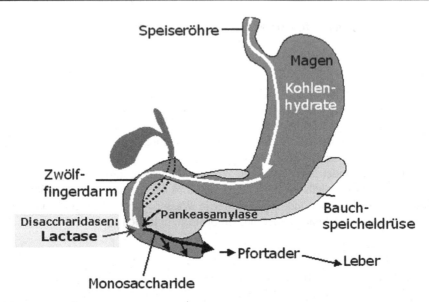

Abb. 3.3.12 Übersicht zur Kohlenhydratverdauung

Im Dünndarm wird die Verdauung der Kohlenhydrate in Gegenwart einer weiteren α-Amylase (Pankreasamylase) und zahlreicher anderer zuckerspaltender Enzyme aus der Dünndarmschleimhaut (Glykosidasen, Disaccharidasen) fortgesetzt (s. Abb. 3.3.12).

Nach Spaltung durch Disaccharidasen (Maltase, Lactase, Saccharidase) werden die Endprodukte der Kohlenhydratverdauung, die Monosaccharide (z.B. Glucose, Galactose, Fructose), schließlich über aktive und passive Transportmechanismen in die Dünndarmepithelzellen aufgenommen (resorbiert), um von dort ins Blut und weiter zur Leber zu gelangen.

Häufig fehlen bestimmte Enzyme, wie z.B. die Lactase, was zur Folge hat, dass Milchzucker (Lactose) nicht aufgespalten und somit auch nicht resorbiert werden kann (Lactoseintoleranz, LIT).

3.3.4.3 Milch und Lactoseintoleranz

Milch von Haustieren dient seit ca. 10 000 Jahren als wertvolle Nahrungsquelle. Sie enthält Wasser, Proteine, Fette, Milchzucker, Mineralstoffe und Vitamine.

Während die Proteine (z.B. Caseine, Lactalbumin und Lactoglobin) als Aminosäurelieferanten für den Aufbau von körpereigenen Eiweißen dienen, sind Fette und Milchzucker (Lactose) Energiequellen für den menschlichen Körper. Calcium wird zum Aufbau von Zähnen und Knochen benötigt; die Vitamine A, B_1, B_2, C, D und E schützen vor oxidativen Schädigungen und sind Bausteine von Enzymen.

Tabelle 3.3.1 gibt einen Überblick zu den Inhaltsstoffen (W: Wasser, P: Proteine, F: Fette, Lac: Lactose, MS: Mineralstoffe) der Milch unterschiedlicher Provenienz.

Tabelle 3.3.1 Inhaltsstoffe verschiedener Milcharten [in %]

Art	W	P	F	Lac	MS
Mensch	87,6	1,2	4,1	6,9	0,2
Kuh	87,5	3,1	3,8	4,8	0,8
Schaf	82,7	5,3	6,3	4,9	0,9
Ziege	86,6	3,6	4,2	4,8	0,8
Pferd	90,0	2,2	1,5	5,9	0,4
Rentier	63,0	10,3	22,5	2,5	?

Verdauungsprobleme entstehen dann, wenn keine oder nur sehr wenig Lactase zur enzymatischen Spaltung der Lactose in Glucose und Galactose im Darm (s.o.) vorhanden ist. Das Disaccharid bindet Wasser, welches deshalb vom Körper nicht resorbiert wird; Durchfälle sind die Folge.

Andererseits utilisieren Bakterien der Darmflora die Lactose z.T. zu Kohlendioxid, wodurch zusätzliche Blähungen entstehen.

Südeuropäer und Afrikaner stellen die Bildung von Lactase im Darm nach dem Säuglingsalter ein. Sie zeigen deshalb eine Lactoseintoleranz mit den erwähnten Effekten. Bemühungen in den vergangenen Jahrzehnten, den Menschen in den Ländern der Dritten Welt u.a. mit Milchpulver zu helfen, sind demzufolge aus heutiger Sicht wenig sinnvoll.

Vitamin D als Bestandteil der Milch spielt z.B. beim Aufbau der Knochen eine wichtige Rolle und kann im Körper bei Anwesenheit von ausreichend Licht selbst gebildet werden. Im dunklen Norden Europas ist die Vitamin-D-Produktion bei Lichtmangel eingeschränkt; im Laufe der Evolution ist dagegen bei den Menschen eine Lactoserträglichkeit (Toleranz) entstanden.

3.3.5 Empfehlungen zur Versuchsauswertung (Auswahl)

1) Nennen Sie mono- und dimere Zucker!
2) Zeichnen Sie die Struktur von Glucose, Galactose und Lactose!
3) Was sind Enzyme? Welche Funktionen besitzen sie?
4) Wie erfolgt die enzymatische Spaltung von Lactose?
5) Beschreiben Sie den prinzipiellen Aufbau der Messplätze!
6) Definieren Sie Chromatographie/Flüssigchromatographie!
7) Was versteht man unter Ligandenaustauschchromatographie (LEC)? Beschreiben Sie das Trennprinzip in einzelnen Schritten!
8) Was ist Lactoseintoleranz (LIT)?
9) Welche Beschwerden treten bei LIT auf und warum?
10) Was kann man gegen LIT tun?

3.3.6 Informationsquellen

1) Gey MH (2008) Instrumentelle Analytik und Bioanalytik, Springer, Berlin

2) Gey MH (2015) Instrumentelle Analytik und Bioanalytik, Springer, Berlin

3) Meyer VR (1990) Praxis der Hochleistungsflüssigchromatographie, Otto Salle, Frankfurt

4) Schwedt G (1995) Analytische Chemie: Grundlagen, Methoden und Praxis, Georg Thieme, Stuttgart

5) Schleip T (2003) Lactoseintoleranz, TRIAS

6) Matissek R, Steiner G, Fischer M (2010) Lebensmittelanalytik, Springer, Berlin Heidelberg

7) Scherz H, Bonn G (1998) Analytical chemistry of carbohydrates, Georg Thieme, Stuttgart

8) Töpel A (1987) Chemie der Milch, 2. Auflage, Fachbuchverlag, Leipzig

3 Instrumentelle & Bioanalytik: Versuch 4

3.4 Trennung von Zuckern aus Honig und Marmeladen an Aminophasen

3.4.1 Einführung und Zielstellung

Die Bildung von Honig basiert darauf, dass Bienen vor allem Nektariensäfte aufnehmen, diese mit körpereigenen Stoffen anreichern und verändern. Es folgt die Speicherung und Reifung des Nektars in den sogenannten Waben. Nektar enthält besonders viele verschiedene Zucker-Species wie Saccharose, Glucose und Fructose, aber auch Mineralien und verschiedene Duftstoffe gehören zu den wichtigen Bestandteilen.

Marmelade (portug.: *marmelo*, Quitte) ist die traditionelle Bezeichnung für einen Brotaufstrich. Dieser wird aus eingekochten Früchten hergestellt und enthält auch die o.g. Zucker-Species.

Die Ligandenaustauschchromatographie (LEC) ist eine geeignete flüssigchromatographische für die Analyse von mono- und dimeren Kohlenhydraten und wurde in den Versuchen 3.2 und 3.3 erfolgreich eingesetzt. Grundlage der LEC sind spezielle „Zuckersäulen" auf Polymerbasis, die einerseits robust sind und gute Trennungen ermöglichen, andererseits erfordern diese Polymersäulen eine gute Pflege und oft lange Zeiten zur Trennsäulenequilibrierung.

Auch ist sicherzustellen, dass hohe Säulenvordrucke vermieden werden, damit sich die Polymerpartikel nicht deformieren. Zu hohe Drucke können die Säulen unbrauchbar machen.

Silicagele mit chemisch modifizierten Aminophasen sind dagegen druckstabiler, kostengünstiger und können ohne längere Equilibrierung schnell in Betrieb genommen werden. Eluiert wird mit Acetonitril-Wasser-Gemischen und die Registrierung der Elutionskurve erfolgt mit einem RI-Detektor

Ziel des Versuches ist, mit dieser Analysentechnik die Zuckerkomponenten in süßen Lebensmitteln (Honig, Marmelade) qualitativ und quantitativ zu bestimmen. Dafür zeichnet sich auch eine relativ einfache Probenvorbereitung ab.

Die Gehalte der Zucker sollen vor allem auch mit Blick auf Diabetes betrachtet und diskutiert werden.

3.4.2 Materialien und Methoden

3.4.2.1 Chemikalien , Lösungsmittel, Zubehör

- Entionisiertes Wasser wird täglich frisch eingesetzt und soll permanent mit Helium entgast werden
- Ultraschallbad
- Ethanol für die HPLC (96-prozentig)
- Rhamnose, Glucose; Fructose
- Cellobiose, Saccharose, Raffinose
- HPLC-Dosierspritze (100 µl)
- Maßkölbchen (V: 10 ml und 50 ml)
- Bechergläser (V: 20 und 50 ml)
- Spritzen zur Verdünnung (100 µl und 500 µl)

3.4.2.2 Equipment für den Versuch

Für die Analysen der mono- und dimeren Kohlenhydrate können auch einfach aufgebaute/zusammengestellte Flüssigchromatographen eingesetzt werden, die in der Hauptsache aus einem Eluenten, einer Hochdruckpumpe sowie Injektor, einer Trennsäule gefüllt mit Aminophase, einem RI-Detektor und einer Auswerteeinheit bestehen.

Die hier verwendete Apparatur war aus folgenden Elementen aufgebaut:

- Eluent: Acetonitril-Wasser-Gemischen
- Pumpe: L-7200
- Injektor: Rheodyneventil (7010), 20-µl-Probeschleife
- Säule: Aminophasen
- Detektor: refractive index detector (Fa. Bischoff)
- Empfindlichkeit: 5×10^{-5} R.I.U.
- Auswertung: Linienschreiber: Speed: 30 cm/h; U: 5 mV
- Spezifikationen sind in den Abbildungen aufgeführt!

3.4.2.3 Herstellung von Test- und Probelösungen

Testlösungen:

- Einwaage von je 25 mg Glucose und Fructose in 50-ml-Kolben und Auffüllen mit Eluent: **Stammlösung A**, (c = 0,5 mg/ml).
- 1 ml EtOH in 10 ml Eluent: **Stammlösung B**, (9,6 %).
- 200 µl Stammlösung B in 10 ml Eluent: **Lösung B-1** (1:50 V/V).
- 500 µl **Lösung B-1** plus 500 µl **Stammlösung A**: **Dosierlösung-T!**

Probelösungen:

- Marmelade (Verdünnung mit dem Eluenten: 1:50 V/V)
- Honig (Verdünnung mit dem Eluenten: 1:100 V/V)

3.4.2.3 Chromatogramm einer Testlösung

Die Funktionsfähigkeit der zusammengestellten HPLC-Apparatur wurde anhand von Testgemischen bekannter Zusammensetzung überprüft.

In Abbildung 3.5.1 ist die Schnellanalyse von 4 Kohlenhydraten an einer 10 cm langen Glassäule mit SilasorbNH$_2$-Füllung dargestellt. Mit einem Eluenten bestehend aus Acetonitril und Wasser (75:25 V/V) können Rhamnose (6-Desoxymannose, MW: 164,16g/mol), ein weiteres Monosaccharid (Glucose, MW: 180,16 g/mol), ein Disaccharid (Cellobiose bestehend aus zwei Glucosemolekülen, MW: 342,30 g/mol) und ein Trisaccharid (Raffinose bestehend aus Glucose, Galactose und Fructose, MW: 504,46) in ca. 3 Minuten chromatographiert werden. Mit zunehmender Größe (Molekulargewicht: MW) der Zuckermoleküle sinkt ihre Wasserlöslichkeit, weshalb im Eluenten der Wasseranteil mit 25 % relativ hoch liegen muss. Unter diesen Bedingungen können dann aber nicht einzelne monomere Zucker aufgetrennt werden. Dafür ist der Wassergehalt zu reduzieren, wie auch aus den Abbildungen 3.5.2 und 3.5.3 zu entnehmen ist. Mit einem Eluenten ACN/H$_2$O (80:20 V/V) sind die Zucker von Honig- oder Marmeladeprodukten gut trennbar.

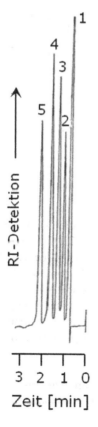

Glassäule: 100 x 3,8 mm i.D.

stat. Phase: Silasorb NH$_2$, dp = 5 µm

mob. Phase: ACN/Wasser 75:25 V/V

Flussrate: 1,7 ml/min

Vordruck. 8 MPa

Detektion: RI, 5 x 10^{-5} R.I.U.

Inj.-volumen: 20 µl.

Abb. 3.4.1 Schnellanalyse von Kohlenhydraten

3.4.3 Versuchsergebnisse (Auswahl)

Die einzelnen Zuckerkomponenten einer Sauerkirschkonfitüre gehen aus dem Chromatogramm in Abbildung 3.4.2 hervor. Hier erfolgte die Trennung an einer Aminophase. Im Vergleich dazu ist in Abbildung 3.4.3 die Analyse der Zucker im Bienenhonig dargestellt.

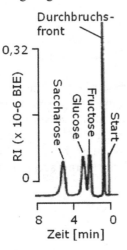

Glassäule: 100 x 3,8 mm i.D.

stat. Phase: Silasorb NH₂, dp = 7,5 µm

mob. Phase: ACN/Wasser 80:20 V/V

Flussrate: 2,0 ml/min

Vordruck: 5,6 MPa

Detektion: refractive index detector

Inj.-volumen: 20 µl

Abb. 3.4.2 Chromatogramm einer
Sauerkirchkonfitüre

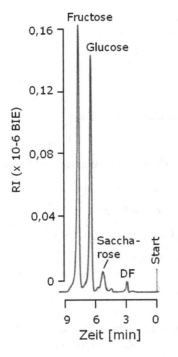

Eluent:	Entionisiertes Wasser
Pumpe:	L 7200 (Merck-Hitachi)
Injektor:	Rheodyneventil (7010)
Säulenofen:	Temperatur: 85 °C
Säule:	Carbohydrate Column,
	Aminex HPX-87C
RI-Detektor:	refractive index detector
	(Firma Bischoff)

Weitere Bedingungen : s. Versuch 2.2

Abb. 3.4.3 Chromatogramm von
Bienenhonig

Der Vergleich beider Chromatogramme zeigt, dass sich die Elutionsreihenfolgen der Zucker umkehren. Während in der LEC zuerst die Saccharose erscheint, wird dieser Zucker an Aminophasen zuletzt eluiert. Dies ist auf die unterschiedlichen Wechselwirkungen der Analyte mit den verschiedenen Trennsystemen zurückzuführen.

Eine weitere Erkenntnis ist, dass aus der dimeren Saccharose zu gleichen Anteilen die monomeren Zucker Glucose und Fructose entstehen. Im Versuch 3.3 wurde bereits ausgeführt, dass bei RI-Detektion relativ einheitliche Responsefaktoren vorliegen, sodass dann auch die Peakhöhen der Hexosen vergleichbar sind.

3.4.4 Wissenswertes zum Versuch

3.4.4.1 Chemisch modifiziertes Silicagel

Chemische Modifizierungen sind i.d.R. durch kovalente Bindungen zwischen dem Silicagel und einer funktionellen Gruppe gekennzeichnet und gelten als besonders stabil. Im Gegensatz dazu können bei physikalisch modifizierten bzw. imprägnierten Silicagelen die funktionellen Gruppen leichter eliminiert werden, da nur lockere Bindungen wie Van-der-Waals-Kräfte und Sorptionen vorhanden sind.

Die Abbildung 3.4.4 zeigt eine Möglichkeit, wie Aminopropylgruppen an Silicagelpartikel chemisch gebunden werden können. Das Silicagel wird mit einem Monochlorsilan umgesetzt. Damit erhält die stationäre Phase eine neue funktionelle Gruppe (Aminopropylgruppe), die selektive Interaktionen mit den Analyten (Kohlenhydraten) eingehen kann. Als Nebenprodukt wird bei dieser Reaktion HCl freigesetzt.

Die geknüpfte Si-O-Si-Bindung innerhalb der Trennphase ist besonders stabil, wodurch eine hohe Robustheit resultiert. Allerdings neigen die endständigen Aminogruppen zur Bildung von Schiff'schen Basen (Azomethine), die wiederum die Lebensdauer der Säule verkürzen können.

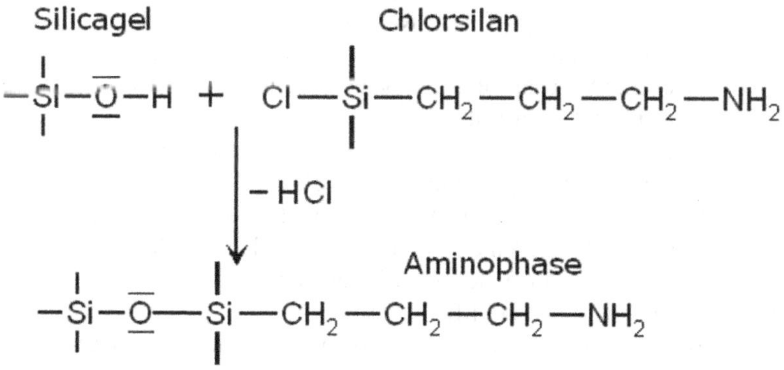

Abb. 3.4.4 Herstellung von chemisch gebundenen Aminophasen

3.4.5.2 Physikalisch modifiziertes Silicagel

Die Imprägnierung von Silicagel kann mit einem Piperazingehalt von 0,01 % im Eluenten erzielt werden. Das Piperazin wird locker durch Wasserstoffbrückenbindungen an die stationäre Phase gebunden (Abb. 3.4.5). Die gegenüberliegende „Aminfunktion" kann ebenfalls durch Wasserstoffbrückenbindung mit den entsprechenden Funktionalitäten der Kohlenhydrate in Wechselwirkungen treten, sodass die einzelnen Zuckerspecies retardiert werden.

Aufgrund einer relativ aufwendigen Präparation dieser Trennphasen, ihrer geringen Robustheit und Reproduzierbarkeit ist eine Einbeziehung in die Experimente nicht vorgesehen.

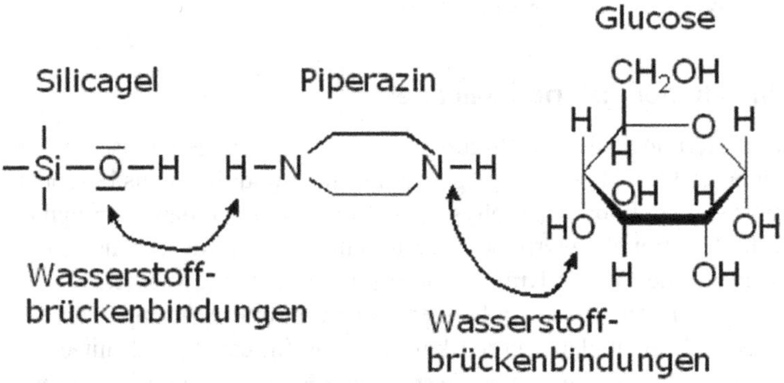

Abb. 3.4.5 Mechanismus der Zuckertrennung an Silicagel/Piperazin

3.4.6   Empfehlungen zur Versuchsauswertung (Auswahl)

1)   Welche Strukturen besitzen Glucose, Fructose, Saccharose?
2)   Worin unterscheiden sich Rhamnose und Mannose?
3)   Aus welchen Zuckern besteht Cellobiose?
4)   Wie ist der trimere Zucker Raffinose zusammengesetzt?
5)   Nennen Sie allgemeine Eigenschaften von Zuckern!
6)   Wie kann Saccharose in Einfachzucker gespalten werden?
7)   Wie entsteht Karamell?
8)   Wie werden chemisch gebundene Aminophasen hergestellt?
9)   Wie erfolgt die Imprägnierung von Silicagel?
10)   Erklären Sie den Trennmechanismus der Kohlenhydrattrennung an Silicagel, das mit einem Aminmodifier belegt wurde!
11)   Wie unterscheiden sich die Elutionsreihenfolgen der Zucker an der Aminophase und bei LEC?
12)   Welche Rolle spielt der Wassergehalt im Eluenten bei der Zuckertrennung an Aminophasen?
13)   Welche Vor- und Nachteile sehen Sie bei den Zuckeranalysen mittels Aminophasen und LEC?

3.4.7 Informationsquellen

1) Gey MH (2008) Instrumentelle Analytik und Bioanalytik, Springer, Berlin
2) Gey MH (2015) Instrumentelle Analytik und Bioanalytik, Springer, Berlin
3) Meyer VR (1990) Praxis der Hochleistungsflüssigchromatographie, Otto Salle, Frankfurt
4) Schwedt G (1995) Analytische Chemie: Grundlagen, Methoden und Praxis, Georg Thieme, Stuttgart
5) Otto M (2006) Analytische Chemie, VCH, Weinheim
6) Cammann K (2001) Instrumentelle Analytische Chemie, Spektrum Akad Verlag, Heidelberg
7) Harris DC (1997) Quantitative Analytische Chemie, Friedr Vieweg & Sohn, Braunschweig, Wiesbaden

„Nix geht über Katzenkacke,
dann Buttersäure
$$CH_3-CH_2-CH_2-COOH$$

dann Schwefelwasserstoff"!

Das Leben ist kurz,
man muß sich einander
einen Spaß zu machen suchen.

Johann Wolfgang von Goethe

3 Instrumentelle & Bioanalytik: Versuch 5

3.5 Bestimmung von niederen organischen Säuren in verschiedenen Fermentationsmedien

3.5.1 Einführung und Zielstellung

Zu den niederen organischen Säuren gehören vor allem Alkansäuren wie Ameisen- oder Essigsäure. Sogenannte Fruchtsäuren sind Hydroxycarbonsäuren oder Dicarbonsäuren. Dazu zählen u.a. Milchsäure, Gluconsäure, Citronensäure, Apfelsäure und Weinsäure.

Der Vorteil einer flüssigchromatographischen Analyse im Vergleich zur Gaschromatographie besteht darin, dass die Analyte nicht derivatisiert werden müssen. Insbesondere Milchsäure erfordert gut optimierte GC-Bedingungen.

Auch komplexe (biologische) Matrices wie Fermentations- oder Milchprodukte können sehr gut in Lösung gebracht werden und empfehlen sich nach Probenverdünnung besonders den LC-Methoden, die keine Verdampfung der Untersuchungsmatrix und Analyte wie in der GC erfordern.

Andererseits sind kapillargaschromatographische Trennmethoden hoch effizient und stellen vor allem für kleine organische Moleküle eine hervorragende Alternative dar. Dies betrifft auch die hohe Sensitivität bei der Erfassung der Analyte im Spurenbereich. Neben dem Flammenionisationsdetektor (FID) werden heutzutage routinemäßig sehr leistungsfähige Kopplungstechniken (GC-MS) eingesetzt.

Allerdings, wenn die zu untersuchenden Proben sehr komplex sind und zuckerlastige als auch proteinhaltige Matrices enthalten, werden die Vorzüge der Flüssigchromatographie wieder deutlich.

Ziel ist die qualitative und quantitative Analyse von niederen organischen Säuren in Milchprodukten wie Joghurt, Buttermilch und Kefir sowie in Sauerkraut, Gurkensaft und anderen Nahrungsmitteln.

Weiterhin sollen analytische Vergleiche zwischen Joghurt-Fertigprodukten und selbst hergestelltem Naturjoghurt hinsichtlich der vorhandenen Menge an Milchsäure angestellt werden. Der Gehalt an Lactat entscheidet auch darüber, ob der Geschmack dieser Produkte z.B. als mild eingestuft werden kann.

Weitere Zielanalyte sind u.a. Ameisen-, Essig-, Propion- und Buttersäure. Auch „höhere" Säuren dieser homologen Reihe sowie entsprechende „Isosäuren" können analysiert werden.

3.5.2 Materialien und Methoden

3.5.2.1 Chemikalien , Lösungsmittel, Zubehör

- Entionisiertes Wasser
- Ethanol für die HPLC (96 prozentig)
- Milchsäure, Ameisensäure, Essigsäure, Propionsäure
- Buttersäure, Isobuttersäure, Valeriansäure, Isovaleriansäure
- HPLC-Dosierspritze (100 µl)
- Maßkölbchen (V: 10 ml und 50 ml)
- Bechergläser (V: 20 und 50 ml)
- Spritzen zur Verdünnung (100 µl und 500 µl)

3.5.2.2 Equipment für den Versuch

Für die Analysen können auch einfach aufgebaute/zusammengestellte Flüssigchromatographen eingesetzt werden, die in der Hauptsache aus einem Eluenten, einer Hochdruckpumpe sowie Injektor, Säulenofen, „Zuckersäule", RI-Detektor und einer Auswerteeinheit bestehen.

Die hier verwendete Apparatur bestand aus folgenden Elementen:

- Eluent: Entionisiertes Wasser, pH = 2,4, Heliumentgasung
- Pumpe: L-7200 (Firma Merck-Hitachi)
- Injektor: Rheodyneventil (7010) mit 20-µl-Probeschleife
- Säulenofen: T 6300 column thermostat, Temperatur: 50 °C
- Säule: MetaCARB 67 H (Firma BioRad)
- Säulendimension: 300 x 7,8 mm i.D.
- RI-Detektor: Refractive index detector (Firma Bischoff)
- Empfindlichkeit: 32×10^{-6} (RIUFS, RI-Units Full Scale)
- Response: Fast
- Auswertung: Linienschreiber: Speed: 30 cm/h; U: 5 mV

3.5.2.3 Herstellung von Test- und Probelösungen

Stammlösungen niederer organischer Säuren:

- Ameisensäure: 100µl/5ml saures Wasser
- Essigsäure: 100µl/5ml saures Wasser
- Propionsäure: 100µl/5ml saures Wasser
- Milchsäure: 40 mg/10 ml saures Wasser
- Die Konzentrationen Testlösungen etc.

Probelösungen („qualitativ"):

- Gurkensaft
- Kefir
- Buttermilch
- Fermentationsmedien

3.5.2.4 Trennungen von Referenzsubstanzen

Niedere organische Säuren bilden eine Art homologe Reihe, die im unteren Bereich bei der Ameisensäure beginnt und innerhalb unserer Versuchsstrategie bei der Valeriansäure endet (vgl. Abb. 3.5.1 und 3.5.2). Ihre Elutionsreihenfolge ordnet sich von der niederen zu höheren organischen Säure, wobei Isobuttersäure vor der Buttersäure und Isovaleriansäure auch vor der Valeriansäure eluiert werden. Die relativ polare Milchsäure erscheint zuerst in den Chromatogrammen. Diese Untersuchungen zur Trennung niederer organischer Säuren liegen bereits längere Zeit zurück und wurden an Polymertrennsäulen, die mit Aminex HPX 87 H gefüllt waren, durchgeführt.

Die erzielten chromatographischen Auflösungen sind für quantitative Bestimmungen ausreichend gut. RI-Detektoren können heutzutage auch wesentlich empfindlicher die organischen Säuren erfassen und ihre Registrierung im nahen UV-Bereich (205) ist für komplexe (biologische) Matrices kritisch zu betrachten.

UV-Detektion, $\lambda = 205$ nm

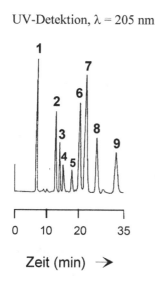

RI-Detektion

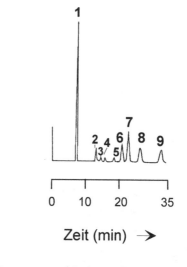

Zeit (min) $\rightarrow$

Zeit (min) $\rightarrow$

1. Elutionsmittelfront
2. Milchsäure   (150,0 µg/ml)
3. Ameisensäure   (62,4 µg/ml)
4. Essigsäure   (62,4 µg/ml)
5. Propionsäure   (72,0 µg/ml)
6. Isobuttersäure   (240,0 µg/ml)
7. Buttersäure   (480,0 µg/ml)
8. Isovaleriansäure (236,0 µg/ml)
9. Valeriansäure   (236,0 µg/ml)

Chromatographische Bedingungen:
- Säule: 300 x 7,8 mm i.D.
- Stationäre Phase: Aminex HPX 87 H
- Vorsäule: 50 x 4,6 mm i.D.
- Stationäre Phase: Aminex A9
- Temperatur: 40 °C
- Mobile Phase: 0,02 M H_2SO_4
- Flussrate: 0,6 ml/min
- Vordruck: 7,3 MPa
- Injektionsvolumen: 40 µl

Abb. 3.5.1 Organischer Säuren, UV

Abb. 3.5.2 Organische Säuren, RI

3.5.3 Versuchsergebnisse (Auswahl)

Für den praktischen Versuch zu Bestimmung niederer organischer Säuren ist es vorerst ausreichend, Milchsäure, Essigsäure und Propionsäure dafür auszuwählen. Buttersäure ist ohnehin nicht so „beliebt".

Abbildung 3.5.3 zeigt die Trennung dieser 3 Säuren. Die ermittelten Retentionszeiten sind die Grundlage, um diese Säuren in komplexen biologischen Matrices zu identifizieren. In „säuerlichen" Lebensmitteln sind die organischen Säuren zu erwarten. Die nachstehende Abbildung 3.5.4 zeigt das Chromatogramm einer Sauerkrautlösung, in der Milchsäure, Essigsäure und Propionsäure nachweisbar waren. Andere Komponenten konnten nicht identifiziert werden und wurden vorerst als „unbekannt" ausgewiesen

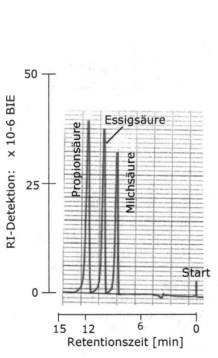

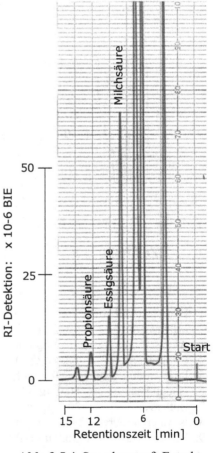

Abb. 3.5.3 Test organischer Säuren   **Abb. 3.5.4** Sauerkrautsaft-Extrakt

Auf weitere Applikationen und mögliche Untersuchungsobjekte für Praktika weisen die nachstehenden Applikationen (Joghurte, Buttermilch) hin.

Der Vergleich zwischen industriell hergestelltem Joghurt (Abb. 3.5.5) und selbst erzeugtem Naturjoghurt ergibt, dass der klassische Naturjoghurt deutlich mehr Milchsäure (M) enthält, als das Fertigprodukt. (Abb. 3.5.6). Grund dafür ist, dass in der Industrie vorwiegend Kulturen eingesetzt werden, die rechtsdrehende L(+)-Milchsäure produzieren, da diese durch das Enzym Lactatdehydrogenase schneller abgebaut wird (milder Geschmack). Die für Naturjoghurt eingesetzten Bakterien (Streptococcus thermophilus und *L. delbrueckii* subsp. *bulgaricus*) produzieren dagegen hauptsächlich linksdrehende Milchsäure, die länger erhalten bleibt (saurer Geschmack).

Auch in anderen kommerziellen Getränken wie Buttermilch (Abb. 3.5.7), die als „Abfallprodukt" bei der Herstellung von Butter anfällt, kann die Milchsäure ermittelt werden. Für ihre Herstellung müssen allerdings Milchsäurebakterien hinzugefügt werden, um so ein erfrischendes und gesundes Getränk zu erhalten.

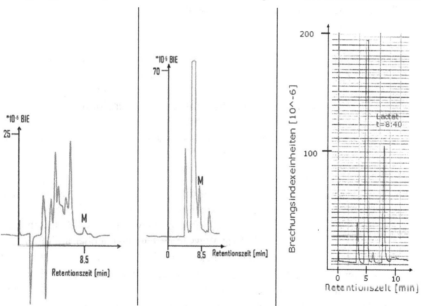

Abb. 3.5.5 Fertigjogurt   **Abb. 3.5.6** Naturjogurt   **Abb. 3.5.7** Buttermilch

3.5.5 Wissenswertes zum Versuch

3.5.5.1 Niedere organische Säuren (Alkansäuren)

Alkansäuren sind Carbonsäuren, die neben dem Alkylrest eine Carboxyl-Gruppe (COOH) enthalten. Sie haben die allgemeine Summenformel $C_nH_{2n+1}COOH$ (n = 0, 1, 2, 3,...). Verbindungen mit linearen Alkylresten werden auch als gesättigte Carbonsäuren bezeichnet.

Die einfachste Alkansäure ist die Methansäure, die unter dem Trivialnamen Ameisensäure bekannt ist. Weitere Vertreter einer „Homologen Reihe" sind die Essigsäure, Propionsäure, Buttersäure, Isobuttersäure, Valeriansäure und Isovaleriansäure.

Viele Alkansäuren ab der Buttersäure (Butansäure) zählen zu den gesättigten Fettsäuren. Im besonderen analytischen Fokus steht außerdem die Milchsäure (Lactat). Weitere organische Säuren, zu denen u.a. auch Citronen- und Ascorbinsäure zählen, werden unter dem Begriff „Fruchtsäuren" zusammengefasst.

3.5.5.1.1 Ameisensäure

Ameisensäure (Methansäure, engl. formic acid, lat.: *acidum formicum* von *formica,* Ameise) ist eine farblose, ätzende und in Wasser lösliche Flüssigkeit, die in der Natur vielfach von Lebewesen zu Verteidigungszwecken genutzt wird.

Sie zählt zu den gesättigten Carbonsäuren und ist mit der Formel HCOOH die einfachste Carbonsäure.

Die Ameisensäure wurde im Jahre 1671 von John Ray erstmals aus roten Ameisen isoliert und erhielt von diesen ihren Namen.

Historische Story dazu:

„Die Ameisensäure erhält man durch Destillation aus den Ameisen (Formica rufa). Man destilliert Ameisen bei gelindem Feuer, und erhält in der Vorlage die Ameisensäure. Sie macht ungefähr die Hälfte des Gewichtes der Ameisen aus. Oder man wäscht die Ameisen in kaltem Wasser ab, legt sie nachher auf ein Tuch, und gießt kochendes Wasser darüber. Drückt man die Ameisen gelinde aus, wird die Säure stärker. Um die Säure zu reinigen, unterwirft man sie wiederholt der Destillation, und um sie zu konzentrieren, lässt man sie gefrieren. Oder noch besser: man sammelt Ameisen, presst sie aus, ohne Wasser, und destilliert die Säure davon."

3.5.5.1.2 Ameisensäure - Methanol vs. Ethanol

Ethanol wird im Körper von zwei Enzymen abgebaut. Die Alkoholdehydrogenase wandelt zuerst Ethanol in Acetaldehyd um. Die Acetaldehyd-Dehydrogenase dient danach dazu, dass Essigsäure aus dem Acetaldehyd gebildet wird. Essigsäure wiederum kann vom Körper relativ leicht abgebaut werden. Sie wird in den Zitronensäurezyklus eingeschleust und dient als Energielieferant.

Diese beiden Enzyme sind auch beim Abbau von Methanol aktiv. Die Alkoholdehydrogenase bildet hier aber Formaldehyd, und die folgende Dehydrogenierung hat die Bildung von Ameisensäure als Resultat.

Ameisensäure ist jedoch ein sehr potentes Zellgift. Sie hemmt z.B. die Cytochrom-C-Oxidase und blockiert so die Zellatmung.

Es hört sich fast wie ein Scherz an, aber das beste Mittel gegen eine Methanolvergiftung ist die Einnahme von Ethanol bzw. starken alkoholischen Getränken („Antidote"). Die Alkoholdehydrogenase hat eine deutlich höhere Affinität zu Ethanol als zu Methanol, dessen Abbau wird also kompetitiv gehemmt. Das Methanol im Blut wird dadurch nicht mehr zur giftigen Ameisensäure abgebaut, sondern über die Nieren ausgeschieden.

3.5.5.1.3 Essigsäure

Essigsäure (systematisch Ethansäure, lat.: *acidum aceticum*) ist eine farblose, flüssige, ätzende und typisch riechende Carbonsäure der Zusammensetzung $C_2H_4O_2$ (CH_3–$COOH$).

Als Lebensmittelzusatzstoff hat sie die Bezeichnung *E 260*. Wässrige Lösungen der Essigsäure werden trivial nur Essig und reine Essigsäure Eisessig genannt. Die Salze der Essigsäure nennt man Acetate.

Essigsäure hat große Bedeutung als Geschmacksstoff. Essigsäure und ihre Salze Kaliumacetat (E 261), Natriumacetat (E 262) und Calciumacetat (E 263) werden als Säuerungsmittel für Obst und Gemüse in Dosen und Gläsern (0,5–3 % Essigsäure), bei Fisch in allen Variationen, Konserven, verschiedenste Marinaden, Feinkostsalaten, Mayonnaisen, Salatsoßen zusammen mit Sorbinsäure (E 200) oder Benzoesäure (E 210) und für das Einlegen und Abwaschen von frischem Fleisch verwendet.

Der bakterizide Effekt der Essigsäure besteht darin, dass durch den veränderten pH-Wert physiologische Prozesse unterbunden werden und auch Eiweiße denaturieren.

Haushaltsessig besteht aus biogenem Essig und enthält 5 % Essigsäure. Essigessenz ist eine 25 %ige Essigsäurelösung in Wasser, riecht stark stechend und darf nur verdünnt in Speisen verwendet werden.

3.5.5.1.4 Propionsäure

Propionsäure ist der sogenannte Trivialname der Propansäure (CH_3–CH_2–$COOH$), einer Carbonsäure mit stechendem Geruch. Ihre Salze heißen Propionate.

Propionsäure kommt in der Natur in einigen ätherischen Ölen vor. Es gibt Bakterien, die Propionsäure bilden – Bakterien, die den Dickdarm des Menschen besiedeln. Sie bilden dort die Säure aus unverdauten Kohlenhydraten.

Auch bei der Herstellung bestimmter Käsesorten ist die Bildung von Propionsäure durch Bakterien von besonderer Bedeutung: Propionsäurebakterien im Käsebruch (das „Dicke" ohne Molke) bilden beim Emmentaler und anderen Hartkäsesorten die charakteristischen Löcher und das Aroma durch Freisetzung von Kohlenstoffdioxid und Propionsäure.

Sie bildet sich auch bei Gärungs- und Fermentationsprozessen bzw. beim biologischen Abbau von pflanzlichen bzw. tierischen Materialien.

Propionsäure ist ein wichtiger Synthesebaustein zur Herstellung von Kunststoffen und Arzneimitteln.

Propionsäure (E 280) sowie ihre Salze Natriumpropionat (E 281), Calciumpropionat (E 282) und Kaliumpropionat (E 283) werden als Konservierungsmittel verwendet.

Die Säure selbst hat einen für den Menschen unangenehmen Geschmack, deshalb werden in der Lebensmittelindustrie, vor allem für abgepacktes Schnittbrot oder Feingebäck, die Salze der Säure verwendet. Die Säure selbst wird häufig der Silage zugesetzt.

3.5.5.1.5 Buttersäure

Buttersäure (CH_3–CH_2–CH_2–COOH) ist der Trivialname der Butansäure, einer Carbonsäure und gleichzeitig der einfachsten Fettsäure.

Sie entsteht in der Natur durch Buttersäuregärung. Die Salze der Buttersäure heißen Butyrate.

Buttersäure ist eine bei Zimmertemperatur farblose Flüssigkeit, die im Wesentlichen den unangenehmen Geruch von Erbrochenem oder ranziger Butter ausmacht, woher auch der Name stammt. Ihre Dämpfe reizen die Augen sowie die Atemwege.

3.5.5.1.6 Valeriansäure

Valeriansäure (CH_3–CH_2–CH_2–CH_2–COOH), auch Pentansäure) ist eine Carbonsäure aus der gleichnamigen Gruppe der vier isomeren Valeriansäuren. Die kurzkettige Fettsäure kann aus der Wurzel des europäischen Baldrian (*Valeriana officinalis*) gewonnen werden, der jedoch überwiegend die isomere Isovaleriansäure enthält.

Die Salze der Valeriansäure heißen Valerate. Die Methyl-, Ethyl-, Allyl- u. Isoamyl-Valeriansäureester des entsprechenden Methyl-, Ethyl-, Allyl- und Isoamylalkohols schmecken und riechen fruchtig und werden als künstliche Aromen verwendet.

Valeriansäure selbst besitzt wie die homologe Buttersäure einen unangenehmen Geruch.

3.5.5.1.7 Milchsäure

Milchsäure (lat. *acidum lacticum*) ist eine Hydroxycarbonsäure, die sowohl eine Carboxylgruppe als auch eine Hydroxylgruppe im Molekül aufweist.

Sie wird auch als 2-Hydroxypropionsäure bezeichnet, nach den Nomenklaturempfehlungen der IUPAC ist 2-Hydroxypropansäure zu verwenden. Ihre Struktur lautet CH_3–CHOH–COOH. Die Salze der Milchsäuren heißen Lactate.

Milchsäure ist in Form von Lactat ein wichtiges Zwischenprodukt im Stoffwechsel, zum Beispiel als Produkt beim Abbau von Zuckern durch die Milchsäuregärung.

Weltweit werden jährlich etwa 250 000 Tonnen Milchsäure produziert, die vor allem in der Lebensmittelindustrie genutzt werden.

Milchsäure wurde historisch sowohl in Europa wie auch in Asien zur Säuerung und Konservierung von Lebensmitteln, insbesondere für Milch (Sauermilch), Gemüse (z.B. Sauerkraut) und auch zur Herstellung von Silagen als Futtermittel bereits seit Jahrhunderten oder Jahrtausenden genutzt.

Die Herstellung von Milchsäure kann biotechnologisch über eine Fermentation von Kohlenhydraten (Zucker, Stärke) erfolgen.

Eine Reihe von Lebensmitteln werden direkt durch Milchsäuregärung hergestellt. Darunter fallen vor allem die Sauermilchprodukte wie Joghurt, Kefir und Buttermilch. Diese werden durch Infektion von pasteurisierter Milch mit Starterkulturen der Milchsäurebakterien hergestellt.

Weitere Produkte sind lactofermentierte Gemüse wie Sauerkraut, Borschtsch oder Gimchi sowie Sauerteig und entsprechend Sauerteigprodukte. Auch Silagen, durch Vergärung haltbar gemachte Frischfuttermittel, basieren auf der Milchsäuregärung.

Als Lebensmittelzusatzstoff trägt Milchsäure die Bezeichnung E 270. Sie wird in der Lebens- und Genussmittelindustrie vielfältig als Säuerungsmittel eingesetzt, so etwa in Backwaren, Süßwaren und vereinzelt in Limonaden.

Durch die Änderung des pH-Wertes in den Lebensmitteln auf einen pH von etwa 4 kommt es zu einer Konservierung der Lebensmittel, da eine Besiedlung mit anderen Mikroorganismen weitgehend ausgeschlossen wird.

3.5.5.2 Organische Säuren in Lebensmittel-(Milch-)Produkten

Wie im vorhergehenden Abschnitt beschrieben, sind die niederen organischen Säuren wichtige Bestandteile von Lebensmitteln- und Milchprodukten.

So sind u.a. Joghurt, Kefir, Buttermilch u.a. Produkte interessante Untersuchungsobjekte zum Nachweis der darin enthaltenen organischen Säuren (vor allem Alkansäuren, Milchsäure).

3.5.5.2.1 Joghurt

Joghurt ist durch Milchsäurebakterien verdickte Milch und ein beliebtes Nahrungsmittel. Das Wort „Joghurt" ist dem türkischen Wort *yoğurt* entlehnt, das „gegorene" Milch bedeutet und auf die Art der Herstellung verweist

Joghurt wird als Naturjoghurt ohne Zusätze und in verschiedenen Geschmacksrichtungen vermarktet. Naturjoghurt besitzt einen säuerlichen Geschmack.

Ursprünglich entstand Joghurt aus der zufälligen Säuerung und Dicklegung von Milch. Im Laufe der Entwicklung der Lebensmittelherstellung wurden die verursachenden Mikroorganismen isoliert, identifiziert und nach ihrer Leistung selektiert.

Bei geeigneten Temperaturen (bei thermophilen Kulturen 42 – 45°C, bei mesophilen Kulturen 22 – 30°C) kann mit Joghurtkulturen geimpfte Milch einfach in Joghurt umgewandelt werden.

Zu diesem Zweck gibt es Joghurt-Zubereitungsautomaten.

Es reicht auch aus, Milch auf 40 – 50°C erwärmt, mit etwas Joghurt als Impfmaterial (etwa 2 Löffel Joghurt auf einen Liter Milch) zu mischen und in einer Thermoskanne (oder einem mit einer Decke isolierten, aber nicht hundertprozentig luftdichten Gefäß) mindestens sechs Stunden ruhen zu lassen.

3.5.5.2.2 Kefir

Bei Kefir (vom türkischsprachigen Wort *köpürmek* = schäumen) handelt es sich um ein eher dickflüssiges, kohlensäure- und leicht alkoholhaltiges Milchgetränk, das ursprünglich aus dem Nordkaukasus und Tibet stammt.

Kefir entsteht durch einen Gärungsprozess, typischerweise z.B. durch Milchsäurebakterien wie *Lactobacillus acidophilus*.

Milchkefir entsteht, indem man Kefirknollen ein bis zwei Tage mit Kuh-, Ziegen- oder Schafsmilch versetzt. Auch die Verwendung von Stutenmilch ist möglich, das Produkt heißt dann Kumys.

Die Milch sollte vorher gekocht und dann abgekühlt werden. Die Verwendung von H-Milch und pasteurisierter Milch ist ebenfalls gut möglich.

Der Ansatz wird daraufhin stehen gelassen. Optimale Temperaturen liegen im Bereich von 10 °C bis 25 °C. Dabei wird die Milch fermentiert.

Der Alkoholgehalt des fertigen Produkts kann je nach Gärdauer von 0,2 Prozent bis maximal etwa 2 Prozent betragen. Bei niedrigeren Temperaturen überwiegt die Hefegärung und das Produkt enthält mehr Kohlendioxid und Ethanol sowie weniger Milchsäure. Bei höheren Temperaturen ist die Milchsäuregärung bevorzugt und der Ethanol-Gehalt ist geringer, der Milchsäuregehalt höher.

3.5.5.2.3 Buttermilch

Buttermilch ist ein etwas säuerlich schmeckendes, leicht dickflüssiges, alkoholfreies Getränk, das bei der Butterherstellung entsteht.

Die bei der Herstellung von Süßrahmbutter aus Sahne übrig bleibende Milchflüssigkeit wird durch Zugabe von Milchsäurebakterien in die handelsübliche Buttermilch umgewandelt. Bei der Herstellung von Sauerrahmbutter aus bereits angesäuertem Rahm braucht man die Bakterien nicht mehr nachträglich hinzufügen. Unterschieden wird zwischen „Buttermilch" mit Zusätzen von bis zu 10 Prozent Wasser oder 15 Prozent Magermilch oder Milchpulver und „Reiner Buttermilch" ohne Zusätze.

3.5.6 Empfehlungen zur Versuchsauswertung (Auswahl)

1) Welche Strukturen besitzen niedere organische Säuren – die Alkansäuren C1 bis C5?

2) Was ist Milchsäure und wo spielt Lactat eine wichtige Rolle?

3) Was sind sogenannte „Fruchtsäuren"? Nennen Sie Beispiele für Hauptvorkommen und 3 Vertreter dieser Säuren!

4) Wann wirkt die Ameisensäure toxisch – hier in Verbindung mit Methanol?

5) Nennen Sie Applikationen von Essigsäure – hier aus dem Gebiet „Lebensmittel".

6) Wie kommen die Löcher in den Käse? Hier soll eine eigene Recherche und Beantwortung erolgen!

7) Nennen Sie „Konservierungsmittel"!

8) Was verbirgt sich unter den „E-Nummern"? – Informieren Sie sich über mindestens 3 E-Nummern. !

9) Der ICE-Mechanismus ist bekannt. Erklären Sie erneut, in welcher Reihenfolge Buttersäure, Essigsäure und Ameisensäure getrennt werden und warum!

10) Wie werden die Salze der Essigsäure und der Buttersäure genannt?

11) Wie erfolgt die Herstellung von Joghurt, Kefir, Buttermilch?

3.5.7 Informationsquellen

1) Gey MH (2008) Instrumentelle Analytik und Bioanalytik, Springer, Berlin

2) Gey MH (2015) Instrumentelle Analytik und Bioanalytik, Springer, Berlin

3) Meyer VR (1990) Praxis der Hochleistungsflüssigchromatographie, Otto Salle, Frankfurt

4) Schwedt G (1995) Analytische Chemie: Grundlagen, Methoden und Praxis, Georg Thieme, Stuttgart

5) Otto M (2006) Analytische Chemie, VCH, Weinheim

6) Cammann K (2001) Instrumentelle Analytische Chemie, Spektrum Akad Verlag, Heidelberg

7) Harris DC (1997) Quantitative Analytische Chemie, Friedr Vieweg & Sohn, Braunschweig, Wiesbaden

Vitamin C – überall?

„Entspricht dem Saft von 3 Zitronen?"

3 Instrumentelle & Bioanalytik: Versuch 6

3.6 Analyse von Citronen- und Ascorbinsäure in Citrussäften und Paprikafrüchten

3.6.1 Einführung und Zielstellung

Vitamine sind lebenswichtige organische Wirkstoffe, die in fettlösliche (Vitamin A, D, E) und wasserlösliche (Vitamin B_1, B_2, B_6, B_{12} und C) Species unterteilt werden. „Vit" bedeutet Leben und „Amin" weist auf die aminartige Reaktion speziell von Vitamin B_2 hin.

Vitamin C wird oft in Zusammenhang mit der Vorbeugung von Erkältungen gebracht sowie mit der legendären Krankheit „Skorbut", die bedingt durch Mangel an Vitamin C bereits im Mittelalter bei Seefahrern Zahnausfall verursachte.

Die Ascorbinsäure ist ein farb- und geruchloser, kristalliner und gut wasserlöslicher Feststoff, der einen sauren Geschmack aufweist.

Für eine flüssigchromatographische Analyse des Zielanalyten Ascorbinsäure ist demzufolge ein wässriger Eluent auszuwählen. „Gleiches löst sich im Gleichen" oder der zu bestimmende Analyt muss in einer entsprechenden mobilen Phase löslich sein, damit die LC-Methodik erfolgreich angewandt werden kann.

Im Gegensatz dazu erfordern fettlösliche Vitamine wie die kaum unterschiedlich strukturierten Tocopherole Lösungsmittel mit einer „umgekehrten" Polarität – also unpolare Flüssigkeiten wie Hexan oder Isooctan, in denen diese lipophilen Vitamine vollständig in Lösung gehen (siehe nächster Versuch 7).

Ziel dieses Versuches ist es, wasserlösliche Ascorbinsäure (Vitamin C) aus Paprikaschoten zu isolieren, das Vitamin anhand der Retentionszeit einer entsprechenden Testsubstanz zu identifizieren und den Gehalt dieses Vitamins quantitativ oder zumindest durch Gegenüberstellung vergleichbar aufgearbeiteter Proben „halb quantitativ" zu bestimmen.

Es soll auch ermittelt werden, ob die Menge an Ascorbinsäure zwischen gelber, grüner und roter Schote annähernd identisch oder signifikant unterschiedlich ist.

Zu vergleichen sind auch die Ascorbinsäuregehalte zwischen frisch ausgepressten Zitronen und dem in gelben „Plastikfässchen" enthaltenen Zitronensaft.

Weitere Früchte oder Getränke können in die Praktikumsversuche einbezogen und werden. Dabei ist darauf zu achten, dass die Proben nicht zu komplex und mögliche Koelutionen mit anderen unbekannten Substanzen ausgeschlossen sind.

3.6.2 Materialien und Methoden

3.6.2.1 Chemikalien und Zubehör

- Citronen, Biocitronen, Apfelsinen, Kiwi
- Paprikaschoten (rot, gelb, grün)
- Vitamin C (Ascorbinsäure)
- Citronensäure
- Entionisiertes Wasser (pH = 3,0) als Eluent
- Schwefelsäure zur pH-Werteinstellung
- Bechergläser

3.6.2.2 Equipment für den Versuch

- Citronenpresse
- Gemüsereibschale
- Eppis, 1,5 ml, (u.a. rote, gelbe, grün)
- Ultrazentrifuge
- pH-Meter
- Ultraschallbad
- Isokratische HPLC-Apparatur mit UV-Detektion
- Trennsäure „Polyspher", 150 x 4,0 mm i.D.

3.6.2.3 Herstellung von Test- und Probelösungen

Testlösungen:
- Lösung-1: 330 mg Citronensäure (CS) wurden eingewogen und in einem 10-ml-Kolben mit saurem Wasser aufgefüllt
- Lösung-2: 15 mg Ascorbinsäure (AS) wurden eingewogen und in einem 10-ml-Kolben mit saurem Wasser aufgefüllt
- Dosierlösung: 500 µl Lösung-1 plus 500 µl Lösung-2

Probelösungen:
- Die Citrusfrüchte wurden ausgepresst und der entstandene Saft in Eppis überführt; ebenso bereits fertige Säfte. Mittels Zentrifuge (5000 g) erfolgte danach die Abtrennung des Fruchtfleisches (Zeit: 10 min). 100 µl der klaren Probelösung wurden mit 900 µl Eluent (saures Wasser, s.o.) in einem weiteren Eppi verdünnt. Dies stellt die Dosierlösungen dar.
- Aus den Paprikaschoten erfolgte mithilfe einer Gemüsereibschale die Isolierung des Saftes, der auch in Eppis überführt und zentrifugiert wurde. Nach der Verdünnung (1+9 V/V, s.o.) konnten diese Probelösungen analysiert werden.

3.6.2.4 Probleme beim Betreiben von Polymertrennsäulen

Vor- und Nachteile des Chromatographierens mit Trennsäulen auf der Basis von Polymeren wurden bereits u.a. in den Versuchen 2.2 aufgezeigt und diskutiert.

So können Trennsäulen auf Styren-Divinyl-Benzenbasis (S-DVB) fast im gesamten pH-Bereich eluiert werden, ohne dass eine Beeinträchtigung des Trennmaterials eintritt. Andererseits soll der Säulenvordruck im Vergleich zu Silicagelsäulen moderat sein, d.h., unter 200 bar oder besser < 100 bar.

Nach längerem Gebrauch dieser Polymersäulen werden z.T. Anstiege des Säulenvordruckes registriert. Ursache ist vermutlich, dass sich die Polymerpartikel der stationären Phase in die Filtersiebe am Säulenende „eindrücken". Dies führt dazu, dass die Flussrate reduziert werden muss – verbunden mit der Verlängerung der Analysenzeit.

Auch die Peakprofile können sich ändern, sodass die Analytik von Vitamin-C-Fraktionen aus Citrusfrüchten/Paprikaschoten nicht mehr reproduzierbar ist. Die Peakprofile können dann nicht eindeutig zugeordnet werden.

Die Säule sollte ausgebaut und in entgegengesetzter Flussrichtung bei sehr geringer Flussrate (0,1 ml/min) mit frischem Eluenten über Nacht regeneriert werden. So werden Erhöhungen des Säulenvordruckes beseitigt.

3.6.2.5 Charakterisierung der Polymertrennsäule

Aus den Chromatogrammen (Abb. 3.6.1 und 3.6.2), die die Trennung von Citronensäure (CS) und Ascorbinsäure (AS) an einer Polymersäule (Bedingungen in Abb. 3.6.5/6) zeigen, können einzelne Parameter wie die Totzeit (t_0), die oft mit der sogenannten Durchbruchsfront (DF) zusammenfällt, die Retentionszeit (t_R), Peakhöhe (h), Peakbreite in halber Höhe (w_h) und die Peakbasisbreite (w_b) ermittelt werden, um die Trennsäule qualitativ zu charakterisieren oder auch quantitative Berechnungen anzustellen.

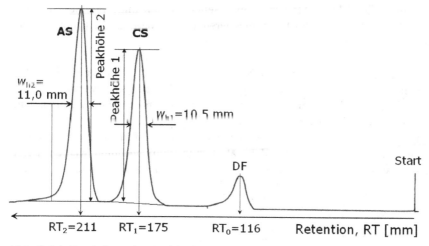

Abb. 3.6.1 Ermittlung der Peakbreiten in halber Höhe (w_h) und „Retention"

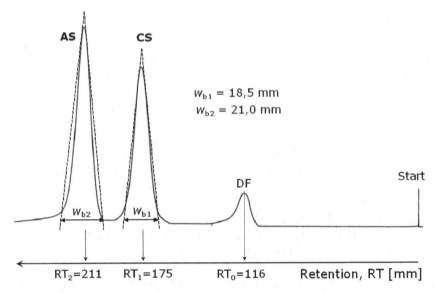

Abb. 3.6.2 Ermittlung der Peakbasisbreiten (w_b)

Moderne Flüssigchromatographen sind i.d.R. PC-gesteuert und verfügen über eine geeignete Software, die die genannten chromatographischen Parameter automatisch erfasst und auch die entsprechenden Leistungskenndaten für die Trennsäule wie z.B. die theoretische Bodenzahl N bzw. die theoretische Bodenhöhe H [µm] oder auch die chromatographische Auflösung R zwischen 2 Peaks berechnet. Für den Einsteiger ist das oft eine Art „Blackbox", weshalb wir in den Praktika diese Parameter „per Hand" in den mit einem Linienschreiber aufgenommenen Chromatogrammen messen und daraus die entsprechenden Größen (N, H, R) selbst berechnen und diskutieren.

Während die richtige Messung von Retentionszeiten mithilfe einer Stoppuhr nur die Aufmerksamkeit des Experimentierenden erfordert, ist die Ermittlung der w_h-Werte manuell i.d.R. nicht möglich.

Wie aus den Abbildungen (3.6.1 und 3.6.2) hervorgehen soll, werden die Chromatogramme mit hoher Schreibergeschwindigkeit aufgenommen, damit die Peakbreiten in halber Höhe auch ausgemessen (Angabe in mm) werden können. Die Genauigkeiten halten sich dabei in Grenzen, können aber unter Zuhilfenahme einer Messlupe verbessert werden. Da die Formel für die Berechnung der theoretischen Bodenzahl (3.6.1), die dimensionslos ist, gleiche Maßeinheiten erfordert, muss nun auch die Retentions-„Zeit" als Länge [mm] bestimmt werden. Diese Parameter werden zur Unterscheidung von t_R [s] mit RT [mm] abgekürzt.

$$N = 5{,}54 \left(\frac{RT}{w_h} \right)^2 \qquad\qquad (3.6.1)$$

Die Bodenzahl wird i.d.R. pro Meter Trennsäule angegeben, damit unterschiedlich lange HPLC-Säulen besser untereinander verglichen werden können. Für sehr gut gepackte Säulen mit kleinen Partikeln (z.B. um 3 µm) können bis zu 100 000 theoretische Böden pro 1 Meter Trennsäule (N/m) erzielt werden.

Die theoretische Trennstufenhöhe H berechnet sich aus der Länge der Säule L und der ermittelten Bodenzahl N.

$$H = \frac{L}{N} \qquad (3.6.2)$$

Die chromatographische Auflösung R zwischen 2 Peaks (CS vs. AS) kann aus den im Chromatogramm ermittelten Parametern Retention (RT) und den Peakbasisbreiten w_b errechnet werden (Formel 3.6.3). Beide Parameter werden hier in Längeneinheiten [mm] angegeben, da auch R dimensionslos ist.

$$R = \frac{2(RT_2 - RT_1)}{w_{b1} + w_{b2}} \qquad (3.6.3)$$

Ausführliche Erläuterungen zu diesen Chromatographie-Parametern erfolgte bereits im Versuch 3.1. Es sind hier in diesem Kapitel alle Größen und Formeln vorhanden, sodass eine selbständige Auswertung (s. a 3.6.5) erfolgen kann!

3.6.3 Versuchsergebnisse (Auswahl)

3.6.3.1 Ermittlung der Detektionswellenlängen

Für eine möglichst sensitive Registrierung der Ascorbinsäure erfolgte die Aufnahme von UV-Spektren. Die Testsubstanz wurde im Eluenten gelöst, einige Minuten mit Ultraschall behandelt und dann in die Messküvette eingebracht. Die Vergleichsküvette enthielt den Eluenten (saures entionisiertes Wasser, s.o.).

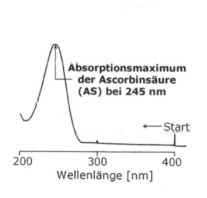

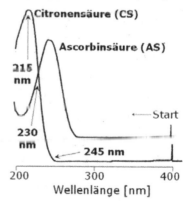

Abb. 3.6.3 UV-Spektrum von AS

Abb. 3.6.4 UV-Spektren AS vs. CS

In Abbildung 3.6.3 ist der Spektrum der Ascorbinsäure von 400 – 200 nm für die Ascorbinsäure dargestellt. Als günstiges Absorptionsmaximum erwies sich die Wellenlänge bei 250 nm. Diese Absorption ist auf die π-Elektronen im Molekül (s. a. Abb. 3.6.14) zurückzuführen. Citronensäure (CS) hat keine π-Elektronen, sodass das Absorptionsmaximum nach 200 nm verschoben ist (vgl. Abb. 3.6.4).

3.6.3.2 Citrussäfte

Die Abbildungen 3.6.5 und 3.6.6 zeigen 2 Standardchromatogramme von CS/AS.

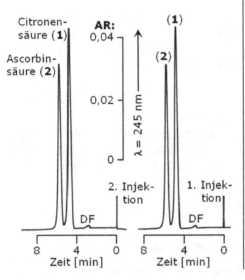

Experimentelle Bedingungen:

Säule: Polyspher
        150 × 4 mm i.D.

Mobile Phase: H_2O, entionisiert
        pH = 3,0

Flussrate: 0,5 ml/min
Vordruck: 42 bar
Detektion: UV, 245 nm
Absorptionsrange, AR: 0,16/0,04
Injektionsvolumen: 20 µl

Abb. 3.6.5/6
Standardchromatogramme CS, AS

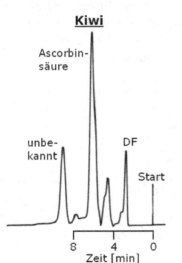

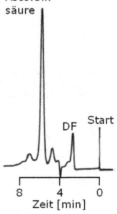

Abb. 3.6.7 LC einer Kiwi-Fraktion

Abb. 3.6.8 LC, Apfelsinenfraktion

Beide Trennungen sind fast identisch und sehr gut reproduzierbar. Sie bilden die Grundlage für die Identifizierung beider Säuren in komplexen Citrussäften (Abb. 3.6.7 und 3.6.8) und auch für quantitative Berechnungen ihrer Gehalte.

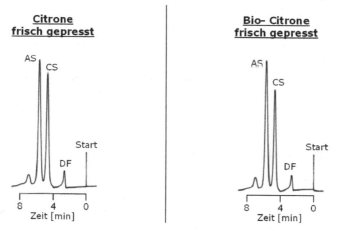

Abb. 3.6.9/10 Vergleich „Normal-Citrone" (links) und Bio-Citrone (rechts)

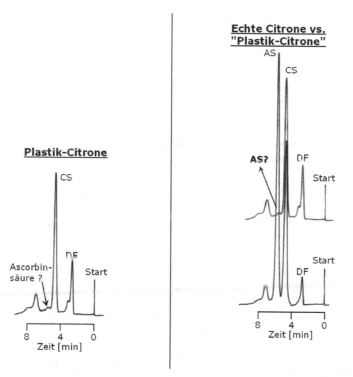

Abb. 3.6.11/12 Vergleich „Plastik-Citrone" (links), Normal-Citrone (rechts)

Die Trennsäule (Polyspher) hat ein Basismaterial aus Styren-Divinylbenzen und ist schon seit 25 Jahren (!) im Betrieb. Eine gute Probenvorbereitung und die kontinuierliche Regenerierung/Konditionierung mit saurem entionisiertem Wasser sind einige Gründe dafür.

Weitere Applikationen zeigen Chromatogramme in den Abbildungen 3.6.9 bis 3.6.12. Hohe Vitamin-C-Gehalte sind in Säften vorhanden, die frisch gepresst wurden. Natürlich sind bei Vergleichen mit einem Bio-Citronensaft (Abb. 3.6.10) keine Unterschiede im Vitamin-C-Gehalt zu erwarten.

Interessant ist, dass kommerziell angebotene Citronensäfte in den bekannten gelben „Plastik-Citronen" (s. Abb. 3.6.11/12) kein Vitamin C enthalten, obwohl Etikettierungen wie z.B. „*Entspricht dem Saft von 3 Citronen*" das Vorhandensein von Ascorbinsäure in größeren Mengen vermuten lassen.

3.6.3.4 Extrakte aus Paprikaschoten

Der Gehalt an Ascorbinsäure in Paprikaschoten hängt nicht nur von der Farbe ab, sondern Erntezeitpunkt, Provenienz, Wassergehalt, Lagerungsbedingungen etc. sind ausschlaggebend. Die nächste Abbildung zeigt einen Vergleich zwischen den Vitamin-C-Gehalten von gelben, roten und grünen Paprikaschoten. Wichtig ist, dass die Analysenmethode für diese komplexen „Saftfraktionen" geeignet ist und Ascorbinsäure störungsfrei erfasst wird. Möglich sind auch andere Reihenfolgen hinsichtlich der AS-Menge – das hängt von den oben erwähnten „Randbedingungen" ab.

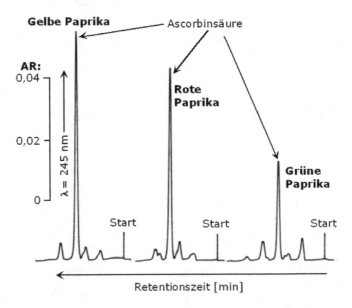

Abb. 3.6.13 Vergleich der Saftfraktionen verschieden farbiger Paprikaschoten

3.6.4 Wissenswertes zum Versuch

3.6.4.1 Ascorbinsäure

Ascorbinsäure ist eine leicht oxidierbare organische Säure und wirkt deshalb antioxidativ. Vitamin C ist licht- und sauerstoffempfindlich.

Der Sammelbegriff *Vitamin C* umfasst neben L – (+)-Ascorbinsäure alle Stoffe, die im Körper zu Ascorbinsäure metabolisiert werden können (z.B. Dehydroascorbinsäure).

Das Fehlen von Ascorbinsäure führt zu Mangelkrankheiten (Skorbut), die sich durch Zahnfleischbluten oder in schweren Fällen auch durch Zahnausfall zu erkennen geben. Bis ins 18. Jahrhundert war Skorbut die häufigste Todesursache auf Seereisen.

1921 gab der Biochemiker Sylvester Zilva einer Zitronensaftmischung, die in der Lage war, Skorbut zu heilen, die Bezeichnung *Vitamin C.*

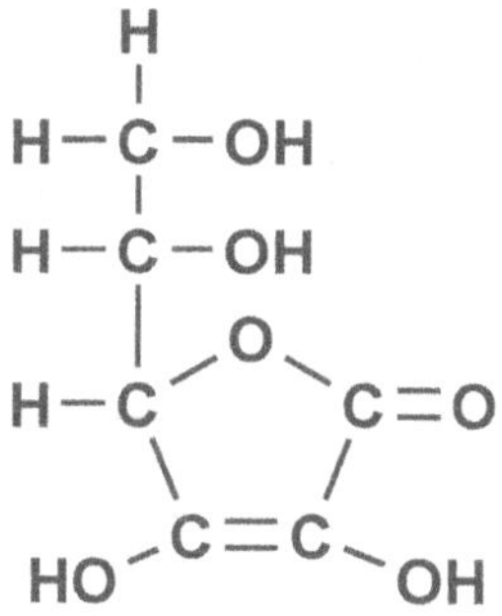

Abb. 3.6.14 Vitamin C **(AS)** 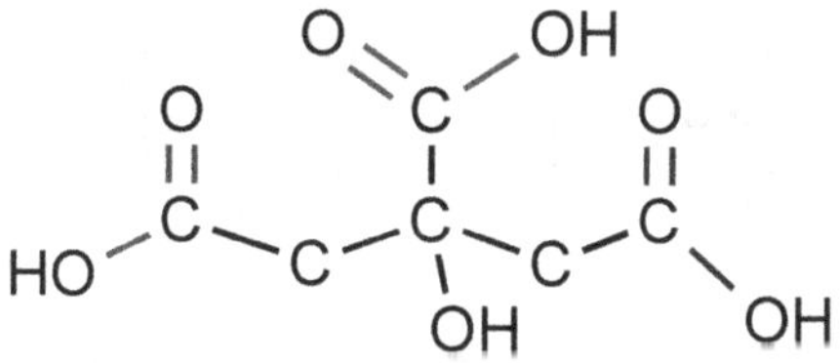   **Abb. 3.6.15** Citronensäure **(CS)**

1934 stellte Györgyi fest, dass eine für die Heilung von Skorbut verantwortliche Substanz identisch mit der 1913 entdeckten L–Ascorbinsäure ist. Ebenfalls 1934 gelang Walter Haworth und Tadeus Reichstein erstmalig die Synthese künstlicher L–Ascorbinsäure aus Glucose. Haworth erhielt 1937 für seine Forschungen am Vitamin C den Nobelpreis für Chemie, Szent Györgyi den für Medizin.

Zur Unterscheidung von dieser synthetisch hergestellten Ascorbinsäure wird ein mittels gentechnisch veränderter Mikroorganismen hergestelltes Vitamin C international mit GMO-Vitamin C (GMO = *genetically manipulated organism*, genetisch veränderter Organismus) bezeichnet. GMO-Ascorbinsäure ist preiswerter; nach diesem Verfahren wird weltweit der größere Teil hergestellt.

Ascorbinsäure findet hauptsächlich als Antioxidans Verwendung. Sie wird vielen Lebensmittelprodukten als Konservierungsmittel unter der Nummer E 300 zugesetzt. Vitamin C wird oft zur Prophylaxe von Erkältungen verwendet.

Diese Anwendung wurde insbesondere in den 1970er-Jahren durch den Nobelpreisträger Linus Pauling populär. Eine Analyse von 55 Studien zeigte jedoch, dass Vitamin C Erkältungskrankheiten *nicht* verhindern kann.

Jedoch bei Menschen, die starken körperlichen Anstrengungen (Extremsportler) oder extremer Kälte ausgesetzt sind, scheint Vitamin C eine leicht vorbeugende Wirkung zu haben.

Es gibt Hinweise darauf, dass sich die Dauer einer Erkältung durch das Vitamin geringfügig verringern lässt.

In weiten Teilen der Welt ist die Versorgung mit Ascorbinsäure als relativ gut zu bewerten; der Tagesbedarf eines Erwachsenen beträgt laut Empfehlung der Deutschen Gesellschaft für Ernährung 100 mg.

Die Meinungen hierüber gehen jedoch weit auseinander; die Empfehlungen anderer Gruppierungen liegen zwischen einem Bruchteil (z.B. der Hälfte) und einem Vielfachen (z.B. „so viel wie möglich") dieses Wertes. Fest steht aber, dass Mengen bis zu 5000 mg kurzzeitig als unbedenklich gelten. Überschüssige Mengen werden vom Körper über den Urin ausgeschieden, da Vitamin C gut wasserlöslich ist. Ascorbinsäure ($C_6H_8O_6$) ist vor allem im frischen Obst und Gemüse enthalten.

Tabelle 3.6.1: Vitamin-C-Gehalt einiger Früchte/Gemüse je 100 g

Camu-Camu	1900 mg	Acerolakirsche	1200 – 1600 mg
Hagebutte	1280 mg	Sanddornbeere	230 – 810 mg
Schwarze Johannisbeere	190 mg	Grünkohl	100 – 140 mg
Rosenkohl	100 – 140 mg	Paprika	100 mg
Ebereschenfrucht	95 mg	Spinat	50 – 80 mg
KIWI	85 mg	Erdbeere	40 – 80 mg
Zitrone	50 mg	Apfelsine	45 mg
Rotkohl	45 mg	Weißkohl	45 mg
Ananas	25 mg	Sauerkraut	20 mg
Avocado	12 mg	Kulturapfel	12 mg
Banane	11 mg	Pfirsich	10 mg

Tierische Organismen und Säuglinge (bis zum 1. Lebensjahr) können es aus Glucose synthetisieren, während der erwachsene Mensch auf die Aufnahme von Ascorbinsäure über die Nahrungskette angewiesen ist.

Als Hypervitaminose werden jene Erscheinungen zusammengefasst, die bei übermäßiger Zufuhr der entsprechenden Vitamine, sei es über die Ernährung, in Form von Nahrungsergänzungsmitteln oder Vitaminpräparaten, aber auch bei parenteraler („am Darm vorbei") Gabe, auftreten können.

Überdosierungserscheinungen treten wesentlich eher bei den fettlöslichen Vitaminen (insbesondere bei den Vitaminen A und D) auf, da diese nicht wie die wasserlöslichen Vitamine über die Niere ausgeschieden werden können. Zudem ist eine Zufuhr in der Größenordnung des 50 – 100-Fachen der empfohlen Tagesdosis nötig, um eine Hypervitaminose zu verursachen.

Ein Vitamin*mangel* wird mit Hypovitaminose und ein *Fehlen* von Vitaminen mit Avitaminose bezeichnet.

Citronensäure ($C_6H_8O_7$, Abb. 3.6.15) ist auch ein Hauptbestandteil der Citrusfrüchte sowie von vielen Getränken u.a. natürlichen Matrices. Mittels Flüssigchromatographie können beide Säuren getrennt und in komplexen biologischen Matrices bzw. Lebensmitteln und Fruchtsäften qualitativ und quantitativ nachgewiesen werden.

3.6.5   Empfehlungen zur Versuchsauswertung (Auswahl)

1) Stellen Sie alle verwendeten Versuchsparameter in einer Tabelle zusammen!
2) Welche Retentionszeit wird für Vitamin C gemessen?
3) Wie erfolgt die quantitative Analyse von Vitamin C?
   Vergleichen Sie die Vitamin-C-Gehalte im frisch gepressten und „künstlichen" Zitronensaft!
4) Welche farbige Paprikaschote hat die höchsten, welche die niedrigsten Vitamin-C-Gehalte?
5) Erklären Sie das Chromatographie-Prinzip!
6) Wie funktioniert Ionenausschlusschromatographie?

3.6.6   Informationsquellen

1) Gey MH (2008) Instrumentelle Analytik und Bioanalytik, Springer, Berlin
2) Gey MH (2015) Instrumentelle Analytik und Bioanalytik, Springer, Berlin
3) Meyer VR (1990) Praxis der Hochleistungsflüssigchromatographie, Otto Salle, Frankfurt
4) Schwedt G (1995) Analytische Chemie: Grundlagen, Methoden und Praxis, Georg Thieme, Stuttgart
5) Otto M (2006) Analytische Chemie, VCH, Weinheim
6) Cammann K (2001) Instrumentelle Analytische Chemie, Spektrum Akad Verlag, Heidelberg
7) Harris DC (1997) Quantitative Analytische Chemie, Friedr Vieweg & Sohn, Braunschweig, Wiesbaden

HPLC ?

High **Pleasure** Liquid Chromatography

In Anlehnung an ein Poster von LDC Milton Roy

3 Instrumentelle & Bioanalytik: Versuch 7

3.7 Analyse von Vitamin E (Tocopherolen) in Margarinen/Fettprodukten

3.7.1 Einführung und Zielstellung

Vitamin E gehört wie auch die Vitamine A und D zu den fettlöslichen Spezies dieser Gruppe. Vier der Vitamin-E-Formen werden als Tocotrienole bezeichnet. Die anderen bisher bekannten vier Formen von Vitamin E nennt man Tocopherole (Abb. 3.7.1), die von den altgriechischen Wörtern (tókos, „Geburt" und phérein, „tragen", „bringen") abgeleitet wurden. Es existieren α-, β-, γ- und δ-Tocopherol. Diese unterscheiden sich strukturell nur sehr gering, da die Substituenten R1, R2, R3 entweder ein Wasserstoffatom oder eine CH_3-Gruppe symbolisieren. (s.a. 3.7.x).

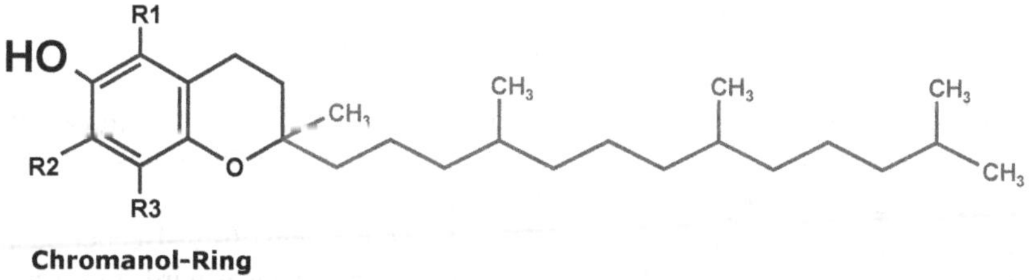

Chromanol-Ring

Abb. 3.7.1 Struktur von Vitamin E (Tocopherole)

Als fettlösliche Species müssen die Analyte in unpolaren Lösemitteln wie Hexan oder Isooctan gelöst bzw. mit solchen Flüssigkeiten eluiert werden. Die unpolare mobile Phase erfordert eine polare stationäre Phase, sodass hier eine Adsorptionschromatographie durchgeführt wird.

Ziel des Versuches ist, die isomeren Tocopherole aus Margarinen, Olivenölen u.a. Produkten zu isolieren, mittels Fluoreszenzspektroskopie nachzuweisen und die Proben untereinander hinsichtlich der α-, β-, γ- und δ-Tocopherole zu vergleichen. Dabei geht es zuerst um halb quantitative Bestimmungen, da für die Praktika lediglich das α-Tocopherol als Referenzsubstanz verfügbar war. Die β-, γ- und δ-Tocopherole sind relativ teuer und können erst zu einem späteren Zeitpunkt in das Versuchskonzept integriert werden.

3.7.2 Materialien und Methoden

3.7.2.1 Chemikalien und Zubehör

- Hexan, Heptan, Isooctan, Isopropanol
- Diverse Margarinen (Rama, Lätta, Sonja, Becel, Du darfst)
- Butter, Olivenöle
- α-Tocopherol
- Bechergläser (20 ml, 50 ml)
- 2 Spatel

3.7.2.2 Equipment für den Versuch

- Ultraschallbad
- Ultrazentrifuge
- Analysenwaage
- Isokratische HPLC-Apparatur
- Heliumentgasung
- Fluoreszenz-Detektor
- Trennsäulen mit Silicagel
- Dosierspritzen (100 µl, 500 µl)

3.7.2.3 Herstellung von Test- und Probelösungen

3.7.2.3.1 Herstellen der Stammlösung α-Tocopherol

Das α-Tocopherol ist bei Raumtemperatur (RT) nur wenig beständig und muss bei 4 °C im Kühlschrank gelagert werden! Die Konzentration der Stammlösung beträgt 1 mg/ml und als Lösungsmittel dient Isooctan *zur Spektroskopie*.

Es erfolgt eine Einwaage von 10 mg α-Tocopherol in einem 20-ml-Becherglas. Anschließend werden ca. 5 – 7 ml Isooctan zugesetzt und danach wird 5 min im Ultraschallbad bei RT homogenisiert.

Anschließend wird die Lösung quantitativ in einen 10-ml-Kolben überführt, auf 10 ml mit Isooctan aufgefüllt und gut geschüttelt. Falls schwerlösliche Begleitstoffe vorhanden sind, sollen sich diese noch absetzen (ca. 10 – 15 min). Es soll auch im Praktikum geprüft werden, ob eine Filtration oder Zentrifugation der Lösungen zur weiteren Realisierung von klaren Lösungen geeignet sind (Rücksprache mit dem Laborleiter).

3.7.2.3.2 Herstellen der Verdünnungen:

100 µl Stammlösung werden entnommen und in einem 10-ml-Kolben mit Isooctan aufgefüllt (Verdünnung: 1:100 V/V, entspricht Lösung A).

Von Lösung A ist eine weitere Verdünnung 1:100 V/V herzustellen (= Lösung B).

*3.7.2.3.3 Herstellen der Stammlösungen von verschiedenen Margarinen, Oliven-
  ölen und Butter*

Genau 1 g Vitamin-E-haltiges Lebensmittel werden in einem 20 ml Becherglas eingewogen (ggf. 2 Spatel dazu verwenden!). Danach erfolgt die Präparation einer Stammlösung, wie unter Punkt 1 beschrieben.

Für die Fluoreszenzanalyse wird eine Verdünnung im Volumenverhältnis
1:10 V/V hergestellt (Lösungsmittel: Isooctan).

3.7.2.4 Reproduzierbarkeit

Die folgende Abbildung beinhaltet 6 Injektionen einer α-Tocopherol-Testlösung
unter identischen Bedingungen. Appliziert wurden die Lösungen manuell mittels
Dosierspritze (100 µl) über ein Rheodyneventil (Schleifenvolumen: 20 µl). Geringfügige Abweichungen in den Peakhöhen sind sichtbar. Nach manueller Auswertung dieser Peaklängen wurde ein Mittelwert von 83,67 mm und eine Standardabweichung von 0,33 errechnet.

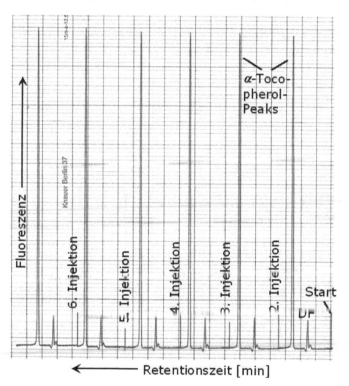

Abb. 3.7.2 Reproduzierbarkeit einer α-Tocopherol-Testlösung

3.7.2.5 Linearität und Nachweisbarkeit von α-Tocopherol

Für diese Untersuchungen erfolgte die Herstellung einer Verdünnungsreihe für die Referenzsubstanz α-Tocopherol. Es wurden 176, 132, 88 und 44 ng der in Isooctan gelösten Substanz über eine 20-µl-Schleife appliziert. Die abgestuften α-Tocopherol-Mengen dokumentieren qualitativ die Linearität in diesem Konzentrationsbereich (Abb. 3.7.3). Auch lässt sich abschätzen, dass unter den Versuchsbedingungen mindestens noch 4 ng des Vitamins nachweisbar sind.

3.7.2.6 UV-Detektion versus Fluoreszenz von α-Tocopherol

In Abbildung 3.7.4 ist der Verlauf des UV-Spektrums von α-Tocopherol dargestellt. Es resultiert ein signifikantes Absorptionsmaximum bei einer Wellenlänge von 230 nm. Somit könnte neben dem Fluoreszenzdetektor parallel ein UV-Monitor in die HPLC-Apparatur integriert werden. Entsprechende Messungen zeigten jedoch, dass die Empfindlichkeit bei der Trennung der komplexen Tocopherol-Fraktionen aus Margarinen zu gering ist. Die Auflösung zwischen den einzelnen Vitamin-E-Species war außerdem unzureichend.

Deshalb erfolgten alle Analysen der Proben mithilfe des Fluoreszenzdetektors. Die Extinktionswellenlänge λ_{ex} betrug 290 nm und die Emmissionswellenlänge λ_{em} wurde auf einen Wert von 330 nm eingestellt.

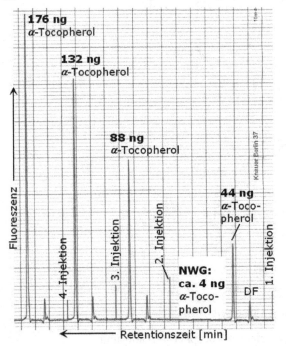

Abb. 3.7.3 Nachweis verschiedener
α-Tocopherol-Mengen

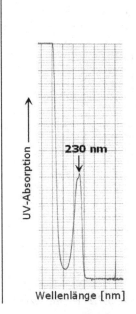

Abb. 3.7.4 UV-Spektrum
α-Tocopherol

3.7.3 Versuchsergebnisse (Auswahl)

Die folgenden Abbildungen zeigen Chromatogramme der Tocopherole aus verschiedenen Margarinen. Die Herstellung der Probelösungen wurde im Abschnitt 3.7.2.3.3 bereits beschrieben. Die Einwaagen von einem Gramm sehr exakt vorgenommen, damit die Tocopherol-Pattern bei der Gegenüberstellung auch genügend repräsentativ sind.

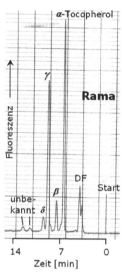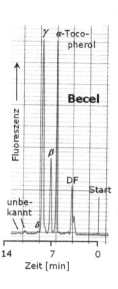

Abb. 3.7.5/6 Chromatogramme/Fluoreszenz: Rama versus Becel

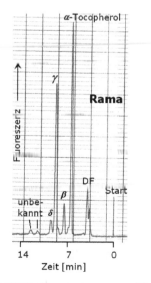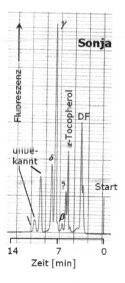

Abb. 3.7.7/8 Chromatogramme/Fluoreszenz: Rama versus Sonja

Die höchsten Gehalte an Tocopherolen wies die Rama (Abb. 3.7.9) auf; die vergleichbare Magarinemengen an Lätta (Abb. 3.7.10) und „Du darfst" (3.7.12) zeigten deutlich weniger Vitamin E.

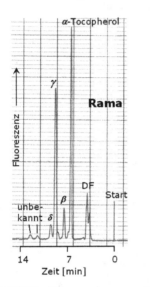

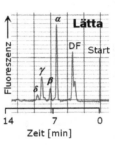

Abb. 3.7.9/10 Chromatogramme/Fluoreszenz: Rama versus Lätta

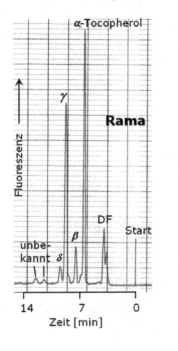

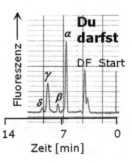

Abb. 3.7.11/12 Chromatogramme/Fluoreszenz: Rama versus Du darfst

Im Olivenöl (Abb. 3.7.14) konnte etwas α-Tocopherol nachgewiesen werden; die anderen Vitamin-E-Species waren kaum vorhanden.

In der Butterfaktion (Abb. 3.7.16) konnte nur das α-Tocopherol mit sehr geringer Peakhöhe noch erfasst werden.

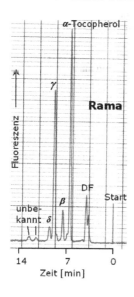
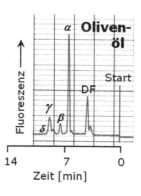

Abb. 3.7.13/14 Chromatogramme/Fluoreszenz: Rama versus Olivenöl

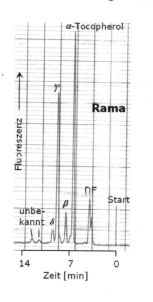
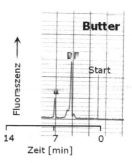

Abb. 3.7.15/16 Chromatogramme/Fluoreszenz: Rama versus Butter

3.7.4 Wissenswertes zum Versuch

3.7.4.1 Vitamin E (Tocopherole)

Vitamin E ist Bestandteil aller Membranen tierischer Zellen. Es wird jedoch nur von photosynthetisch aktiven Organismen wie Pflanzen und Cyanobakterien gebildet.

Tocopherole sind auch Bestandteil von Kosmetika (Hautcreme, Lotionen), da von den Herstellern gesundheitsfördernde Effekte bei der Hautregenerierung oder Narbenheilung nach Verbrennungen postuliert werden. Bekannt sind auch antioxidative Wirkungen zur Beseitigung von Radikalen.

Dies ist auf den Chromanolring mit Hydroxylgruppe (Abb. 3.7.18), die durch die Bereitstellung eines Wasserstoffatoms die Radikale eliminiert, zurückzuführen. Der hydrophobe Rest des Moleküls ermöglicht das Eindringen in biologische Mem-branen (vgl. Abb. 3.7.19).

Häufig wird der Begriff Vitamin E „fälschlicherweise" allein für das *α*-Tocopherol, die aktivste Form aller Vitamin-E-Formen, verwendet.

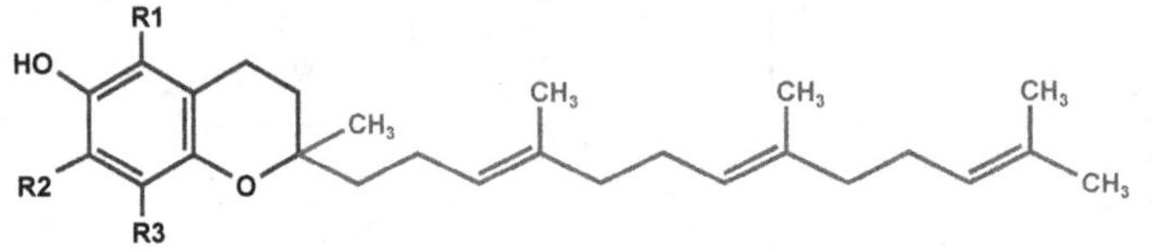

Abb. 3.7.17 Strukturen der Tocotrienole

Form	R1	R2	R3
Alpha	CH$_3$	CH$_3$	CH$_3$
Beta	CH$_3$	H	CH$_3$
Gamma	H	CH$_3$	CH$_3$
Delta	H	H	CH$_3$

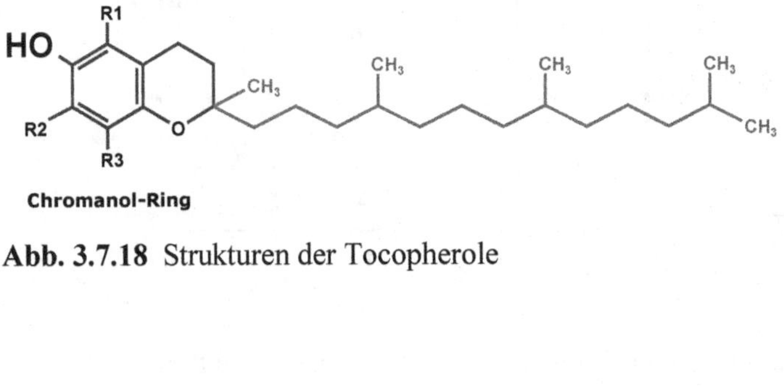

Chromanol-Ring

Abb. 3.7.18 Strukturen der Tocopherole

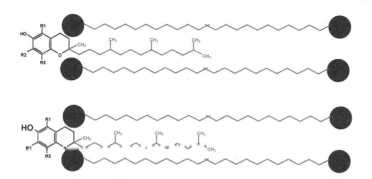

Abb. 3.7.19 Einfügung von Vitamin E in die Lipidmembran

Aufgrund seiner Struktur kann Vitamin E mit seinem hydrophoben Molekülteil in die Lipiddoppelschicht eindringen und den Organismus vor oxidativem Angriff schützen.

3.7.4.2 Vorkommen

Tocopherole kommen vor allem in pflanzlichen Lebensmitteln vor (Getreide, Nüsse, Samen, Pflanzenöle, Keimöle, kaltgepresste Speiseöle guter Qualität).

Olivenöl, Milch und Eier sind auch häufig genannte Vitamin-E-Hauptlieferanten für den Menschen, aber auch viele Gemüse- und Obstsorten sowie grüne Salate enthalten das Antioxidans.

Besonders reiche Vitamin-E-Quellen sind:
- Weizenkeimöl (174 – 176 mg/100 g),
- Leinsamen (57 mg/100 g),
- Sonnenblumenöl-1 (50 – 62 mg/100g),
- Walnussöl (39 mg/100 g),
- Maiskeimöl (31 – 34 mg/100 g),
- Distelöl (29 – 44 mg/100 g),
- Sesamöl (28 mg/100 g),
- Haselnüsse (27 mg/ 100 g),
- Sojaöl (17 –25 mg/100 g),
- Erdnussöl (25 mg/100 g),
- Mandeln (25 mg/100 g),
- Palmöl (25 mg/100 g),
- Sonnenblumenöl-2 (25 mg/100 g),
- Margarine (14 mg/100 g),
- Olivenöl (12 mg/100 g),
- Leinöl (5,8 mg/100 g).

Wegen seiner antioxidativen Wirkung wird Vitamin E als Zusatzstoff (E 306 – 309) auch Lebensmitteln, Kosmetika (Sonnenschutzmitteln) und Anstrichmitteln beigefügt.

3.7.4.3 Vitaminbedarf bei der Ernährung

5 – 30 mg pro Tag. Empfohlene Tagesdosis bei Erwachsenen: 12 mg (Frauen)/14 mg (Männer) pro Tag. Schwangere und Stillende haben einen erhöhten Bedarf.

Die Deutsche Gesellschaft für Ernährung empfiehlt Männern wie Frauen eine tägliche Aufnahme von 22 Internationalen Einheiten (IU) an Vitamin E. Von den Lebensmitteln sind besonders Pflanzenöle, Nüsse und grüne Salate reich an Vitamin E.

3.7.4.4 Mangelerscheinungen (Hypovitaminose)

Mangelerscheinungen beim Menschen sind bislang nicht bekannt, da alle Formen des Vitamin E offenbar ausreichend in der Nahrung vorhanden sind. Vermutet werden aber:
- trockene, faltige Haut
- Konzentrationsstörungen
- Leistungsschwäche
- Müdigkeit und Reizbarkeit
- schlecht heilende Wunden
- Begünstigung von Arteriosklerose

3.7.4.5 Folgen einer Überdosierung (Hypervitaminose)

- Starke Überdosierung: Behinderung der Aufnahme von Vitamin A und Vitamin K
- Übelkeit, Erbrechen, Magen-Darm-Beschwerden
- Erschöpfung, Muskelschwäche
- Verschlechterung der Blutgerinnung (z.T. bei sehr hohen Dosen)
- Verschlechterung von Diabetes mellitus, Bluthochdruck und Angina Pectoris (Erkrankung der Herzkranzgefäße und damit verbundene anfallartig auftretende Schmerzen hinter dem Brustbein)
- Lebensgefahr

3.7.5 Empfehlungen zur Versuchsauswertung (Auswahl)

1) Was sind Vitamine und wie werden sie unterteilt?
2) Welche Produkte erhalten viel Vitamin E?
3) Weshalb schützt Vitamin E die Lipidmembranen?
4) Zeichnen Sie die Struktur der Tocopherole!
5) Was sind Hypovitaminosen?
6) Was sind Hypervitaminosen?
7) Was sind Antioxidantien?
8) Was versteht man unter NPC?
9) Erklären Sie die Fluoreszenzspektroskopie!
10) Weitere Fragen im Praktikum und in der Vorlesung!

3.7.6 Informationsquellen

1) Gey MH (2008) Instrumentelle Analytik und Bioanalytik, Springer, Berlin
2) Gey MH (2015) Instrumentelle Analytik und Bioanalytik, Springer, Berlin
3) Meyer VR (1990) Praxis der Hochleistungsflüssigchromatographie, Otto Salle, Frankfurt
4) Schwedt G (1995) Analytische Chemie: Grundlagen, Methoden und Praxis, Georg Thieme, Stuttgart
5) Otto M (2006) Analytische Chemie, VCH, Weinheim
6) Cammann K (2001) Instrumentelle Analytische Chemie, Spektrum Akad Verlag, Heidelberg
7) Harris DC (1997) Quantitative Analytische Chemie, Friedr Vieweg & Sohn, Braunschweig, Wiesbaden

Kaffee (Kafe, Kahve, „Zichorie")

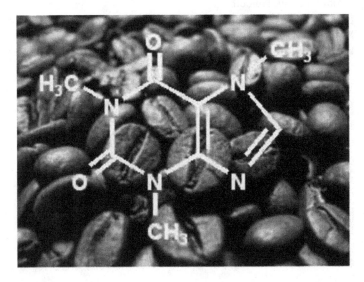

Coffein: Alkaloid

3 Instrumentelle & Bioanalytik: Versuch 8

3.8 Bestimmung von Coffein in Kaffee- und Cola- Produkten

3.8.1 Einführung und Zielstellung

Auf Anregung Goethes untersuchte der Apotheker und Chemiker Friedlieb Ferdinand Runge Kaffeebohnen mit dem Ziel, die wirksame Substanz im Kaffee zu finden. 1820 gelang es Runge erstmals, aus den Kaffeebohnen reines Coffein zu isolieren. Er kann somit als Entdecker des Coffeins angesehen werden.

Coffein (auch Koffein, Tein oder Thein) ist ein Alkaloid aus der Stoffgruppe der Xanthine (Struktur des Coffeins, s. Abb. 3.8.13). Es ist eine sogenannte psychotrope Substanz und gehört zur Gruppe der Stimulantien. Coffein ist der anregend wirkende Inhaltsstoff von Genussmitteln wie Kaffee, Tee, Cola, Mate oder auch Energy-Drinks. Im Kakao kommt der Wirkstoff nur in geringeren Mengen vor. In reiner Form tritt es als weißes, geruchloses, kristallines Pulver mit bitterem Geschmack auf. Coffein ist weltweit die am häufigsten konsumierte pharmakologisch aktive Substanz.

Der Nachweis von Coffein mittels Hochleistungsflüssigchromatographie (HPLC) an Reversed-Phase-Säulen gehört bereits zu den weit etablierten Standardmethoden. Coffein ist als Substanz weitestgehend stabil, gut in wässrigen Eluenten löslich und kann im mittleren UV-Bereich detektiert werden.

Problematisch können allerdings Coelutionen mit unbekannten Substanzen sein. Kaffee enthält Hunderte verschiedener Substanzen, die im Prinzip die Coffeindetektion stören können. Vor allem mit sehr komplexen (Röst)-Kaffee-Proben können Probleme auftreten. Allerdings stellt das Coffein in den Kaffee- und Colaprodukten auch eine Hauptkomponente dar.

Ziel der Versuche ist die qualitative und quantitative Analyse von Coffein („Koffein") in Kaffee- und Cola-Produkten. Dabei werden auch Extrakte aus üblichen Kaffeesorten mit sogenannten entkoffeinierten Kaffeeprodukten gegenübergestellt.

Von Interesse sind u.a. Fragen nach dem Restgehalt an Coffein in diesen speziellen Extrakten. Oder gibt es Unterschiede in den Coffeingehalten zwischen einzelnen Cola-Sorten? Auch andere „Lebens- und Genussmittel", die Coffein enthalten, können im Praktikum analysiert werden.

3.8.2 Materialien und Methoden

3.8.2.1 Chemikalien, Lösungsmittel, Zubehör

- Entionisiertes Wasser, Methanol
- Coffein (Bezug: Löwen-Apotheke Zittau, Irene Jehmlich)
- Ultraschallbad
- Ultrazentrifuge
- Analysenwaage
- HPLC-Dosierspritze (100 µl)
- Maßkölbchen (V: 10 ml und 50 ml)
- Bechergläser (V: 20 und 50 ml)
- Spritzen zur Verdünnung (100 µl und 500 µl)
- Hochland Kaffee, gefriergetrocknet, EUCO GmbH Hamburg
- Hochland Kaffee, entkoffeiniert, s.o.
- Vita Cola, Coca cola, Coca cola light, Coca cola Zero

3.8.2.2 Equipment für den Versuch

Die folgenden Bedingungen und Materialien wurden für die hier verwendete Messapparatur ausgewählt:

- Eluent: MeOH/H$_2$O 30:70 V/V (Entgasung mit Helium)
- Flussrate: 0,4 ml/min
- Vordruck: 100 bar
- Pumpe: LDC Milton Roy Pumpe
- Injektor: Rheodyneventil (7010) mit 20-µl-Probeschleife
- Säule: Reversed-Phase, RP-18 verschiedener Hersteller
- Detektor: UV/VIS-Detektor 87.00 (Firma Knauer)
- Wellenlängen: λ=230, λ=240, λ=270nm
- Auswertung: Linienschreiber: Speed: 30 cm/h; U: 5 mV

3.8.2.3 Herstellung von Test- und Probelösungen

Testlösungen:

- 10 mg reines Coffein wurden in einem 10-ml-Maßkolben exakt eingewogen und mit entionisiertem Wasser bis zum Eichstrich aufgefüllt (**Stammlösung A!**).
- Es erfolgte eine Verdünnung im Volumenverhältnis 1:100 V/V, d.h., 100 µl dieser Stammlösung wurden in einem weiteren Maßkolben bis zur 10-ml-Marke mit entionisiertem Wasser aufgefüllt. Daraus resultiert die Dosierlösung B.
- Ggf. sind weitere Verdünnungen 1:5 V/V oder 1:10 V/V notwendig. Das hängt vom vorhandenen Equipment (z.B. Detektorempfindlichkeit, Säulendimension und Partikelgröße) ab.

Probelösungen:

- Übliches Kaffeegranulat und entkoffeinierter Kaffee (beide gefrier-getrocknet) wurden in einem 25-ml-Kolben eingewogen (Menge je 25 mg), anschließend mit 25 ml entionisiertem Wasser aufgefüllt und 10 min mit Ultraschall behandelt, um sicherzustellen, dass alle Röstinhaltsstoffe sich gelöst haben.
- Eine anschließende Ultrazentrifugation (10 min bei 5000 g) zeigte keinerlei abgesetzte Stoffe, so dass die leicht gelblich gefärbten Lösungen direkt in die HPLC-Apparatur appliziert werden konnten.
- Die Cola-Produkte wurden zuerst mithilfe von Ultraschall entgast. Ratsam ist, das mit nur wenig Probeflüssigkeit in einem relativ großvolumigen Maßkolben (z.B. ca. 20 ml Cola in einem 100-ml-Kolben) durchzuführen, damit die „überschäumende" Flüssigkeit nicht „eruptiert"!
- Cola-Produkte sind im Volumenverhältnis 1:1 (V/V) zu verdünnen.

3.8.2.4 Trennungen von Standardlösungen

Die Abbildung 3.8.1 und 3.8.2 zeigen die Trennung der verdünnten Coffein-Testlösungen. Ihre Konzentration beträgt jeweils 10 µg/ml. Diese Doppelbestimmung enthält nahezu gleich große Peaksignale. Detektiert wurden die Analyte bei einer Wellenlänge von 270 nm und einem Absorptionsrange von 0,32; die weiteren analytischen und chromatographischen Bedingungen sind im Kapitel 3.8.2.1 aufgelistet.

Die Konzentration und der gebildete Mittelwert für die Höhen aus beiden Coffeinpeaks dienen der Berechnung der Coffeinkonzentrationen in den Produkten – hier mithilfe des Dreisatzes.

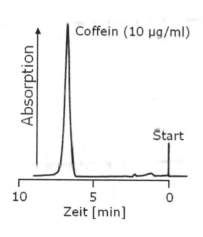

Abb. 3.8.1 Testlösung, Injektion-1

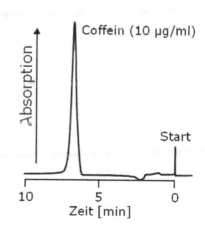

Abb. 3.8.2 Testlösung, Injektion-2

3.8.2.5 Reproduzierbarkeit und Linearität

Die folgende Abbildung beinhaltet 6 Injektionen der Coffein-Testlösung unter identischen Versuchsbedingungen. Appliziert wurden die Lösungen manuell mittels Dosierspritze (100 µl) über ein Rheodyneventil (Schleifenvolumen: 20 µl). Die Retentionszeit betrug 6 Minuten und 55 Sekunden.

Geringfügige Abweichungen in den Peakhöhen sind sichtbar. Nach manueller Auswertung dieser Peaklängen wurde ein Mittelwert 33,67 mm von und eine Standradabweichung von 0,56 errechnet.

Für die Untersuchungen zur Linearität erfolgte die Herstellung einer Verdünnungsreihe für die Referenzsubstanz Coffein. Es wurden Lösungen der Konzentrationen 12,5 µg/ml bis 2,5 µg/ml in HPLC-Apparatur appliziert. Bei einem Dosiervolumen von 20 µl erstreckt sich der Messbereich von 250 ng bis 50 ng.

Auf die Bestimmung der Nachweisgrenze wurde bei diesem Versuch verzichtet, da i.d.R. hohe Coffeinkonzentrationen in den Proben vorlagen. Weitere Untersuchungen sind auf eine exakte Quantifizierung der Restmenge an Coffein im entkoffeinierten Kaffee gerichtet.

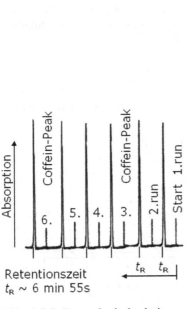

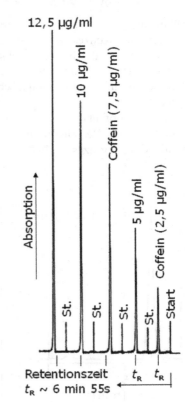

Abb. 3.8.3 Reproduzierbarkeit

Abb. 3.8.4 Linearität

3.8.3 Versuchsergebnisse (Auswahl)

Gefriergetrocknetes Granulat des Hochland-Kaffees und das entcoffeinierte Kaffee-Produkt (s. 3.8.2.1/3.8.2.3) wurden in einem 25-ml-Kolben eingewogen (Menge je 25 mg), anschließend mit 25 ml entionisiertem Wasser aufgefüllt und 10 min mit Ultraschall behandelt, um sicher zu stellen, dass alle Röstinhaltsstoffe sich gelöst haben.

Aus den resultierenden Chromatogrammen geht hervor, dass in und nach der Durchbruchsfront zahlreiche unbekannte Kaffeeinhaltsstoffe bzw. „Röstprodukte" erscheinen. Das Coffein im Hochland-Kaffee (Abb. 3.8.5) ist als eine der Hauptkomponenten deutlich nachweisbar, während im entcoffeinierten Kaffee (Abb. 3.8.6) diese Komponente kaum noch zu erfassen ist. Für eine exakte Ermittlung des geringen Restgehaltes an Coffein müssten weitere Trennoptimierungen und statistische Absicherungen durchgeführt werden.

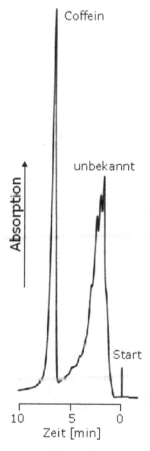

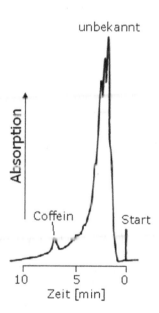

Abb. 3.8.5 Hochland-Kaffee   **Abb. 3.8.6** Entcoffeinierter Kaffee

Die Abbildungen 3.8.7 bis 3.8.10 zeigen die Ergebnisse für verschiedene Cola-produkte. Signifikante Unterschiede in den Coffeingehalten existieren hier nicht.

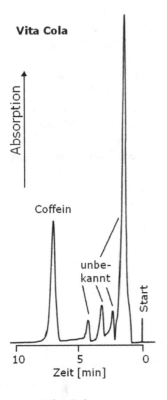

Abb. 3.8.7 Vita Cola

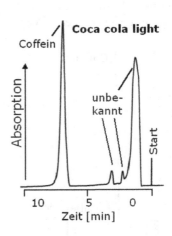

Abb. 3.8.8 Coca cola light

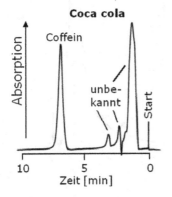

Abb. 3.8.9 Coca cola

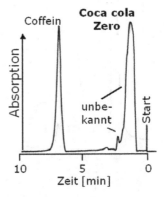

Abb. 3.8.10 Coca cola Zero

3.8.5 Wissenswertes zum Versuch

3.8.5.1 Was sind „Drogen"?

Drogen im engeren Sinne sind alle Substanzen, die durch ihre Wirkung auf das ZNS einen Erregungs-, Rausch- bzw. ähnliche Zustände herbeiführen können.

Dieser Zustand äußert sich z.B. durch gehobene Stimmung, körperliches Wohlgefühl oder Halluzinationen.

Der Begriff „Droge" steht für Sucht- oder Rauschmittel; in der Pharmazie sind „Drogen" Wirkstoffe bzw. physiologisch wirksame Substanzen. Man unterscheidet zwischen „legalen" und „illegalen" Drogen. Diese kann man in vier Gruppen einteilen (Abb. 3.8.11). Zu Cannabis gehören Marihuana bzw. Haschisch. LSD ist ein Hauptvertreter der Halluzinogene und zu den Aufputschmitteln werden Designer-Drogen und das Cocain gezählt, während Heroin/Morphin in die Gruppe der „Betäubenden Stoffe" eingeordnet werden.

Die sogenannten legalen Drogen erstrecken sich von den Genussmitteln (Alkohol, Nikotin, Coffein) bis hin zu den sogenannten Schnüffelstoffen (organische Lösungsmittel). Darunter fallen auch zahlreiche Wirkstoffe, die Bestandteil verschiedener Arzneimittel sind (Abb. 3.8.12).

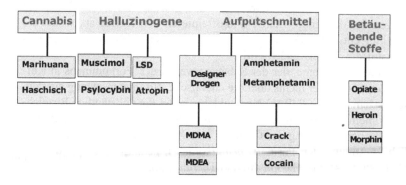

Abb. 3.8.11 Übersicht zu illegalen Drogen

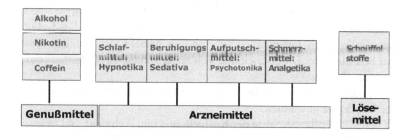

Abb. 3.8.12 Übersicht zu legalen Drogen

3.8.5.2 Coffein

Coffein (auch Koffein, Tein oder Thein) ist ein Alkaloid aus der Stoffgruppe der Xanthine und gehört zu den psychoaktiven Drogen aus der Gruppe der Stimulantien. Coffein ist der anregend wirkende Bestandteil von Genussmitteln wie Kaffee, Tee, Cola, Mate, Guaraná, Energy-Drinks und (in geringeren Mengen) von Kakao.

In reiner Form tritt es als weißes, geruchloses, kristallines Pulver mit bitterem Geschmack auf.

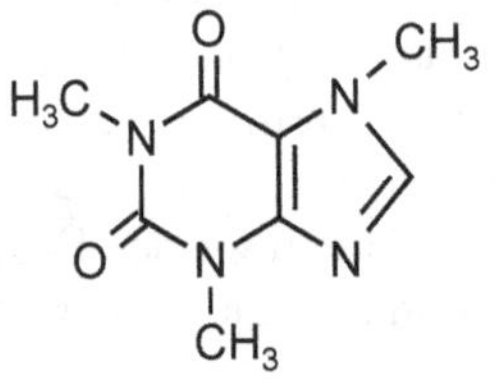

Abb. 3.8.13 Struktur von Coffein

Coffein ist weltweit die am häufigsten konsumierte pharmakologisch aktive Substanz (Wikipedia). Es kann mittels Extraktion aus Teeblättern oder Kaffeebohnen, zum Beispiel mit einem Soxhlet-Aufsatz, gewonnen werden. Es fällt in großen Mengen bei dem industriellen Entkoffeinieren von Kaffee an, wobei als Extraktionsmittel entweder Dichlormethan, Essigsäureethylester oder überkritisches Kohlenstoffdioxid verwendet wird.

Coffein ist ein Trivialname, der der Substanz wegen des Vorkommens in Kaffee gegeben wurde, der aber nichts über die chemische Zusammensetzung aussagt.

Nach der systematischen IUPAC-Nomenklatur lautet die vollständige Bezeichnung 1,3,7-Trimethyl-2,6-purindion, eine Kurzform 1,3,7-Trimethylxanthin – nach der chemischen Ableitung des Coffeins vom Xanthin. Es gehört zur Gruppe der natürlich vorkommenden Purine (*Purinalkaloide*), genauso wie die strukturähnlichen Dimethylxanthine Theophylin und Theobromin.

3.8.5.3 Kaffee

Kaffee ist ein schwarzes, psychotropes, coffeinhaltiges Heißgetränk, das aus gerösteten (weshalb man auch von *Röstkaffee* spricht) und gemahlenen Kaffeebohnen hergestellt wird. Röst- und Mahlgrad variieren je nach Zubereitungsart.

Kaffee enthält das Vitamin Niacin. Die Bezeichnung *Bohnenkaffee* bedeutet nicht, dass der Kaffee noch ungemahlen ist, sondern bezieht sich auf den Ursprungszustand und dient der Unterscheidung von sogenanntem Ersatzkaffee (aus Zichorien, Gerstenmalz, usw.).

Die Kaffeebohnen werden aus Steinfrüchten verschiedener Pflanzenarten aus der Familie der Rubiaceae gewonnen.

Je nach Art der Kaffeepflanze, Sorte der Kaffeebohne und Anbauort gibt es unterschiedliche Qualitätsstufen. Kaffee wird heute in über 50 Ländern weltweit angebaut.

Zur Geschmacksoptimierung werden die Kaffeebohnen geröstet. Allgemein versteht man unter Rösten das trockene Erhitzen der Kaffeebohnen, üblicherweise unter atmosphärischem Druck. Hierbei durchläuft das Röstgut unterschiedliche chemische und physikalische Prozesse, durch die die röstkaffeespezifischen Farb-, Geschmacks- und Aromastoffe gebildet werden.

Bereits bei 60 °C beginnt der Röstvorgang und endet in der Regel bei ca. 200 – 250 °C, je nach Röstverfahren, Röstung und gewünschtem Röstgrad. Der Röstgrad und die Farbe des gerösteten Kaffees sowie die Röstzeit beeinflussen im Wesentlichen die Aromabildung und Entwicklung der Geschmacksstoffe.

Helle Röstungen führen zu einem eher säuerlichen, aber weniger bitteren Geschmack, während dunklere Röstungen leicht süß, aber bitter schmecken.

Eine Tasse mit 125 ml Filterkaffee enthält zirka 80–120 mg Coffein und hat einen pH-Wert von 5, ist also leicht sauer.

Dem Kaffee wird aufgrund seines Coffeingehaltes eine aufmunternde und leicht antidepressive Wirkung zugeschrieben, da das Coffein die Wirkung des schlaffördernden Botenstoffes Adenosin blockiert. Es gibt jedoch auch Wirkungen, die unbekannt sind.

Kaffee hat eine zunächst beruhigende Wirkung. In der Praxis ist bekannt, dass man besser einschläft, wenn man sich in den ersten 15 Minuten nach dem Kaffeetrinken hinlegt, weil das Schlafzentrum im Gehirn besser durchblutet wird. Zögert man jedoch zu lange, verpasst man die beruhigende Wirkung des Kaffees und das Coffein beginnt zu wirken; nun ist es fast unmöglich einzuschlafen. Diese Methode der Beruhigung wird zum Beispiel in Krankenhäusern angewandt.

Bei älteren Menschen bekämpft Kaffee den Abfall der Atemfrequenz beim Einschlafen, was deren Schlafqualität verbessern kann.

Es gibt auch sogenannten entcoffeinierten Kaffee. Der Entcoffeinierungsprozess beginnt bereits mit den noch grünen und ungerösteten Bohnen. Im Allgemeinen lässt man die Bohnen unter Einwirkung von warmen Wasser oder Wasserdampf zuerst quellen. Anschließend wird das in den Bohnen enthaltene Coffein mit einem Lösungsmittel extrahiert. Da in einem Prozessdurchlauf jeweils nur ein Teil des enthaltenen Coffeins entzogen werden kann, muss der Prozess sehr oft wiederholt werden, um auf die maximal 0,1 Prozent Restgehalt zu kommen, die in der EU für coffeinfreien Kaffee vorgeschrieben sind. Kaffee enthält ca. 400 chemische Bestandteile, die wesentlich für den Geschmack und das Aroma des aufgebrühten Getränkes sind.

3.8.5.4 Coca-Cola und Vita-Cola

Coca-Cola, oder kurz Coke, ist das geschützte Warenzeichen für ein coffein- und kohlensäurehaltiges Erfrischungsgetränk und seine koffeinfreien Varianten.

Über den ursprünglichen Cocaingehalt einer Coca-Cola (vor ca. 100 Jahren!) ist viel spekuliert worden. Laut einem Rezept enthielt ein Glas 8,45 mg Cocain, wobei die heutzutage typischerweise geschnupfte Dosis bei 20–30 mg liegt und oral eingenommenes Cocain schwächer wirkt. Ein Glas allein wird also keinen Rausch ausgelöst haben.

Trotzdem streitet die Coca-Cola Company heute offiziell immer noch ab, dass ihr Getränk jemals Cocain enthalten habe.

100 ml Cola enthalten durchschnittlich 10 mg Coffein und in 100 ml Filterkaffee sind etwa 64–96 mg Coffein vorhanden.

Obwohl es sich bei Coffein um eine pharmakologisch aktive Substanz handelt, müssen Getränke, die weniger als 15 mg/100 ml Coffein enthalten, in Deutschland keine Konzentrationsangaben ausweisen.

Ein Rezept inklusive aller Einzelzutaten wird auch Code „7x" genannt. Es besteht inoffiziell aus rund 227 Gramm Alkohol, 20 Tropfen Orangenöl, 30 Tropfen Zitronenöl, zehn Tropfen Muskatnussöl, fünf Tropfen Korianderöl, zehn Tropfen Neroliöl und zehn Tropfen Zimtöl.

Vita Cola ist eine deutsche Cola-Marke, die 1958 waren-zeichenrechtlich geschützt wurde. Die Cola wurde vor der Wende von vielen verschiedenen Getränkebetrieben der DDR abgefüllt und in den Handel gebracht. Seit 1994 ist Vita Cola wieder im Handel und damit auch in den alten Bundesländern erhältlich.

Die Regierung der DDR forderte im zweiten Fünfjahresplan die Verbesserung der Versorgung der Bevölkerung mit alkoholfreien Getränken. Daraufhin beauftragte das Ministerium für Lebensmittelindustrie die *Chemische Fabrik Miltitz* mit der Entwicklung eines Cola-Getränkes, welches der Coca-Cola aus Nordamerika entsprechen sollte.

Als Vater der Vita-Cola-Rezeptur gilt Hans Zinn, Abteilungsleiter Essenzen, der Chemischen Fabrik Miltitz. Er kreierte den noch bis heute unveränderten Geschmack des Getränkes durch die Kombination einer Vielzahl ätherischer Öle wie beispielsweise Zitrusöl, Vanille, Kolanüssen, Coffein und Vitamin C.

Empfehlungen zur Versuchsauswertung (Auswahl)

1) Welche Struktur besitzt Coffein?
2) Nennen Sie wichtige Eigenschaften von Coffein!
3) Was sind Drogen?
4) Differenzieren Sie zwischen „legalen" und „illegalen" Drogen!
5) Nennen Sie Wirkungseffekte von Kaffee.
6) Wie wird coffeinfreier Kaffee hergestellt?
7) Wie werden RP-18-Materialien synthetisiert?
8) Wie erfolgt die Aufnahme und die graphische Darstellung einer Kalibriergeraden und welche Parameter kann man daraus entnehmen?
9) Wie erfolgt die Aufnahme und die graphische Darstellung einer Kalibriergeraden innerhalb der „Standard-Additionsmethode" und welche Parameter kann man daraus entnehmen?
10) Erklären Sie die Arbeitsweise eines Rheodyneventils exakt und fertigen Sie dazu Skizzen an!
11) Was versteht man unter isokratischer Elution; wie funktioniert eine Gradientenelution?

Informationsquellen

1) Gey MH (2008) Instrumentelle Analytik und Bioanalytik, Springer, Berlin
2) Gey MH (2015) Instrumentelle Analytik und Bioanalytik, Springer, Berlin
3) Meyer VR (1990) Praxis der Hochleistungsflüssigchromatographie, Otto Salle, Frankfurt
4) Schwedt G (1995) Analytische Chemie: Grundlagen, Methoden und Praxis, Georg Thieme, Stuttgart
5) Otto M (2006) Analytische Chemie, VCH, Weinheim
6) Cammann K (2001) Instrumentelle Analytische Chemie, Spektrum Akad Verlag, Heidelberg
7) Harris DC (1997) Quantitative Analytische Chemie, Friedr Vieweg & Sohn, Braunschweig, Wiesbaden

Metabolisierung von Benzo(a)pyren

(vereinfacht!)

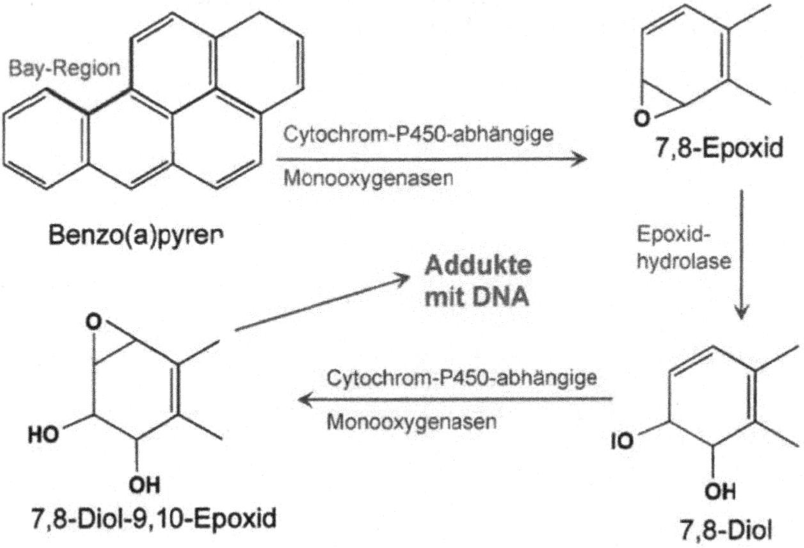

Bay-Region

Benzo(a)pyren

Cytochrom-P450-abhängige
Monooxygenasen

7,8-Epoxid

O

Epoxid-
hydrolase

Addukte
mit DNA

Cytochrom-P450-abhängige
Monooxygenasen

HO

OH
7,8-Diol-9,10-Epoxid

IO

OH
7,8-Diol

3 Instrumentelle & Bioanalytik: Versuch 9

3.9 Bestimmung von PAKs mittels HPLC und Fluoreszenzdetektion

3.9.1 Einführung und Zielstellung

Polycyclische Aromatische Kohlenwasserstoffen (PAKs) sind umweltrelevante toxische Substanzen, die teilweise auch cancerogen sind. Die Leitsubstanz dafür ist das Benzo(a)pyren.

Für die Analyse der PAKs in wässrigen Medien gilt die Reversed-Phase-HPLC mit Fluoreszenz- und UV/VIS-Detektion als etablierte analytische Methode. Basis der qualitativen und quantitativen Analyse sind die 16 EPA-Standardaromaten.

Ziel des Versuches ist, die EPA-Aromaten einer Probelösung chromatographisch zu trennen und zu identifizieren. Dabei sollen beide Detektionen eingesetzt und verglichen werden. Weiterhin sind isokratische Elutionen an RP-Phasen mit Methanol oder ACN und Gradientenelutionen mit ACN/Wasser-Gemischen in die Versuchsplanung zu integrieren bzw. auszuwerten.

3.9.2 Materialien und Methoden

3.9.2.1 Chemikalien, Lösungsmittel, Zubehör

- Ethanol, Methanol, Acetonitril für die HPLC
- Entionisiertes Wasser
- Entgasung der Lösungsmittel mit Helium
- PAK Standard
- Aromaten als Vergleichssubstanzen
- HPLC-Dosierspritze (100 µl)
- Maßkölbchen (V: 10 ml und 50 ml)
- Bechergläser (V: 20 und 50 ml)
- Spritzen zur Verdünnung (100 µl und 500 µl)
- Ultraschallbad

3.9.2.2 Equipment für den Versuch

Für die Analysen können auch einfach aufgebaute/zusammengestellte Flüssigchromatographen eingesetzt werden, die in der Hauptsache aus einem Eluenten, einer Hochdruckpumpe zur Gradientenelution, einem Injektor bzw. automatischen Probengeber, RP-Säulen zur PAK-Analytik, Fluoreszenzdetektor oder/und UV/VIS-Detektor bzw. DAD (diode array detector) bestehen.

Die hier verwendeten Messplätze bestanden aus folgenden Elementen:

HPLC-Apparatur 1:

- Knauer-Anlage (isokratisch):
  - o Pumpe: LDC Milton Roy
  - o Injektor: Rheodyneventil (7125) mit 20-µl-Probeschleife
  - o Säule: PAK-Säule-1
  - o Dimension: 250 x 4 mm i.D.
  - o Detektor: Fluoreszenzdetektor
  - o Schreiber: Linienschreiber: Speed: 30 cm/h; U: 5 mV
- Eluent: ACN/Wasser
- Flussrate: 1 ml/min

HPLC-Apparatur 2:

- Perkin Elmer Anlage
  - o Pumpe: Gradientenpumpe
  - o Injektor: Rheodyneventil (7010) mit 20-µl-Probeschleife
  - o Säule: PAK-Säule-2
  - o Dimension: 250 x 4 mm i.D.
  - o Detektor: Fluoreszenzdetektor
  - o Schreiber: Linienschreiber: Speed: 30 cm/h; U: 5 mV
- Eluent: ACN/Wasser
- Flussrate: 1 ml/min

HPLC-Apparatur 3:

- Merck-Hitachi-Anlage mit Interface D-7000
  - o Pumpe: L-7200
  - o Injektor: Autosampler
  - o Säule: PAK-Säule-2
  - o Dimension: 250 x 4 mm i.D.
  - o Detektor: DAD
  - o Software zur Gerätesteuerung und Auswertung
- Eluent: ACN/Wasser
- Flussrate: 1 ml/min
- Gradientenelution

3.9.3 Versuchsergebnisse (Auswahl)

Für die Auftrennung aller 16 (15) polycylischen aromatischen Kohlenwasserstoffe nach EPA sind Gradientenelutionen an Reversed-Phase-Materialien erforderlich. Bei der relativ unempfindlichen UV-Detektion werden alle 16 Komponenten erfasst. Die Fluoreszenz ist sensitiver, registriert aber das Acenaphtylen aufgrund seiner fehlenden Fluoreszenz nicht.

Das nachfolgende Chromatogramm (Abb. 3.9.1) zeigt, dass die genannten Aromaten mit relativ guter Auflösung bereits unter wenig optimierten Bedingungen aufgetrennt werden können. Während ein gut optimierter Gradientenverlauf und eine HPLC-Säule hoher Selektivität („zur PKA-Analytik") und Trennleistung die Auflösung der PAKs mit Basislinientrennung ermöglicht, kann die Sensitivität für jeden Aromaten durch Wahl und Einstellung seiner optimalen Extinktions- und Emissionswellenlänge erhöht werden. Das führt zu höheren Empfindlichkeiten bzw. niedrigeren Nachweisgrenzen.

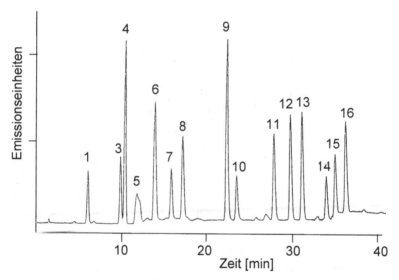

Abb. 3.9.1 Chromatogramm einer RP-HPLC mit Fluoreszenzdetektion von 15 Polycyclischen Aromatischen Kohlenwasserstoffen

HPLC-Apparatur 1: s. 3.9.2.2

1: Naphthalin, 3: Acenaphthen, 4: Fluoren, 5. Phenanthren, 6: Anthracen, 7: Fluoranthen, 8: Pyren, 9: Benz(a)anthracen, 10: Chrysen, 11: Benzo(b)fluoranthen, 12: Benzo(k)fluoranthen, 13: Benzo(a)pyren, 14: Dibenz(a,h)antracen, 15 Benzo(g,h,i)pery-len, 16 Indenol-(1,2,3 -cd)pyren.

In Abbildung 2.9.2 ist eine Gradientenelution von 15 PAKs mit Fluoreszenzdetektion mit Anwendung optimaler Extinktions- und Emmissionswellenlängen
dargestellt.

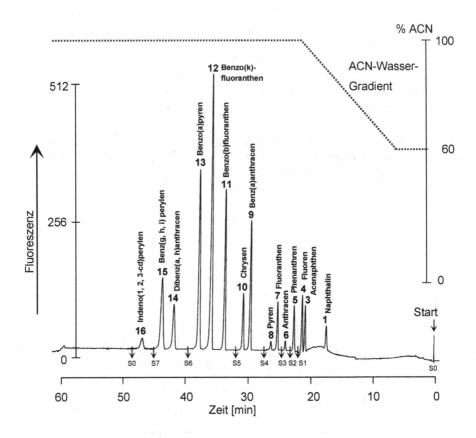

Abb. 3.9.2 Chromatogramm einer optimierten RP-HPLC mit
Fluoreszenzdetektion von 15 PAKs,

HPLC-Apparatur 2: s. 3.9.2.2

Wellenlängenschaltungen während der Chromatogrammaufnahme:

Position:	Extinktionswellenlänge	Emissionswellenlänge
S0:	275 nm	350 nm
S1:	246 nm	370 nm
S2:	250 nm	406 nm
S3:	270 nm	440 nm
S4:	260 nm	420 nm
S5:	290 nm	430 nm
S6:	290 nm	410 nm
S7:	301 nm	499 nm

Bei Registrierung der Elutionskurve mit einem UV/VIS-Detektor bzw. DAD können alles 16 PAKs erfasst werden (Abb. 3.9.3). Das Chromatogramm zeigt auch einen leichten Anstieg der Basislinie, was auf die sich verändernde Zusammensetzung des Gradienten zurückzuführen ist.

Für die Spurenanalytik z.B. im Umweltbereich sind diese Detektoren jedoch i.d.R. zu unempfindlich. Mit der DAD-Technik ist es aber auch möglich, UV/VIS-Spektren im Millisekundenbereich direkt während der chromatographischen Analyse (online) aufzunehmen. Durch Vergleich dieser Spektren mit einer Spektrenbibliothek (bzw. mit einem Spektrenatlas) können die PAKs zusätzlich identifiziert werden. Auch die Reinheit eines PAK-Peaks kann mit dieser Technik überprüft werden, was vor allem im Hinblick auf Coelutionen wichtig ist.

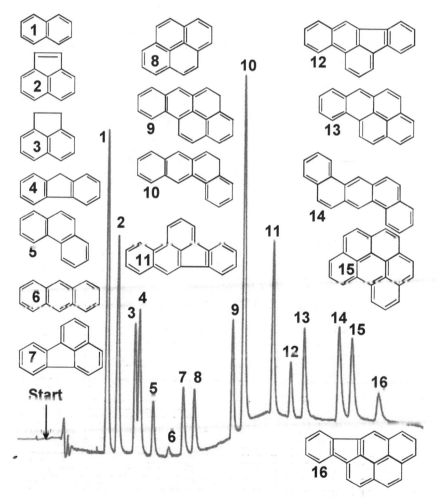

Abb. 3.9.3 Chromatogramm der RP-HPLC mit UV/VIS-Detektion von 16 PAKs
HPLC-Apparatur 3: s. 3.9.2.2

3.9.5 Wissenswertes zum Versuch

3.9.5.1 Theoretische Grundlagen

Polycyclische aromatische Kohlenwasserstoffe (polycyclic aromatic hydrocarbons, PAHs) werden in der Umweltanalytik vor allem in den Kompartimenten Wasser, Boden und Luft analysiert. Grundlage ist die Analyse von 16 PAK´s nach EPA (Environmental Protection Agency).

3.9.5.2 Vorkommen, Entstehung und Struktur von PAK´s

PAK´s werden hauptsächlich bei unvollständigen Verbrennungsvorgängen von Holz oder fossilen Rohstoffen (z.B. Erdöldestillatfraktionen, Kohle) gebildet.

Vermutlich entstehen während der Pyrolyse freie Kohlenstoff-, Wasserstoff- und Kohlenwasserstoffradikale, die über "naszierendes Acetylen" zu polycyclischen aromatischen Kohlenwasserstoffen polymerisieren.

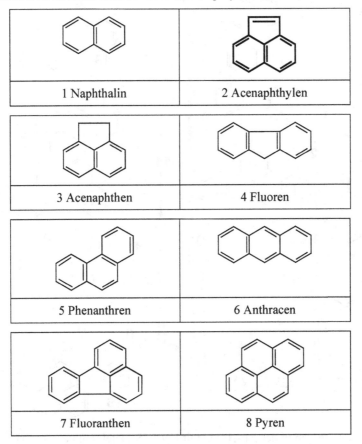

1 Naphthalin	2 Acenaphthylen
3 Acenaphthen	4 Fluoren
5 Phenanthren	6 Anthracen
7 Fluoranthen	8 Pyren

Abb. 3.9.4 Polycyclische Aromatische Kohlenwasserstoffe

PAKs sind Bestandteile von Abgasen aus Motoren (Benzin, Diesel, Kerosin) und von verschiedenen Mineralölen sowie von Teer, Asphalt und Bitumen.

Auch in der Lebensmittelanalytik spielen PAKs eine dominierende Rolle. Insbesondere im geräucherten bzw. gegrillten Fleisch können sie in erheblichen Konzentrationen auftreten.

Besonders problematisch ist das Inhalieren von Tabakrauch (Zigaretten). Im Rauch von nur einer Zigarette können 10 bis 100 ng Benzo(a)pyren (BaP), welches Lungenkarzinome verursacht, enthalten sein.

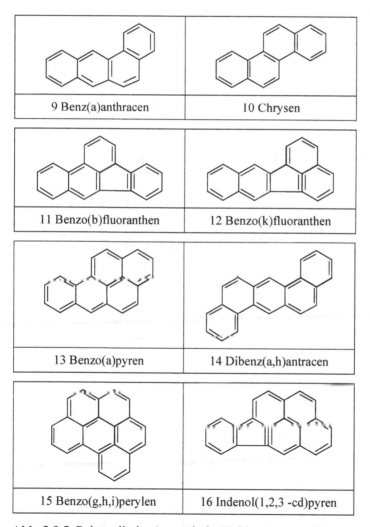

9 Benz(a)anthracen	10 Chrysen
11 Benzo(b)fluoranthen	12 Benzo(k)fluoranthen
13 Benzo(a)pyren	14 Dibenz(a,h)antracen
15 Benzo(g,h,i)perylen	16 Indenol(1,2,3 -cd)pyren

Abb. 3.9.5 Polycyclische Aromatische Kohlenwasserstoffe

Demgegenüber werden in Reinluftgebieten ca. 4 ng/m³ BaP, in Ballungsgebieten bis zu 10-fach höhere Werte und an Arbeitsplätzen von Kokereiarbeitern bis 30 μg/m³ Luft gemessen.

Nach einer WHO-Leitlinie beträgt der Grenzwert für Benzo(a)pyren im Trinkwasser 10 ng/l und für Lebensmittel (Fleischverordnung) ist eine obere Grenze von 1 μg BaP/kg (dies entspricht 1 ppb) festgelegt.

Weiterhin entstehen PAKs bei der Pyrolyse von Aminosäuren, Fettsäuren, Kohlenhydraten, Wachsen und bestimmten Lösungsmitteln.

All diese Vorgänge werden vom Menschen verursacht (sind sogenannte anthropogene Vorgänge).

Aber auch in der Natur bzw. durch "natürliche Vorgänge" (Steppenbrände, Blitzschläge, Vulkanaktivitäten) entstehen ständig die aromatischen Kohlenwasserstoffe. Auch sind die PAKs durch Biosynthese in Pflanzen oder Mikroorganismen als biogene Kohlenwasserstoffe anzutreffen.

3.9.5.3 Eigenschaften und Toxizität von PAKs

Die ersten kanzerogenen Wirkungen von polycyclischen aromatischen Kohlenwasserstoffen wurden bereits im 18. Jahrhundert entdeckt. Von 1775 sind Beobachtungen überliefert, die eine ungewöhnlich hohe Inzidenz des Scrotumkrebses (Hodenkrebs) bei Londoner Schornsteinfegern anzeigen. Auch eine Schilderung (1892) über Hautkrebs und Krebs der inneren Organe bei Schornsteinfegern und bei Arbeitern in der teer- und pechverarbeitenden Industrie untermauert die kanzerogene Wirkung dieser Aromaten. Dies geht auch aus einem „brutalen" Tierversuch (1915) hervor, bei dem Karzinome durch Bestreichen von Kaninchenohren mit verdünntem Teer induziert wurden.

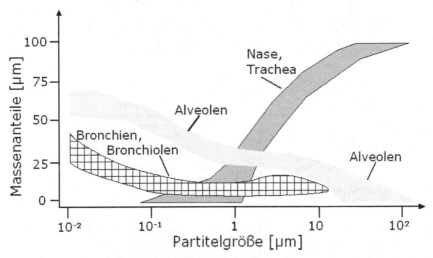

Abb. 3.9.6 Abscheidung von Stäuben (plus PAKs) im menschlichen Atemtrakt in Abhängigkeit vom Teilchendurchmesser

Der deutsche Arzt Klar erbrachte einen weiteren „heroischen" Beweis, indem er aufgelöstes Benzo(a)pyren auf seinen Arm auftrug und eine bösartige Geschwulst (malignes Epitheliom) induzierte.

Heute ist bekannt, das eine ganze Reihe von PAKs [Benz(a)anthracen, Chrysen, Benzo(b)fluoranthen, Benzo(k)fluoranthen, Benzo(a)pyren, Dibenz(a,h)antracen, Benzo(g,h,i)perylen, Indenol(1,2,3-cd)pyren] cancerogen sind.

Die Aufnahme der PAKs über die Atemluft erfolgt vorwiegend gebunden an Staub und andere Partikel. In Abbildung 3.9.6 ist dargestellt, welche Partikelgrößen in die einzelnen „Kompartimente" wie Nase-Rachen-Raum, Kehlkopf, Trachea (Luftröhre), Alveolen (Lungenbläschen), Bronchien, Bronchiolen beim Menschen gelangen können.

Erfolgt kein Ausatmen, so können die PAKs im Körper (Darm, Leber, Lunge) deponiert (vor allem Fettgewebe ist für eine Akkumulation gut geeignet) und schließlich metabolisiert werden. Die Metabolisierung der PAKs erfolgt über sogenannte Cytochrom-P-450-abhängige Enzyme. Die Reaktionen laufen über aktivierte Epoxide zu den Diol-Epoxid-Strukturen, die an die DNA binden können und erst dadurch tumorinitiierend wirken.

3.9.6 Empfehlungen zur Versuchsauswertung (Auswahl)

1) Benennen Sie Eigenschaften von polycyclischen aromatischen Kohlenwasserstoffen; gehen Sie auf ihre Entstehung sowie auf Grenzwerte und die Toxikologie der PAKs ein!
2) Wofür steht EPA?
3) Welcher Aromat des EPA-Standards kann bei der Fluoreszenzdetektion nicht nachgewiesen werden?
4) Wie erfolgt die Gradientenelution der PAKs an RP-Phasen exakt?
5) Weshalb kann bei der RP-HPLC mit Gradientenelution und UV/VIS-Detektion die Basislinie ansteigen?
6) Warum werden Extinktions- und Emissionswellenlängen für die einzelnen PAKs variiert?
7) Weshalb ist die Emmissionswellenlänge langwelliger als die Extinktionswellenlänge?
8) Wofür steht DAD?
9) Welche Zusatzinformationen können bei der Registrierung der Elutionskurve mit einem DAD gewonnen werden?
10) Reaktivieren Sie Ihre Kenntnisse zur Theorie Chromatographie, der RP-Chromatographie sowie der UV/VIS- und Fluoreszenzdetektion!
11) Erklären Sie Absorption, Emission und Fluoreszenz!
12) Was versteht man unter „Adsorption"?

3.9.7 Informationsquellen

1) Gey MH (2015) Instrumentelle Analytik und Bioanalytik, Springer, Berlin
2) Meyer VR (1990) Praxis der Hochleistungsflüssigchromatographie, Otto Salle, Frankfurt
3) Schwedt G (1995) Analytische Chemie: Grundlagen, Methoden und Praxis, Georg Thieme, Stuttgart
4) Otto M (2006) Analytische Chemie, VCH, Weinheim
5) Cammann K (2001) Instrumentelle Analytische Chemie, Spektrum Akad Verlag, Heidelberg
6) Harris DC (1997) Quantitative Analytische Chemie, Friedr Vieweg & Sohn, Braunschweig, Wiesbaden

3 Instrumentelle & Bioanalytik: Versuch 10

3.10 Bestimmung von PAKs mittels Kapillargas-chromatographie und FID

3.10.1 Einführung und Zielstellung

Die Analyse von PAKs mithilfe der Kapillargaschromatographie (CGC) stellt eine gewisse Alternative zur HPLC-Bestimmung dar. In den Ausbildungslaboratorien, wo die GC als Methode stärker etabliert ist und gute experimentelle Erfahrungen vorhanden sind, sollte diese Trenntechnik gegenüber der Flüssigchromatographie bevorzugt eingesetzt werden. Ideal ist natürlich, wenn beide Techniken in der PAK-Analytik angewandt werden können. Somit können Leistungsfähigkeit, Vor- und Nachteile der Methoden sehr gut verglichen und beurteilt werden. Die Anwendung von zwei unabhängigen Methoden ist oft zur Erzielung richtiger Ergebnisse eine Voraussetzung.

Ziel des Versuches ist, anhand von aromatischen Referenzsubstanzen bzw. -gemischen (PAKs) kapillargaschromatographische Trennungen an unpolaren stationären Phasen durchzuführen und mittels Flammenionisationsdetektor (FID) die Substanzen zu registrieren. Da hier kein massenspektrometrischer Detektor vorhanden ist, muss die Identifizierung der Peaks sehr sorgfältig vorgenommen werden. Hilfreich sind dafür Einzelsubstanzen zur Ermittlung von Retentionsdaten.

3.10.2 Materialien und Methoden

3.10.2.1 Materialien und Zubehör

- Verschiedene PAK-Standardmischungen
- PAKs: Naphthalin, Phenanthren, Anthracen, Pyren, Chrysen
- Lösungsmittel, Hexan, Ethanol
- Ultraschallbad
- GC-Caps, Verschlusszange
- GC-Dosierspritzen
- Helium, Luft, Wasserstoff
- Agilent-Kapillargaschromatograph

3.10.2.2 Aufbau eines Gaschromatographen

Die chromatographische Trennung beruht im Allgemeinen auf Wechselwirkungen von Analyten mit einer stationären und mobilen Phase. Im Falle der Gaschromatographie (GC) ist die mobile Phase ein Gas, die jedoch keine signifikanten Wechselwirkungen mit den Analyten ermöglicht. Die Trennungen in der GC beruhen allein auf den Interaktionen zwischen Analyt und der stationären Phase. Die mobile Phase dient lediglich dem Transport der Analyte durch die Säule/Kapillare und wird als Trägergas bezeichnet (Abb. 3.10.1).

Diese Darstellung enthält den prinzipiellen Aufbau eines Gaschromatographen; für unsere analytischen Untersuchungen wurde ein Kapillar-GC der Firma Agilent eingesetzt. Über einen Injektor (1) wird die Probe – bestehend aus Analyt(en) und Matrix – mithilfe einer Dosierspritze appliziert. Es kommen verschiedene Injektionsvarianten zum Einsatz. Hier erfolgte eine splitlose Injektion. Die Probe wird verdampft, wobei die Analyte leicht flüchtig sein sollen und sich bei diesem Vorgang nicht zersetzen dürfen.

Die Trennsäule – i.d.R. eine Fused-Silica-Kapillare (3) – wird temperiert (4), damit die verdampften Analyte nicht wieder kondensieren. Nach entsprechenden Wechselwirkungen der Analyte mit der stationären Phase erfolgt ihre Registrierung in einem FID (5, Flammenionisationsdetektor). Die Flamme wird mit einem Gemisch aus Wasserstoff und Luft erzeugt.

Eine detaillierte Beschreibung der Funktion eines FID sowie weitere wichtige Grundlagen zur Gaschromatographie sind im Fachbuch „Instrumentelle Analytik und Bioanalytik" (Springer, 2015) dargestellt.

Innerhalb unserer Praktikumsversuche wurde Helium als Trägergas eingesetzt. Da polycyclische aromatische Kohlenwasserstoffe unpolar bzw. hydrophob sind, erfolgte die Auswahl einer Quarzglaskapillare (Länge: 25 m, 250 μm o.D.), die mit einer entsprechend unpolaren stationären Phase (5% Phenylmethylsiloxan) modifiziert war.

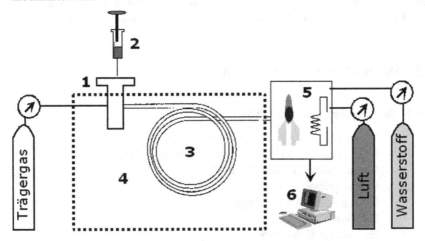

Abb. 3.10.1 Aufbau eines Kapillargaschromatographen mit FID

3.10.2.3 Kalibrierung der PAKs

Für die Kalibrierung erfolgte die Auswahl von 5 Standards polycyclischer aromatischer Kohlenwasserstoffe (Naphthalin, Phenanthren, Anthracen, Pyren, Chrysen). Für jeden Aromaten wurde eine Stammlösung der Konzentration 1 g/Liter hergestellt. Durch entsprechende Verdünnung erfolgte die Präparation von je 7 Konzentrationen im Bereich von 1 … 100 mg/Liter.

Die Ergebnisse sind in den Abbildungen 3.10.2 bis 3.10.6 dargestellt. Die ermittelten Peakflächen wurden gegenüber den Standardkonzentrationen aufgetragen. Die Response zwischen den einzelnen Aromaten ist unterschiedlich und die resultierenden Linearitäten sind als sehr gut zu bezeichnen.

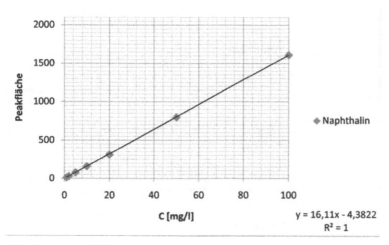

Abb. 3.10.2 Kalibrierung von Naphthalin

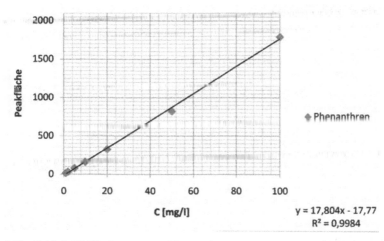

Abb. 3.10.3 Kalibrierung von Phenanthren

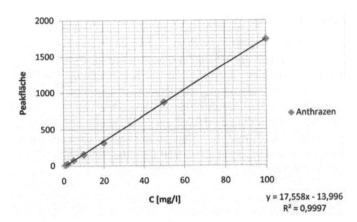

Abb. 3.10.4 Kalibrierung von Anthracen

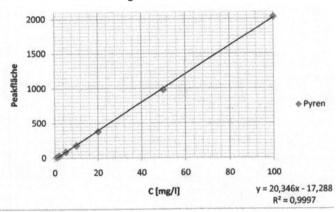

Abb. 3.10.5 Kalibrierung von Pyren

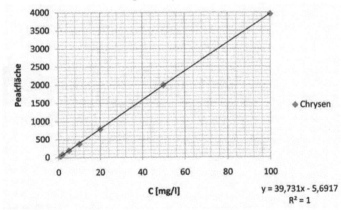

Abb. 3.10.6 Kalibrierung von Chrysen

3.10.3 Versuchsergebnisse (Auswahl)

Die hier dargestellten Chromatogramme resultieren aus lediglich einer Belegarbeit und sollen für eine erste experimentelle Orientierung dienen. Wichtig ist auch der Vergleich zur PAK-Analytik mittels Hochleistungsflüssigchromatographie (HPLC) und Fluoreszenzdetektion (vgl. Kapitel 3.9).

Das folgende Chromatogramm zeigt die Trennung der 5 polycyclischen aromatischen Kohlenwasserstoffe. Im Vergleich zur HPLC sind die Peakprofile sehr spitz, was auf eine hohe theoretische Bodenzahl schließen lässt. Während Naphthalin (t_R = 3,52 min), Pyren (t_R = 10,03 min) und Chrysen (t_R = 12,07 min) als Einzelkomponenten weit aufgetrennt erscheinen, sind die in ihrer Struktur sehr ähnlichen Phenanthren und Anthracen nicht durch Basislinientrennung separiert.

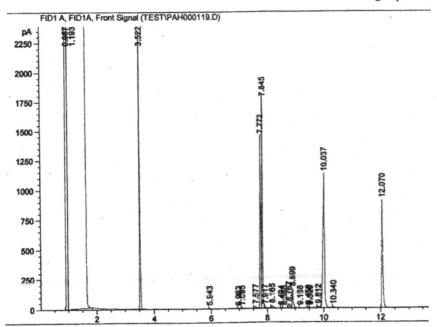

Abb. 3.10.7 GC-Chromatogramm von 5 PAKs (Retentionszeiten: siehe Text)

PAKs:	Naphthalin, Phenanthren, Anthracen, Pyren, Chrysen
Trennsäule:	Quarzglas
Anfangstemperatur:	60 °C
Druck:	0,38 bar
Heizrate:	15 °C/min
Endtemperatur:	250 °C
Trägergas:	Helium
Detektor:	Flammenionisationsdetektor, FID
Dosiervolumen:	1 µl
Dosiervariante:	Splitlos

Die folgende kapillargaschromatographische Analyse zeigt eine Realprobe eines Sedimentes, das stark mit Mineralölen kontaminiert ist.

Hier stand die Identifizierung einzelner PAKs im Fokus, was mittels FID-Detektion nicht immer eindeutig sein wird. Trotzdem konnten anhand entsprechender Referenzsubstanzen bzw. kommerzieller PAK-Standardmischungen 12 aromatische Kohlenwasserstoffe nachgewiesen werden (vgl. Abb. 10.3.8).

Charakteristisch ist auch hier die nur geringe Auflösung zwischen Phenanthren (Peak 2) und Anthracen (Peak 3). Weiterhin ist ersichtlich, dass die Basislinie am Ende des Temperaturprogramms ansteigt.

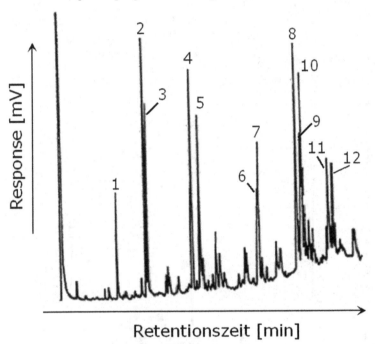

Abb. 3.10.8 GC-Chromatogramm von 12 PAKs im „Mineralölsediment"

1:	Fluoren
2:	Phenanthren
3:	Anthracen
4:	Fluoranthen
5:	Pyren
6:	Chrysen
7:	Benz(a)anthracen
8:	Benz (b/k)fluoranthen
9:	Benzo(e)pyren
10:	Benzo(a)pyren
11:	Indeno(1,2,3-c,d)pyren
12:	Benzo(g,h,i)perylen

3.10.4 Wissenswertes zum Versuch

Die Eigenschaften und Toxizitäten von PAKs wurden bereits im Kapitel 3.9 aufgeführt und kritisch diskutiert. Dabei galt das Benzo(a)pyren als eine Art Leitsubstanz für die cancerogen wirkenden polycyclischen aromatischen Kohlenwasserstoffe (PAKs). Neue Untersuchungen innerhalb der PAK-Analytik von und in Lebensmitteln haben gezeigt, dass speziell für diese Matrices auch andere bzw. weitere aromatischen Kohlenwasserstoff-Species für Toxizitätsbeurteilungen herangezogen werden müssen.

Eine prädestinierte Methode dafür ist die Kopplung Kapillar-Gaschromatographie-Massenspektrometrie (GC/MS). Neben den Entwicklungen zu den hochauflösenden Massenspektrometern (vgl. auch die weiterführende Literatur im Fachbuch „Instrumentelle Analytik und Bioanalytik", Springer, 2015), soll in diesem Kapitel zu hochauflösenden Fused-Silica-Kapillaren ein kurzer geschichtlicher Abriss eingefügt werden, der dann auch zum besseren Verständnis des sich anschließenden Kapitels PAKs in Lebensmitteln dienen soll.

3.10.4.1 Von der gepackten GC-Säule bis zur Fused-Silica-Kapillare

Die klassische Gaschromatographie mit gepackten Säulen geht auf zahlreiche Entwicklungen unterschiedlicher Wissenschaftler zurück. Mitte der 1940-Jahre wurden theoretische und instrumentelle Grundlagen von Erika Cremer gelegt. Archer Martin und Richard Synge hatten bereits 1940 die Verteilungschromatographie entwickelt und erhielten dafür 1952 den Nobelpreis für Chemie. 1951 konnte von Martin und James der erste Gaschromatograph vorgestellt werden.

Die gepackten Säulen wurden aus Metall (Edelstahl, Nickel, s. Abb. 3.10.9) oder aus Glas (Abb. 3.10.10) hergestellt.

Abb. 3.10.9 Gepackte GC-Säule aus Metall

Abb. 3.10.10 Gepackte GC-Säule aus Glas

Die Säulenlängen betrugen wenige Meter und die Innendurchmesser variierten zwischen ca. 2 und 10 mm. Als stationäre Phasen kamen Kieselgele (Kieselgur) oder auch Glaskugeln mit Partikelgrößen im Bereich von 0,1 bis 0,5 mm zum Einsatz. Kieselgur ist eine weißliche, pulverförmige Substanz, die vor allem aus den Siliciumdioxidschalen von speziell aufgearbeiteten Skelettablagerungen von Kieselalgen fossilen Ursprungs besteht.

Dünne Kapillaren für die Gaschromatographie wurden zuerst (ca. 1960) aus einfachem Weichglas oder Borsilikatglas (Duran) gefertigt. Das Material war preiswert, aber auch sehr zerbrechlich und nur wenig inert.

Der Einsatz von hochreinem Quarzglas 1979 brachte den Durchbruch. Das synthetische Siliziumdioxid wurde mit einem Polyimid ummantelt, wodurch die Zerbrechlichkeit kaum noch vorhanden war. Die sogenannte Fused Silica Kapillare (FS-Kapillare, Abb. 3.10.11) zeichnet sich durch hohe Inertheit und Flexibilität aus, sodass diese Trennsäulen jetzt unkompliziert und sicher in eine GC-Apparatur eingebaut (Abb. 3.10.12) werden können. Die bis zu 100 Meter und mehr langen FS-Kapillaren sind auf eine Art Säulenkäfig (Rollendurchmesser um 20 cm) gewickelt und „verbinden" den Injektor mit dem Detektor (FID).

Die Kapillaren sind sehr dünnwandig (ca. 0,05 mm Wandstärke) und weisen innere Durchmesser um 25, 50 oder 100 μm auf. Man unterscheidet zwischen GSC (**g**as **s**olid **c**hromatography) und GLC (**g**as **l**iquid **c**hromatography).

Abb. 3.10.11 FS-Kapillare
100 m x 50μm

Abb. 3.10.12 FS-Kapillare im
Säulenofen

Meist ist die Innenwand der Kapillaren mit einer flüssigen stationären Phase chemisch modifiziert (Abb. 3.10.13 **A**). Diese werden als Filmkapillarsäulen (WCOT-Kapillare: *wall coated open tubular column*) bezeichnet und in der GLC eingesetzt. Aber auch feste stationäre Phasen (GSC, Abb. 3.10.13 **B**) oder Partikel, die mit stationärer Flüssigphase beschichtet sind (GLC, Abb. 3.10 C). Man bezeichnet sie als Schichtkapillarsäulen (PLOT-Säulen: *porous layer open tubular column*, **B** *oder* SCOTT-Säulen: *support coated open tubular column,* **C**).

Weiterführende Informationen im Fachbuch IA&BBA.

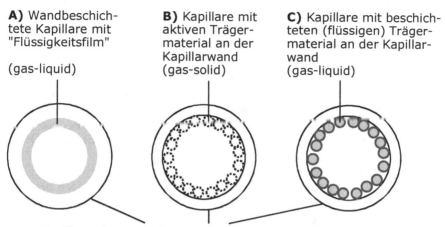

A) Wandbeschichtete Kapillare mit "Flüssigkeitsfilm"

(gas-liquid)

B) Kapillare mit aktiven Trägermaterial an der Kapillarwand
(gas-solid)

C) Kapillare mit beschichteten (flüssigen) Trägermaterial an der Kapillarwand
(gas-liquid)

Kapillaraußenwand (Fused-Silica mit Polyimid ummandelt)

Abb. 3.10.13 Unterschiedlich beschichtete Kapillaren in der GC

3.10.4.2 PAKs in Lebensmitteln mittels GC/MS

Für die Analyse von PAKs mittels RP-HPLC und Fluoreszenzdetektion (ggf. mit DAD bzw. UV/VIS-Detektion) in umweltrelevanten Matrices ist der EPA-Standard mit seinen 16 Komponenten repräsentativ und anzuwenden, wie im Versuch 3.9 ausführlich dargestellt.

Nach neueren Erkenntnissen sind diese 16 EPA-PAKs allein für die Charakterisierung und schadstoffrelevante Bewertung von Lebensmitteln/Nahrungsmittel nicht mehr ausreichend.

In der Verordnungen der Europäischen Union (208/2005, 1881/2006) sind Grenzwerte für die Leitsubstanz der cancerogenen PAKs Benzo[a]pyren in Lebensmitteln (1 µg/kg) und für Muscheln (10 µg/kg) festgelegt. Im Jahre 2008 wurde dann von der EFSA (European Food Safety Authority) festgestellt, dass das Benzo[a]pyren in verschiedenen Lebensmitteln nicht nachgewiesen werden konnte, obwohl andere cancerogene PAKs darin enthalten waren.

Somit wurde die Liste der repräsentativen cancerogenen PAKs neu überarbeitet und den aktuellen Versuchsergebnissen angepasst.

Das Benzo[c]fluoren stellt ebenfalls eine Art Leitsubstanz für die Gruppe der cancerogenen PAKs dar und wurde von den etablierten Organisationen EFSA und JECFA (Joint FAO/WHO Expert Committee on Food Additives) in die Untersuchungslisten aufgenommen.

Für eine sichere und repräsentative Quantifizierung der cancerogenen PAKs in komplexen Matrices wie Lebensmittelproben ist nun eine Kapillargaschromatographie mit FID als Detektor nicht mehr ausreichend.

Leistungsfähige Kombinationen der CGC mit der Massenspektrometrie (CGC/MS) sind dafür geeigneter und bieten ein deutlich höheres Identifizierungspotenzial für die verschiedenen PAKs.

3.10.5 Empfehlungen zur Versuchsauswertung (Auswahl)

1) Benennen Sie Eigenschaften von polycyclischen aromatischen Kohlenwasserstoffen; gehen Sie auf ihre Entstehung sowie auf Grenzwerte und die Toxikologie der PAKs ein!
2) Erklären Sie die Funktionsweise eines CGC-FID!
3) Was sind Fused-Silica-Kapillaren? Wie sind sie aufgebaut und welche Dimensionen besitzen sie?
4) Wie funktioniert eine GC-MS-Kopplung?
5) Zeichnen Sie die Strukturen von Benzo[a]pyren und Benzo[c]fluoren.
6) Wie funktioniert eine temperaturprogrammierte GC?
7) Welche Unterschiede und Gemeinsamkeiten erkennen Sie bei der Analyse von PAKs zwischen RP-HPLC-Fluoreszenz bzw. RP-HPLC-UV/VIS und der CGC-FID?
8) Wie schätzen Sie die Trennleistung von RP-HPLC und CGC ein?
9) Welcher cancerogene Aromat ist für umweltrelevante Matrices repräsentativ, welcher Aromat wird für die toxikologische Begutachtung von Lebensmitteln hinzugezogen?

3.10.6 Informationsquellen

1) Gey MH (2008) Instrumentelle Analytik und Bioanalytik, Springer, Berlin
2) Gey MH (2015) Instrumentelle Analytik und Bioanalytik, Springer, Berlin
3) Meyer VR (1990) Praxis der Hochleistungsflüssigchromatographie, Otto Salle, Frankfurt
4) Schwedt G (1995) Analytische Chemie: Grundlagen, Methoden und Praxis, Georg Thieme, Stuttgart
5) Otto M (2006) Analytische Chemie, VCH, Weinheim
6) Cammann K (2001) Instrumentelle Analytische Chemie, Spektrum Akad Verlag, Heidelberg
7) Harris DC (1997) Quantitative Analytische Chemie, Friedr Vieweg & Sohn, Braunschweig, Wiesbaden

3 Instrumentelle & Bioanalytik: Versuch 11

3.11 Dünnschichtchromatographie (TLC) von Azofarbstoffen

3.11.1 Einführung und Zielstellung

Die Dünnschichtchromatographie (DC) hat aufgrund der rasanten Entwicklung der Hochleistungsflüssigchromatographie (HPLC, siehe Versuch 6) in den vergangenen Jahrzehnten an Bedeutung verloren. Die Vorteile der HPLC liegen u.a. in ihrem hohem Automatisierungsgrad, einer robusten und reproduzierbaren Gradientenelution und der Online-Kopplung mit anderen analytischen Techniken wie der SPE oder Massenspektrometrie (MS).

Die Vorzüge der DC bzw. der modernen HPTLC (*high-performance thin layer chromatography*) liegen in der simultanen Trennung mehrerer Proben und in einer einfachen Handhabung, weshalb die DC für Praktikumsversuche gut geeignet ist. Sie gilt oft auch als Pilotmethode für die HPLC, da beide flüssigchromatgraphischen Methoden hinsichtlich der Selektivität oft vergleichbare stationäre und mobile Phasen verwenden. Der Unterschied besteht darin, dass die DC auf einer Platte (in der Ebene) und die HPLC in einer Säule durchgeführt werden.

Ziel des Versuches ist, die Praxis der Dünnschichtchromatographie kennenzulernen und auf einfache Applikationsbeispiele anzuwenden. Dafür bieten sich Farbstoffe bzw. Lebensmittelfarbstoffe besonders an, da die Farbbanden direkt auf den Platten sichtbar werden und nicht erst visualisiert werden müssen.

3.11.2 Materialien und Methoden

3.11.2.1 Chemikalien, Geräte und Zubehör

- DC-Entwicklungskammer Camag
- Azofarbstoffe (blau, rot, gelb)
- Lösungsmittel (MeOH, EtOH, Aceton, Petrolether, entionisiertes Wasser)
- Dünnschichtglasplatten und -folien auf Silicagel- und Aluminiumoxid-Basis
- Dosierspritzen
- Bechergläser, Messzylinder

3.11.2.2 Dünnschichtchromatographie

Die Dünnschichtchromatographie, DC (heute: HPTLC: *high performance thin layer chromatography*), wurde von den zwei russischen Forschern Izmailov und Shraiber im Jahre 1938 erstmals vorgestellt. Sie verwendeten zur chromatographischen Trennung eine horizontale Dünnschichtplatte, auf die sie Lösungsmittel auftropften. Diese Entdeckung wurde lange Zeit kaum beachtet. Erst durch die Arbeiten von Stahl, der den Begriff „Dünnschichtchromatographie" prägte, und seinen Schülern gelang der entscheidende Fortschritt durch die Herstellung leistungsfähiger DC-Platten (s.a. 3.11.5.1).

Das naturwissenschaftliche Prinzip beruht auf Wechselwirkungen von Analyten mit einer stationären und mobilen Phase, wie das auch für die Säulenflüssigkeitschromatographie zutrifft. Die TLC ist im Gegensatz dazu ein Flachbettverfahren, d.h., die stationäre Phase befindet sich nicht in einer Säule, sondern ist auf eine dünne Platte (Glas) oder Folie (Aluminium, Kunststoff) aufgetragen. Früher wurden die Platten meist selbst gegossen; heute stehen beschichtete Fertigplatten in standardisierter Qualität kommerziell zur Verfügung.

3.11.2.2.1 Trennsysteme

Als stationäre Phasen stehen polare Silicagele, chemisch modifizierte Silicagele (RP-Material, Amino-, Diol, Nitrilphasen), Aluminiumoxid (Al_2O_3), Cellulose oder auch Polyamid zur Verfügung. Während in der klassischen DC Schichten um ca. 200 µm aufgetragen wurden, die Teilchendurchmesser relativ groß und ihr Bereich weit (ca. 40–100 µm) verteilt war, werden heute in der HPTLC dünnere Schichten (um 100 µm) mit engen Korngrößenverteilungen um 5 oder 3 µm eingesetzt. Das erhöht die Trenneffizienz sehr deutlich und es können auf einer Trennstrecke von 4 cm bis zu 4 000 theoretische Böden und mehr erzielt werden.

Polare Adsorbentien wie Aluminiumoxid oder unmodifiziertes Silicagel erfordern zur Elution der TLC-Platte i.d.R. unpolare Fließmittelgemische (Petrolether, Toluol), wobei oft polare „Modifier" (Ethanol, Ethylacetat, Aceton) in meist kleineren Mengen (10–30%) zugesetzt werden. Bei unpolaren RP-Materialien gilt für die Auswahl der mobilen Phasen das umgekehrte Prinzip. Wichtig ist auch, dass die Löslichkeit der Analyte beachtet wird.

Die Dünnschichtchromatographie dient auch als „Pilotmethode" für die Säulenflüssigchromatographie (HPLC). Vor allem die Fließmittel können bei Optimierungen der chromatographischen Trennungen schnell variiert und ausgetauscht werden.

Die ermittelten Parameter und Eluentkombinationen sind danach leicht übertragbar auf die Verhältnisse z.B. einer HPLC-Säule. Dies betrifft meist isokratische Elutionen. Die sehr gut automatisierte Hochleistungsflüssigchromatographie verfügt andererseits über mehrere Varianten der Gradientenelution, die auch schnelle Trennoptimierungen ermöglichen. Hervorzuheben ist auch die hohe Parallelität der HPTLC-Flachbettverfahren. So können mehrere Proben (> 5–10) auf einer Platte simultan entwickelt und analysiert werden (s.a. 3.11.5.1).

3.11.2.2.2 *Probenaufgabe, Entwicklung und Visualisierung*

Das Auftragen von Probelösungen ist bei wenig automatisierten DC-Systemen sehr sorgfältig mit einer Glaskapillare auszuführen, wobei hier auch die Geschicklichkeit des Operators gefordert ist. Auf DC-Platten werden nur wenige Mikroliter mit Konzentrationen im µg-Bereich appliziert; in der TLC sind es nur 100–200 nl.

Ziel ist eine sehr schmale bzw. punktförmige Substanzaufgabe im Bereich der Startzone, damit die Bandenverbreiterung gleich zu Beginn der Chromatogramm-Entwicklung möglichst gering gehalten wird. Günstig ist, wenn die Substanz in einem Lösungsmittel geringer Elutionsstärke gelöst ist. Die Diffusion der Analyte aus der Probelösung in das Fließmittel verzögert sich und das Profil der Bande wird relativ schmal gehalten.

In der Abbildung 3.11.1 ist die Probenaufgabe schematisch dargestellt. Für Routinetrennungen oder innerhalb von Praktika haben sich einfache Bleistiftmarkierungen bewährt. Das Auftragen sollte etwa 1 cm entfernt vom unteren Plattenrand und auch in Abständen von ca. 1 cm erfolgen.

Danach wird die Platte in eine Entwicklungskammer überführt, die mit etwas Fließmittel gefüllt ist (Abb. 3.11.2). Die Startzone mit Probeflecken muss oberhalb des Eluentniveaus liegen. Nach Verschluss der Kammer wird die Dünnschichtplatte entwickelt. Durch Kapillarkräfte steigt die mobile Phase nach oben und beginnt in Abhängigkeit ihrer „Affinität" die Analyte aus der Startzone zu lösen und weiterzutransportieren. Ziel ist die Auftrennung in einzelne Substanzbanden, die sich möglichst nicht überlappen und als scharfe Flecken ausgebildet sind.

Bis zur Fließmittelfront ist die Kammer gesättigt. Es finden Austauschvorgänge zwischen dem Dampf im Kammerraum und der Eluentflüssigkeit der Platte statt. Im oberen Kammerteil erfolgt eine Vorbeladung bzw. sorptive Sättigung der noch trockenen stationären Phase.

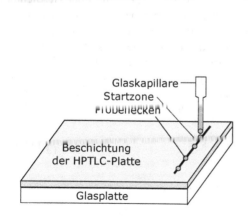

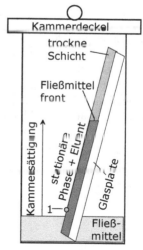

Abb. 3.11.1 Probenaufgabe

Abb. 3.11.2 TLC-Kammer

Nach dem die Fließmittelfront ca. 70% der Gesamtstrecke durchlaufen hat, wird der Trennvorgang durch Herausnehmen der Platte beendet. Diese steht nun für die Auswertung zur Verfügung. Günstig sind farbige Substanzflecken. Meist müssen jedoch spezielle Visualisierungstechniken eingesetzt werden. So können die Banden bei entsprechenden Absorptionsvermögen mit einer UV-Lampe, der Fluoreszenzdetektion oder mithilfe von Sprühtechniken sichtbar gemacht (Tabellen 4.5 und 4.6) werden.

Tabelle 3.11.1 Derivatisierungsreagenzien und UV/VIS-Detektion

Substanzgruppe	Reagenz	Wellenlänge
Aminosäuren, Peptide	4-Dimethylaminoazobenzen-4'-sulfonylchlorid	430 nm
Amine, Alkohole	3,5-Dinitrobenzoylchlorid	300 nm
Carbonsäuren	p-Nitrophenacylbromid	254 nm

Tabelle 3.11.2 Fluoreszenz-Detektion (Emissions-/Extinktions-Wellenlänge, nm)

Substanzgruppe	Reagenz	$\lambda_{em}/\lambda_{ex}$
Amino-Verbindungen	Fluorescamin	390/480
SH-Verbindungen	5-Dimethylaminonaphthalen-1-sulfonylaziridin	345/540
Ketone, Aldehyde, reduzierende Zucker	5-Dimethylaminonaphthalen-1-sulfonylhydrazin	340/525

3.11.2.2.3 Auswertung von DC-Chromatogrammen

Meist werden die Dünnschichtplatten nur qualitativ ausgewertet oder sie dienen im Falle der präparativen DC zur Isolierung von Substanzflecken. Dazu werden entsprechende Schichtareale der stationären Phase einfach herausgekratzt, mit einem geeigneten Lösungsmittel eluiert und danach weiteren analytischen Methoden zugeführt. Dünnschichtplatten ergeben ein sogenanntes inneres Chromatogramm. Als qualitatives Maß dient der Retentionsfaktor (R_f), der auch als Verzögerungsfaktor bezeichnet wird. Er ist als das Verhältnis der Wanderungsstrecke des Analyten, z_R, zur Wanderungsstrecke der mobilen Phase definiert (3.11.1).

$$R_f = \frac{z_R}{z_M} \tag{3.11.1}$$

$$R_{st} = \frac{z_R}{z_{st}} \tag{3.11.2}$$

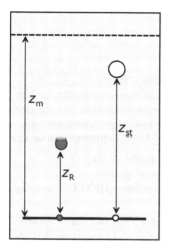

Fließmittelfront

Standard z_{st}

Substanz z_R

Startzone

Abb. 3.11.3 Parameter eines inneren Chromatogramms

Zur Erzielung besserer Reproduzierbarkeiten in der Dünschichtchromatographie wurde ein Retentionsfaktor (R_{st}) eingeführt, der sich auf eine Standardsubstanz (z_{st}) bezieht (3.11.2).

3.11.4 Versuchsergebnisse (Auswahl)

Die folgende Abbildung zeigt 4 DC-Trennungen von 3 Azofarbstoffen (blau, rot gelb) auf einer Silicagelplatte, die mit Toluol eluiert wurde. Die Farbstoffe sind relativ unpolar und lösen sich deshalb gut in aromatischen Kohlenwasserstoffen.

Der Probenauftrag der stark schwarzen „Farbmischung" erfolgte mit einem Nanomat strichförmig. Zu Beginn der Elution sind die blauen, roten und gelben Banden der Azofarbstoffe äußerst schmal. Mit fortschreitender Trennung wird die chromatographische Auflösung der Banden nicht signifikant größer, aber ihre Verbreiterung nimmt zu. Insofern ist die Beendigung dieser DC-Trennung nach Betrachtung beider Effekte zu realisieren.

Vorteile dieser Dünnschichtchromatographie sind permanent farbige Banden der Azofarbstoffe, die auch nach längerer Lagerung der DC-Platten visuell sehr gut erkennbar bleiben.

Laufrichtung der mobilen Phase

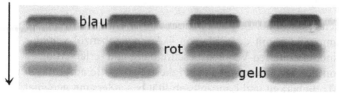

Abb. 3.11.4 DC-Trennung von Azofarbstoffen

3.11.5 Wissenswertes zum Versuch

3.11.5.1 DC versus HPTLC

Die Vorsilbe „HP" steht bei den „ursprünglichen" Trennverfahren LC, CE, CGC oder TLC für „High Performance" und soll die in nachfolgenden methodischen Entwicklungen stark gestiegene bzw. erhöhte Trennleistung hervorheben. In der HPLC stand dieses Kürzel ursprünglich auch für „High Pressure" oder auch „umgangssprachlich" für „High Price", um das Neue – hoher Säulendruck oder stark angestiegene Kosten für das Equipment – in den Vordergrund zu stellen.

Wie bereits erwähnt, wurde die Dünnschichtchromatographie bereits 1937 entwickelt. Etwa 1975 erfolgte die Einführung des Begriffes „HPTLC", um die sehr hohe Trenneffizienz zu betonen.

1978 wurden modifizierte HPTLC-Fertigschichten und 1984 mit der automatisierten Mehrfachentwicklung eine trennleistungsstarke Entwicklungstechnik verfügbar. Die sphärischen HPTLC-Fertigschichten sind seit ca. 1995 kommerziell erhältlich, während monolithische Fertigschichten seit 2001 auf dem Markt sind.

In der Tabelle 3.11.3 werden DC/TLC und die HPTLC bezüglich der charakteristischen und wichtigsten Parameter gegenübergestellt.

Tab. 3.11.3 DC/TLC versus HPTLC (nach Camag)

Parameter	DC/TLC	HPTLC
Mittlere Korngröße	10 – 15 µm	5 – 7 µm
Korngrößenverteilung	weit	eng
Schichtdicke	250 µm	100, 200 µm
Probenanzahl	bis ca. 12	ca. 30 – 70
Laufstrecke	10 – 15 cm	3 – 5 cm
Entwicklungsdauer	30 – 20 min	3 – 20 min
Lösemittelverbrauch	ca. 50 ml	5 – 10 ml
Detektionsgrenze, Absorption	0,1 – 1 µg	10 – 100 ng
Detektionsgrenze, Fluoreszenz	100 ng	0,1 – 10 ng

3.11.5.2 Azofarbstoffe

Farbstoffe in Naturlachs (s. Kapitel 2.5) und einiges über Azofarbstoffe im Kapitel 2.6 u.a. im Zusammenhang mit der SPE von 4-Aminoazobenzol waren z.T. bereits Gegenstand einer erweiterten Versuchsbeschreibung und -erläuterung.

Für die Präsentation der TLC-Trennungen sind diese Farbstoffe aufgrund ihrer Farbintensität, guten Trennbarkeit und Langzeitstabilität besonders gut geeignet.

3.11.6 Empfehlungen zur Versuchsauswertung (Auswahl)

1) Nennen Sie das naturwissenschaftliche Grundprinzip der DC/TLC!
2) Begründen Sie ausführlich die Unterschiede zwischen DC/TLC und HPTLC!
3) Welche Auftragetechniken werden in der DC/HPTLC angewandt und wie ist ihre Eignung/Effizienz zu bewerten?
4) Welche Materialien und welche Plattensysteme finden in der Dünnschichtchromatographie Anwendung?
5) Wie werden Rf-Werte berechnet?
6) Was sind Azofarbstoffe?
7) Welches Trennsystem ist für Azofarbstoffe besonders gut geeignet und warum?
8) Vergleichen Sie die Anordnung, Funktion und die Eigenschaften von mobiler und stationärer Phase in der DC mit der HPLC!
9) Welche methodischen Stärken besitzt die DC/HPTLC; welche besonderen Vorteile werden der HPLC zugeordnet?

3.11.7 Informationsquellen

1) Gey MH (2008) Instrumentelle Analytik und Bioanalytik, Springer, Berlin
2) Gey MH (2015) Instrumentelle Analytik und Bioanalytik, Springer, Berlin
3) Meyer VR (1990) Praxis der Hochleistungsflüssigchromatographie, Otto Salle, Frankfurt
4) Schwedt G (1995) Analytische Chemie: Grundlagen, Methoden und Praxis, Georg Thieme, Stuttgart
5) Otto M (2006) Analytische Chemie, VCH, Weinheim
6) Cammann K (2001) Instrumentelle Analytische Chemie, Spektrum Akad Verlag, Heidelber
7) Harris DC (1997) Quantitative Analytische Chemie, Friedr Vieweg & Sohn, Braunschweig, Wiesbaden
8) Frey H-P, Zieloff K (1992) Qualitative und quantitative Dünnschichtchromatographie, VCH, Weinheim

Die Chromatographie

trennt Substanzen

und

verbindet Menschen!

Rudolf Kaiser

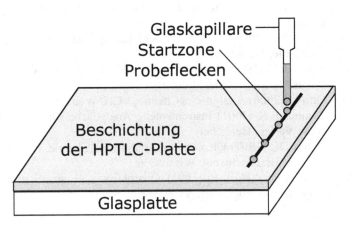

Glaskapillare
Startzone
Probeflecken

Beschichtung
der HPTLC-Platte

Glasplatte

Dünnschichtchromatographie

3 Instrumentelle & Bioanalytik: Versuch 12

3.12 Dünnschichtchromatographie (TLC) von Lebensmittelfarbstoffen

3.12.1 Einführung und Zielstellung

Lebensmittelfarbstoffe sind Zusatzstoffe, die das Aussehen von Lebensmitteln aufwerten und den Verbraucher zum verstärkten Kauf anregen sollen. Diese Stoffe müssen natürlich toxikologisch undenklich sein, was gelegentlich bei der Betrachtung ihrer chemischen Strukturen gewisse Zweifel nährt. Hier soll jedoch die Analyse bzw. dünnschichtchromatographische Trennung der Farbstoffe im Mittelpunkt stehen.

Man unterscheidet Farbstoffe, die natürlichen – i.d.R. pflanzlichen (Obst und Gemüse) – Ursprungs sind.

Andererseits handelt es sich bei Lebensmittelfarbstoffen um Substanzen, die durch „synthetische Nachbildungen" produziert wurden.

Meist sind die Farbstoffe gut wasserlöslich; eine wichtige Kenntnis, die für die richtige bzw. optimale Auswahl der Eluenten von Bedeutung ist.

Lebensmittelfarbstoffe sind auch Bestandteil von farbigen Faserstiften. Diese können in einfachen Fall zum Auftragen der Farben auf die Dünnschichtplatten verwendet werden. Ihr Vorteil ist, dass eine sehr große Farbpalette vorhanden ist und das Auftragen mit den Stiften direkt auf die DC-Platten vorgenommen werden kann. Nachteilig ist, dass dabei die Schicht der stationären Phase angekratzt wird. Das kann zu „unförmigen" Farbbanden führen, die zumindest zu einer „lustigen" Betrachtung führen.

Ziel des Versuches ist, eine optimale Auswahl der/des Eluenten für die Farbstofftrennung zu treffen. Als stationäre Trennphasen sollen Glasplatten (10 x 10 cm) eingesetzt werden, die mit Silicagel beschichtet sind. Diese bieten den Vorteil, dass der Probenauftrag automatisiert (Nanomat) erfolgen kann.

Weiterhin soll festgestellt werden, ob die einzelnen Lebensmittelfarbstoffe nur einer oder ggf. aus mehreren Farben bestehen. Ist das der Fall, sind die Kenntnisse zur Mischung von Farben und welche Farbe daraus resultiert heranzuziehen. Auch ist die Auftragetechnik im Vergleich zum Substanzaufsprühen mittels Nanomat zu diskutieren und zu bewerten. Es ist weiterhin zu prüfen, ob die Berechnung von R_f-Werten sinnvoll ist.

3.12.2 Materialien und Methoden

3.12.2.1 Chemikalien, Geräte und Zubehör

- DC-Entwicklungskammer Camag
- Lebensmittelfarben (1 gelb; 2 rot; 3 braun; 4 schwarz; 5 blau; 6 hellgrün; 7 dunkelgrün; 8 violett)
- Lösungsmittel (Ethylacetat, Essigsäure, Methanol, Wasser)
- Dünnschichtglasplatten und -folien auf Silicagel- und Aluminiumoxid-Basis,
- Dosierspritzen
- Bechergläser, Messzylinder.

3.12.2.2 Proben für den Versuch

Für die DC-Analysen wurden Faserstifte, die mit Lebensmittelfarben gefüllt waren, ausgewählt. Das Auftragen der Farben auf die Dünnschichtplatten erfolgte manuell in definierten Abständen direkt mit dem entsprechenden Lebensmittelfarbstift mit einer Startzonenlänge von 5 mm in 5 mm Abstand.

3.12.3 Versuchsergebnisse (Auswahl)

Abbildung 3.12.1 zeigt die DC-Trennung von 8 verschieden farbigen Lebensmittelfarbstoffen. In der Tabelle 3.12.1 ist aufgeführt, aus welchen Farben sich die Ausgangsfarben zusammensetzen.

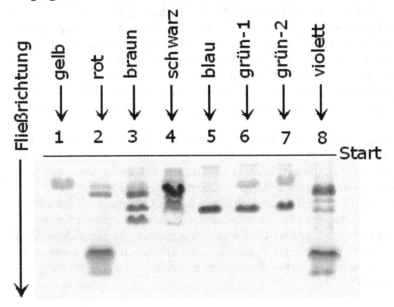

Abb. 3.12.1 DC von Lebensmittelfarbstoffen

Tab. 3.12.1 Zusammensetzung von Lebensmittelfarben

Ausgangsfarbe	Getrennte Farbbanden (vom Start aus)				
1 gelb	gelb				
2 rot	gelb	rot	rot		
3 braun	gelb	rot	blau	rot	
4 schwarz	grün	blau	grün	orange	blau
5 blau	blau				
6 hellgrün	gelb	blau			
7 dunkelgrün	gelb	blau			
8 violett	blau	blau	blau	rot	gelb

Während für gelb (1) und blau (5) nur eine Bande der entsprechenden Grundfarben resultiert, setzen sich die grünen Lebensmittelfarben (6, 7) aus 2 Komponenten zusammen (gelb und blau).

Die Nummer 2 (rot) zeigt eine gelb und 2 rote Banden. Die Farbe braun (3) trennt sich gelb, rot und blau und rot auf. Auch für schwarz (4) und violett (8) resultieren mehrere Farbbanden, wie aus der Tabelle hervorgeht.

3.12.4 Wissenswertes zum Versuch

3.12.4.1 Lebensmittel/-zusatzstoffe

Der Begriff „Lebensmittel" (Viktualien, lat.: *victus* „Lebensmittel") ist allgegenwärtig und erfordert keine besonders tiefgründigen Definitionen. Es sind Substanzen, die konsumiert werden, um den menschlichen Körper zu ernähren. Oder etwas anders ausgedrückt, unter Lebensmitteln versteht man Stoffe, die in unveränderten oder verarbeiteten Zustand vom Menschen verzehrt werden (LMBG).

Wichtig ist, dass neben Wasser und Nahrungsmitteln auch die Genussmittel (mit Ausnahme von Tabak) zu den Lebensmitteln gehören. Trinkwasser besteht aus Wasser und darin gelösten Mineralstoffen, in Nahrungsmitteln sind vor allem Nährstoffe (Kohlenhydrate, Proteine, Lipide bzw. Fette) sowie Mengen- und Spurenelement enthalten.

Bei einem täglichen Verbrauch von ca. 2,4 bis 2,6 kg nimmt der Mensch im Verlauf seines Lebens mehr als 20 Tonnen feste Nahrung und ca. 40 Tonnen Getränke auf.

Sogenannte Diätetische Lebensmittel sollen einem besonderen Nahrungszweck dienen und sind für definierten Personengruppe (Personen mit Störungen der Verdauung, Resorption und des Stoffwechsels, Personen, die sich „in besonderen physiologischen Umständen" befinden, Säuglinge/Kleinkinder).

Zu den Zusatzstoffen gehören Konservierungsstoffe (Pökelsalze wie Natrium-
nitrit, E 250), Geschmacksverstärker (Würze wie Natriumglutamat, E 620), Stabi-
lisatoren (Polyphosphate, E 450 a–c), Verdickungsmittel (Alginate, E 400 – 406),
Säuerungsmittel (Orthophosphorsäure, E 338) und Farbstoffe (Gelborange, E
110).

3.12.4.2 Lebensmittelfarbstoffe

Vor allem Obst und Gemüse enthalten eigene natürliche Farbstoffe. Dazu gehören
u.a. Anthocyane (Beerenfarbstoffe, Rotwein), Chlorophylle und Carotinoide
(Blattfarbstoffe), Betain (Beten-Farbstoffe) oder auch Curcumin in Gewürzen wie
Safran und Paprika.

Durch das Zusetzen von Lebensmittelfarbstoffen soll den Lebensmitteln ein
verbessertes Aussehen verliehen werden. Die Farberwartungen des Konsumenten
können dadurch erfüllt und befriedigt werden. Farbveränderungen oder Farbver-
luste sind meist auf die Verarbeitungsprozesse zurückzuführen. Das Hinzufügen
von Farben kann auch eine verbesserte Qualität des Produktes vortäuschen.

Wenn ein Lebensmittelfarbstoff zum Färben eines Lebensmittels eingesetzt
wird, fällt er unter die Rubrik „Zusatzstoff" und muss entsprechend des EU-
Rechts im Zutatenverzeichnis angegeben werden. Dies erfolgt anhand seines Na-
mens oder mithilfe seiner E-Nummer.

Seit 2010 müssen Lebensmittel mit bestimmten Farbstoffen den Warnhinweis
„Kann Aktivität und Aufmerksamkeit bei Kindern beeinträchtigen." auf der Pa-
ckung tragen. Dies gilt neben dem Zusatz von Chinolingelb (E 104) auch für die
Azofarbstoffe Gelborange S (E 110), Cochenillerot A (E 124), Tartrazin (E 102),
Azorubin (E 122) und Allurarot AC (E 129).

3.12.5 Empfehlungen zur Versuchsauswertung (Auswahl)

1) Wie definieren/beschreiben Sie „Dünnschichtchromatographie"?
2) Nennen Sie Gemeinsamkeiten von DC/TLC und HPTLC!
3) Welche Unterschiede existieren zwischen DC/TLC und HPTLC?
4) Wie werden in der DC die Rf-Werte ermittelt?
5) In welchen Varianten werden DC-Platten entwickelt?
6) Was sind Lebensmittelfarbstoffe (LM-FS)?
7) Mit welchen DC-Trennsystem können LM-FS analysiert werden?
8) Nennen Sie Farbstoffe, die in Obst- und Gemüsesorten natürlich
vorkommen!
9) Was sind Azofarbstoffe? Sind diese für Lebensmittel bedenklich?
10) Welche Azofarbstoffe können in Lebensmitteln vorhanden sein?
11) Was bedeutet die E-Nummer?
12) Nennen Sie Beispiele, welche LM-FS in handelsüblichen Lebensmitteln zu finden sind!

3.12.6 Informationsquellen

1) Gey MH (2008) Instrumentelle Analytik und Bioanalytik, Springer, Berlin

2) Gey MH (2015) Instrumentelle Analytik und Bioanalytik, Springer, Berlin

3) Meyer VR (1990) Praxis der Hochleistungsflüssigchromatographie, Otto Salle, Frankfurt

4) Schwedt G (1995) Analytische Chemie: Grundlagen, Methoden und Praxis, Georg Thieme, Stuttgart

5) Otto M (2006) Analytische Chemie, VCH, Weinheim

6) Cammann K (2001) Instrumentelle Analytische Chemie, Spektrum Akad Verlag, Heidelber

7) Harris DC (1997) Quantitative Analytische Chemie, Friedr Vieweg & Sohn, Braunschweig, Wiesbaden

8) Frey H-P, Zieloff K (1992) Qualitative und quantitative Dünnschichtchromatographie, VCH, Weinheim

9) Wolf J (2008) Mikro-Dünnschicht-Chromatographie, Govi, Eschborn

10) Kraus Lj, Koch A, Hoffstetter-Kuhn S (1996) Dünnschichtchromatographie, Springer, Berlin

Mikhail Semyonovich Tsvet

Entdecker der Chromatographie: **1906**

Russian-Italian botanist (1872-1919)

3.13 Dünnschichtchromatographie (TLC) von Blattfarbstoffen

3.13.1 Einführung und Zielstellung

Blattfarbstoffe sind die in Blättern enthaltenen Pigmente. Wichtigste Vertreter sind die Chlorophylle, Carotinoide und Xanthophylle. Die Chlorophylle dienen der Photosynthese und können die Energie des Sonnenlichts in chemische Energie umsetzen. Die Carotinoide und Xanthophylle fungieren dabei als Antennenpigmente und schützen die Chlorophylle vor Photooxidation. Daneben treten im Herbst noch Farbstoffe auf, die beim Abbau des Chlorophylls (Blattfall, Herbstfärbung) als Endprodukte entstehen.

Dazu zählen die rot gefärbten Anthocyane und die beim Zelltod entstehenden braun gefärbten Polyphenole und Gerbstoffe. Die grüne Farbe gesunder Blätter geht im Wesentlichen auf die Absorptionseigenschaften des Chlorophylls zurück, das die roten und blauen Anteile des Lichts absorbiert (Absorption, Absorptionsspektrum) und den Grünanteil reflektiert.

Ziel des Praktikumsversuches ist, aus Blättern und aus Spinat isolierte Farbstoff-Fraktionen mithilfe der Dünnschichtchromatographie aufzutrennen und die einzelnen Farben durch Vergleich mit Literaturangaben zuzuordnen. Dabei muss beachtet werden, dass organische Verbindungen wie Chlorophyll im Gegensatz zu Azofarbstoffen nicht sehr lang farbecht bleiben, sodass eine schnelle Auswertung der DC-Platten erfolgen muss.

3.13.2 Materialien und Methoden

3.13.2.1 Chemikalien, Geräte und Zubehör

- Pflanzenmaterial (Spinat-Gefrierprodukt), Blätter
- Schere, Mörser, Pistill
- Trichter, Quarzsand, $CaCO_3$, großes Becherglas, Kolben
- Dosierspritzen, kleine Bechergläser, Messzylinder
- Reagenzien (Aceton, Petrolbenzin, Isopropanol, Wasser)
- Ultraschallbad, Zentrifuge

3.13.2.2 Equipment für den Versuch

Die hier verwendete Apparatur bestand aus folgenden Elementen:

- TLC-Kammer: Camag, horizontal
- DC-Platten: Silicagel, 10 x 10 cm, Merck
- Nanomat: Camag
- Dosierspritze: Nanomat-Spezialspritze

3.13.2.3 Herstellung des Eluenten

Der Eluent muss täglich frisch hergestellt werden. Die entsprechenden Volumina für Petrolbenzin (100 ml) und Isopropanol (10 ml) werden in Messzylinder abgemessen und vereinigt. Mittels Dosierspritze kommen noch 250 µl entionisiertes Wasser hinzu.

3.13.3 Durchführung des Versuches

- Ca. 1 Esslöffel Spinat wird mit etwas Quarzsand oder ggf. Silicagel (ca. 1 Teelöffel) und 10 ml Isopropanol im Mörser zerrieben.
- Die dunkelgrüne Lösung wird filtriert und in die Spezial-Dosierspritze aufgenommen.
- Günstiger ist oft, die Lösung zu zentrifugieren!
- Danach erfolgt das Auftragen der Lösung auf die Silicagelplatte mittels Linomat – anschließend werden die Substanzpfropfen getrocknet.
- Das Auftragen der Lösung soll mehrfach erfolgen.
- Die TLC-Platte wird in die horizontale Chromatographie-Kammer eingelegt – mit der Rückseite nach oben!
- Das Laufmittel (mobile Phase) – bestehend aus Leichtbenzin (ggf. Hexan oder Isooctan), Isopropanol und entionisiertem Wasser in den Volumenverhältnissen 100:10:0,25 (V/V/V) – wird in den Entwicklungs-Kanal der TLC-Kammer mittels Dosierspritze (ca. 3 ml, Boden soll bedeckt sein) eingefüllt.
- Dabei ist der „Glasstreifen" im Kanal von der Silicagel-Platte weg zu positionieren.
- Die Elution wird gestartet, in dem der Glasstreifen mithilfe des äußeren „Metall-Knopfes" schlagartig in Richtung TLC-Platte gedrückt wird.
- Die mobile Phase beginnt gleichmäßig das Silicagelbett zu benetzen und wird durch die Kapillarkräfte durch die gesamte stationäre Phase gezogen.
- Dabei werden die einzelnen Blattfarbstoffe aufgetrennt.
- Die Trennung verläuft ca. bis zur Mitte der TLC-Platte.
- Die Platten werden danach getrocknet – Frischluft und anschließend ausgewertet!

3.13.4 Versuchsergebnisse (Auswahl)

Abbildung 3.13.1 zeigt die chromatographische Trennung der Blattfarbstoffe aus einem extrahierten Spinat. Nach dem Startpunkt erscheinen zuerst die Xanthophylle (gelb, grün), dann Lutein (gelb) und die Chlorophylle a und b (hell- und dunkelgrün). Es schließt sich eine graue Bande an, die Oxidationsprodukte der Chlorphylle enthält. Am Ende der DC-Trennung erscheint das Carotin (gelb). Die Farben verblassen recht schnell, da die Strukturen der Blattfarbstoffe nicht sehr stabil sind und oxidiert werden.

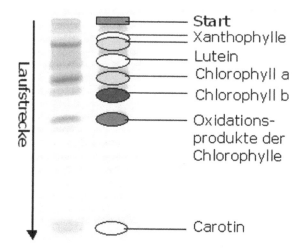

Abb. 3.13.1 Chromatogramm von Blattfarbstoffen

3.13.5 Wissenswertes zum Versuch

3.13.5.1 Strukturen von Blattfarbstoffen

Xanthophylle bestehen z.B. aus Neoxanthin, Zeaxanthin und Violaxanthin (Abb. 3.13.2 bis 3.13.4)

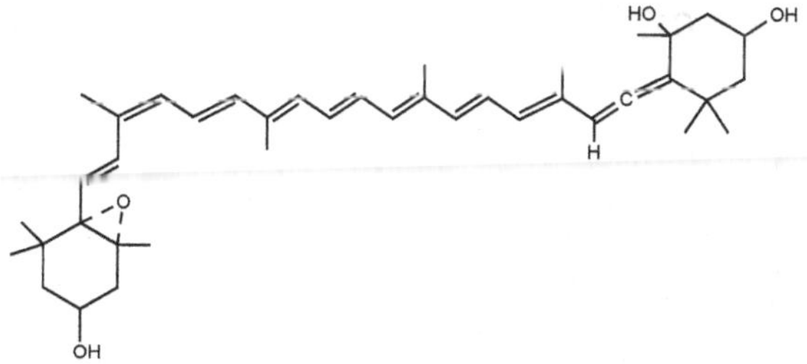

Abb. 3.13.2 Neoxanthin

In Abbildung 3.13.5 ist die Struktur des Luteins dargestellt und danach (Abb. 3.13.6 bis 3.13.10) folgen die Strukturen von Chlorophyll a und Chlorophyll b, Alpha-, Beta-, Gamma- und Delta-Carotin.

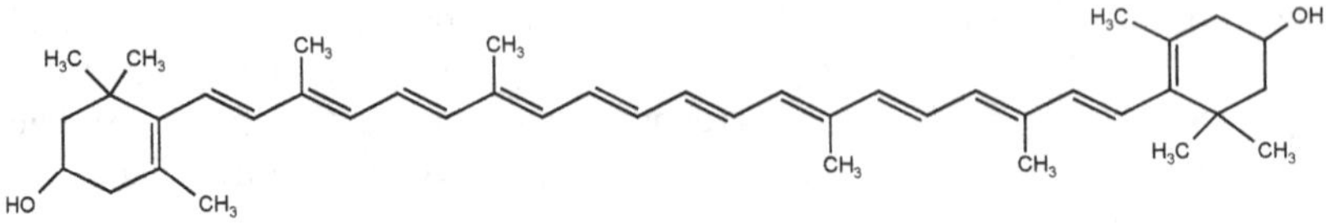

Abb. 3.13.3 Zeaxanthin

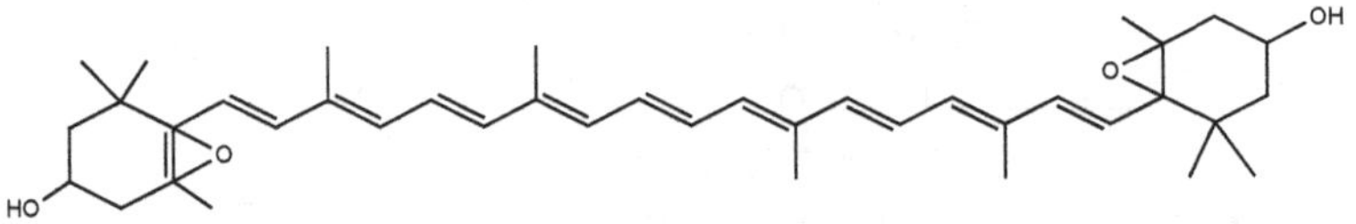

Abb. 3.13.4 Violaxanthin

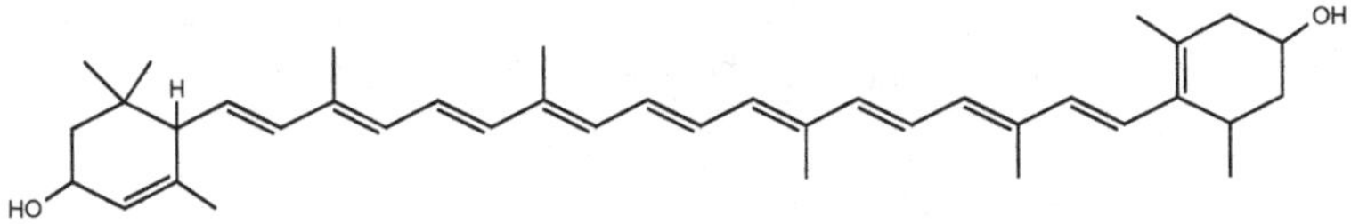

Abb. 3.13.5 Lutein

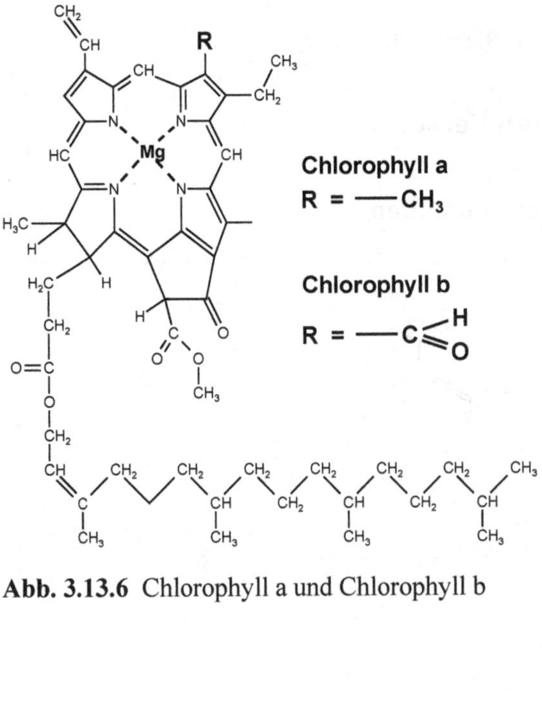

Abb. 3.13.6 Chlorophyll a und Chlorophyll b

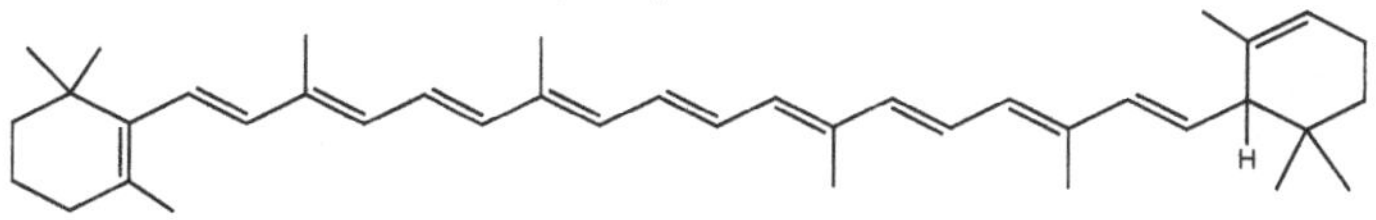

Abb. 3.13.7 Alpha-Carotin

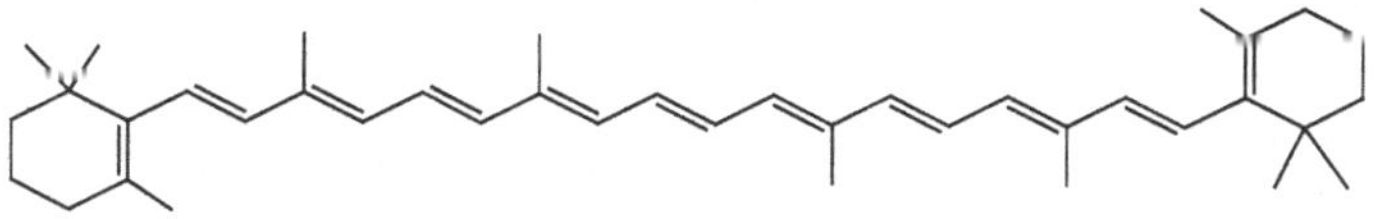

Abb. 3.13.8 Beta-Carotin

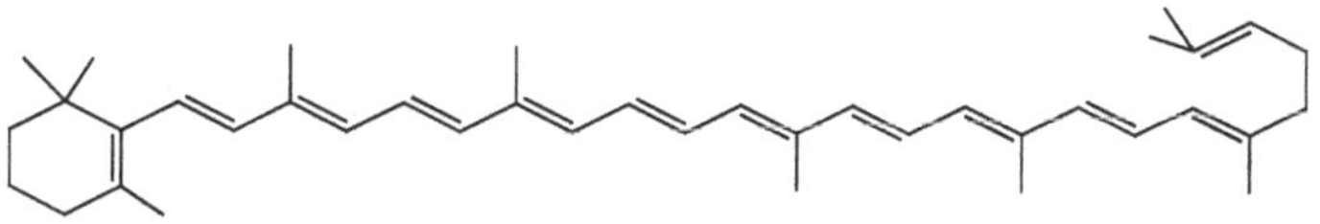

Abb. 3.13.9 Gamma-Carotin

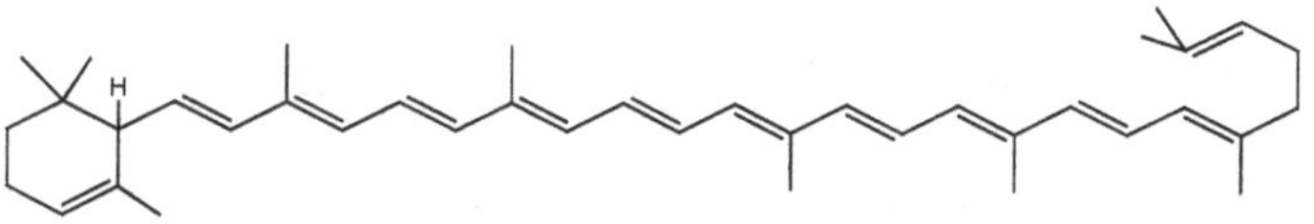

Abb. 3.13.10 Delta-Carotin

3.13.5.2 Blattfarbstoffe (Auszug)

Xanthophylle (altgr.: Xanthos für gelb und phyllon für Blatt) gehören zur Gruppe der Carotinoide. Die Xanthophylle sind trotz der polaren Gruppe lipophil und damit oft wenig löslich. Die Löslichkeit in Wasser wird durch Glycosylierung mit einem Monosaccharid verbessert. Xanthophylle sind hitzeempfindlich, und werden beim Kochen zu 70 – 100 % zerstört. Sie kommen als Farbstoffe sowohl in Tieren, als auch in Pflanzen vor.

Lutein (lat.: luteus für (gold)gelb, orangegelb) ist ein orangegelbes Xantho-phyll und neben β-Carotin und Lycopin das häufigste Carotinoid. Als E 161b ist es in der EU als Lebensmittelfarbstoff zugelassen.

Das Chlorophyll (altgr.: chloros für hellgrün, frisch und phyllon für Blatt) o-der auch „Blattgrün" bezeichnet eine Klasse natürlicher Farbstoffe, die von Or-ganismen gebildet werden, die Photosynthese betreiben. Insbesondere Pflanzen erlangen ihre grüne Farbe durch Chlorophyll.

Carotine (lat.: carotta für Karotte) sind zu den Carotinoiden gehörige Natur-farbstoffe, die in vielen Pflanzen vorkommen. Die Carotine sind unpolar und somit fettlöslich.

3.13.6 Empfehlungen zur Versuchsauswertung (Auswahl)

1) Erläutern Sie das Prinzip der Flüssigchromatographie.
2) Welche Versuchsanordnung verwendete der Russische Botaniker Cwet zur Trennung von Blattfarbstoffen?
3) Nennen Sie Gemeinsamkeiten und Unterschiede zwischen HPLC und HPTLC!
4) Beschreiben Sie die Strukturen der Blattfarbstoffe hinsichtlich ihres polaren bzw. unpolaren Charakters!
5) Wie definieren/beschreiben Sie „Dünnschichtchromatographie"?
6) Nennen Sie Gemeinsamkeiten von DC/TLC und HPTLC!
7) Welche Unterschiede existieren zwischen DC/TLC und HPTLC!
8) Wie werden in der DC die Rf-Werte ermittelt?
9) In welchen Varianten werden DC-Platten entwickelt?
10) Was versteht man unter Silicagel Si 60?
11) Wie und womit kann Silicagel chemisch modifiziert werden?

3.13.7 Informationsquellen

1) Gey MH (2008) Instrumentelle Analytik und Bioanalytik, Springer, Berlin
2) Gey MH (2015) Instrumentelle Analytik und Bioanalytik, Springer, Berlin
3) Meyer VR (1990) Praxis der Hochleistungsflüssigchromatographie, Otto Salle, Frankfurt
4) Schwedt G (1995) Analytische Chemie: Grundlagen, Methoden und Praxis, Georg Thieme, Stuttgart
5) Otto M (2006) Analytische Chemie, VCH, Weinheim
6) Cammann K (2001) Instrumentelle Analytische Chemie, Spektrum Akad Verlag, Heidelber
7) Harris DC (1997) Quantitative Analytische Chemie, Friedr Vieweg & Sohn, Braunschweig, Wiesbaden
8) Frey H-P, Zieloff K (1992) Qualitative und quantitative Dünnschicht-chromatographie, VCH, Weinheim
9) Wolf J (2008) Mikro-Dünnschicht-Chromatographie, Govi, Eschborn
10) Kraus Lj, Koch A, Hoffstetter-Kuhn S (1996) Dünnschichtchromato-graphie, Springer, Berlin

3.14 Größenausschlusschromatographie (SEC) von Proteinen/Enzymen

3.14.1 Einführung und Zielstellung

Zur Trennung von Molekülen nach ihrer effektiven Größe dient die Größenaus-schlusschromatographie (SEC: *Size-exclusion Chromatography*), die auch als Gelfiltration (GF) bezeichnet wird.

Als stationäre Phasen kommen weitporige (ca. 100 nm) hydrophile Materialien, die in Stahl- oder Glassäulen gefüllt sind und mit wässrigen Eluenten (i.d.R. mit Phosphatpuffern) eluiert werden, zum Einsatz. Dabei erfolgt die Trennung nach der Molekülmasse und die Elutionskurve (Chromatogramm) wird i.d.R. bei einer Wellenlänge (λ) von 280 nm aufgezeichnet.

Ziel des Praktikums ist, ausgewählte Standardproteine an zwei unterschiedlichen SEC-Säulen zu chromatographieren. Dabei sollen die Retentionszeiten der Proteine gemessen sowie die Retentionsvolumina und Kapazitätsfaktoren K_{AV} berechnet werden.   Diese werden dann graphisch gegen die entsprechenden Logarithmen ihrer Molekülmassen aufgetragen.

Mithilfe der Substanzen 4-Aminobenzoesäure und/oder Aceton erfolgt unter identischen chromatographischen Bedingungen die Charakterisierung der Trennleistung beider SEC-Säulen durch Berechnung der theoretischen Bodenzahl N.

3.14.2 Materialien und Methoden

3.14.2.1 HPLC-Apparatur-1 (verschiedene Module)

- HPLC-Pumpe: Knauer Minipumpe, Flussrate: 0,6 ml/min
- Injektor: Rheodyneventil, Injektionsvolumen: 20 µl
- Dosierspritze: 100 µl
- Trennsäule: TSK-Säule 1 zur BioLC
- Eluent: 0,1 M Na_2HPO_4, 0,15 M NaCl, 0,05 % Na-Azid
- Detektor: Knauer-UV/VIS 87.00, $\lambda = 280$ nm, AR: 0,08

3.14.2.2 HPLC-Apparatur-2 (Merck-Hitachi-Anlage mit PC)

- Interface: Merck-Hitachi D-7000
- HPLC-Pumpe: L-7200; Flussrate: 0,6 ml/min
- Injektor: Autosampler L-7200
- Trennsäule: TSK-Säule 2 zur BioLC
- Vordruck: 40 bar
- Eluent: 0,1 M Na_2HPO_4, 0,15 M NaCl,
                      0,05 % Na-Azid
- Detektor: Diode Array Detector L-7450A, $\lambda = 280$ nm
- Software: LaChrom
- Drucker: HP Color LaserJet CP 1215

3.14.2.3 SEC-Säulen (ggf. auch andere verfügbare Säulen!)

Die Trennsäulen zur Biochromatographie sind empfindlich und nur wenig robust und müssen deshalb sehr schonend betrieben und gelagert werden! Wichtig sind moderate Drucke (< 100 bar) und das Ausschließen des Befalls der Säulen durch Mikroorganismen (MO). Dafür dient ein Zusatz 0,05 % Natriumazid im Eluenten bzw. 10 % Ethanol, wenn die Säule gelagert wird.

Die Flussrate von 0,6 bis 0,8 ml/min darf in keinem Fall überschritten werden!

- TSK-Säule 1:   G 2000 SWXL (Tosoh Bioscience)
                     Dimension: 300 cm x 7,8 mm i.D.
                     Partikelgröße: dp = 5 µm

- TSK-Säule 2:   G 3000 SWXL (Tosoh Bioscience)
                     Dimension: 300 cm x 7,8 mm i.D.
                     Partikelgröße: dp = 5 µm

3.14.2.4 Eluent-Herstellung

Zur Herstellung des Elutionspuffers dienen entionisiertes Wasser und gründlich gereinigte Gefäße! Für einen Liter werden 8,78 g NaCl (0,15 M), 14,2 g Na_2HPO_4 (0,1 M) und 0,05 % Natriumazid (500 mg) einzeln eingewogen.

Nach Vereinigung der Substanzen in einem 300-ml-Becherglas werden ca. 200 ml entionisiertes Wasser hinzugegeben und zur besseren Löslichkeit erfolgt eine ca. 10 minütige Behandlung im Ultraschallbad.

Die entstandene klare Lösung wir in ein größeres Becherglas überführt und auf einen Liter mit entionisiertem Wasser aufgefüllt. Mithilfe von verdünnter Phosphorsäurelösung erfolgt die Einstellung des pH-Wertes auf 6,8.

Falls vorhanden, schließt sich eine Ultrafiltration der Lösung an. Danach wird der Elutionspuffer ca. 10 Minuten im Ultraschallbad entgast. In der HPLC-Apparatur erfolgt eine weitere kontinuierliche Entgasung mit Helium.

3.14.2.5 Proteinstandards (variabel – auch andere Firmen!)

Die Proteinstandardlösungen sollten vor dem Praktikum vom Laborverantwortlichen hergestellt werden.

- Als Substanz zur Ermittlung der theoretischen Bodenzahl N dient 4-Aminoazobenzol (c = 0,01 g/l, Verdünnung: 1:499 V/V,). Auch eine 1%ige wässrige Acetonlösung kann verwendet werden.

- Für die Erstellung der Eichgeraden stehen die folgenden Proteinstandards (Amersham Biosciences) zur Verfügung:

  o Blue Dextran   MW: 2000.000 Da
  o Albumin   MW: 66.000 Da
  o Ovalbumin   MW: 45.000 Da
  o Chymotrypsinogen   MW: 25.000 Da
  o Ribonuclease A   MW: 13.000 Da
  o Vitamin B12   MW: 1.355 Da

- Auch andere Proteinstandards können (in Abhängigkeit der gegenwärtigen Verfügbarkeit) für den Praktikumsversuch eingesetzt werden – bitte Rücksprache mit dem Laborleiter nehmen!

3.14.3 Versuchsdurchführung

Die chromatographischen Trennungen und Bestimmungen werden an den beiden TSK-Säulen (G 2000 SWXL, G 3000 SWXL) durchgeführt.

Die ermittelten Retentionsdaten (t_R, V_e, K_{av}) und Parameter (Trennleistungsparameter: N, H) sind zu vergleichen und zu diskutieren.

3.14.3.1 Bestimmung der theoretischen Bodenzahl N

Zur Ermittlung von N dienen als Analyte 4-Aminobenzoesäure oder Aceton (s.o.) und die nachstehende Gleichung 2:

$$N = \frac{t_R^2}{\sigma^2} = \frac{L}{H} - 5,54\left(\frac{t_R}{w_h}\right)^2 - 16\left(\frac{t_R}{w_b}\right)^2 \qquad (3.14.1)$$

Die theoretische Trennstufenzahl N dient als Maß für die während der Retentionszeit t_R erfolgte Peakdispersion σ^2 oder auch als Quotient der Trennsäulenlänge L (cm) und der Trennstufenhöhe H (µm).

Meist wird N jedoch mithilfe der Retentionszeit t_R und der Peakbreite in halber Höhe (w_h) bestimmt (Abb. 3.14.1).

Ermittlungen über die Peakbasisbreite (w_b) sind weniger genau und bei der Versuchsauswertung nicht anzuwenden! Die Peakprofile der Proteine sollen möglichst gauß-förmig sein. Asymetrische Peakformen wie Peaktailing und Peakfronting (vgl. Abb. 3.14.2) sind unerwünscht.

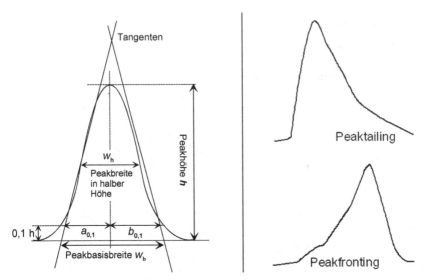

Abb. 3.14.1 Peakprofil und Kenngrößen   **Abb. 3.14.2** Asymmetrische Peaks

Bei der chromatographischen Trennung von 4-Aminobenzoesäure bzw. Aceton ist zu sichern, dass die Peaks am oberen Rand des Schreibers nicht anstoßen und auch nicht zu klein werden. Außerdem ist die Schreibergeschwindigkeit signifikant zu vergrößern, damit sowohl die Peakbreite in halber Höhe als auch die Retentionszeit mithilfe eines Lineals ausgemessen werden können.

3.14.3.2 Trennung von Proteingemischen

Ein Proteingemisch (z.B. bestehend aus Blue Dextran, Ovalbumin, Vitamin B12) wird auf beide Säulen appliziert. Vergleichen Sie Retentionsdaten (t_R, V_e) sowie die Peakformen. Achten Sie innerhalb des Verlaufes eines Chromatogrammes ggf. auch auf Verunreinigungen. Deshalb schließen sich jetzt die Trennungen der einzelnen Proteine in gleicher Art und Weise an. Erst danach ist es sinnvoll, komplexe Gemische von Standardproteinen oder Serumproteinen zu untersuchen.

3.14.4 Versuchsauswertung (Praktische Empfehlungen)

- Einscannen und Beschriften der Chromatogramme
- Vergleiche der theoretischen Bodenzahlen beider Säulen
- Erstellen einer Tabelle von den vermessenen Standardproteinen, in der die Konzentrationen, die Molekülmassen und die logarithmischen Werte davon, die Retentionszeiten, die Retentionsvolumina und die K_{AV}-Werte enthalten sind
- Graphische Darstellung der Elutionsvolumina der Standardproteine vs. Logarithmen der Molekülmassen für beide SEC-Säulen
- Notieren Sie alle Parameter der Versuchs-Apparaturen!

3.14.5 Versuchsergebnisse (Auswahl)

In der Abbildung 3.14.3 ist die SEC-Trennung eines Proteingemisches – zusammengesetzt aus 6 Proteinstandards – dargestellt. Es erfolgt weitestgehend Basislinientrennung zwischen den Komponenten.

Nach Ermittlung der Retentionszeiten t_R [min] können diese mit der konstanten Flussrate F [ml/min] multipliziert werden. Daraus resultieren die Elutionsvolumina Ve für die entsprechenden Proteinstandards. Diese werden in einem Diagramm gegen ihre Molekulargewichte aufgetragen; bei größeren Unterschieden in den MW-Werten erfolgt das logarithmisch.

Abbildung 3.14.4 zeigt die SEC-Trennung des Rohpräparates einer thermostabilen Protease mit Protein- und Aktivitätskurve. Die Zusammensetzung der Proteinfraktion ist noch sehr komplex. Als „Verunreinigungen" werden vor allem Proteine des niedermolekularen Bereichs registriert. Die Hauptenzymaktivität liegt in der Fraktion zwischen der 28. und 29. Minute.

Nach erneuter SEC-Trennung dieser Fraktion (Rechromatographie) unter identischen Elutionsbedingungen resultiert das in Abbildung 3.14.5 dargestellte Chromatogramm.

Durch Vergleich mit den Elutionsvolumina der Proteinstandards konnte eine Molekülmasse um 17 000 abgeschätzt werden.

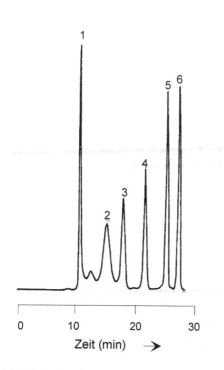

Proteinstandards:

1: Thyroglobulin (M_r = 660 000)
2: IgG (150 000)
3: Ovalbumin (43 000)
4: Myoglobin (17 000)
5: Cyanocobalmin (1 355)
6: DNA-Alanin (255)

Experimentelle Bedingungen:

Säule: BIO-SIL TSK-250
        600 × 7,5 mm i.D.
Mobile Phase: 0,05 M Na_2SO_4,
       +   0,02 M NaH_2PO_4,
                    pH – 6,8
Flussrate: 0,9 ml/min
Vordruck: 3,2 Mpa
Detektion: UV, 280 nm
Empfindlichkeit: 5
Injektionsvolumen: 20 µl

Abb. 3.14.3 Chromatogramm einer Proteinstandardmischung

Eine exaktere Bestimmung von M_r sowie die Reinheitsprüfung der Enzymfraktion erfolgt jedoch in der Regel mittels SDS-PAGE (vgl. Versuch 3.15). Die genaueste Methode zur Ermittlung der Molekülmassen ist MALDI-TOF-MS.

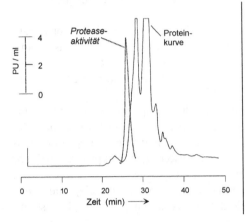

Experimentelle Bedingungen:

Säule: BIO-SIL TSK-250
       600 × 7,5 mm i.D.

Mobile Phase: 0,05 M Na_2SO_4,
     +   0,02 M NaH_2PO_4,
         pH = 6,8

Flussrate: 0,7 ml/min
Vordruck: 2,8 Mpa
Detektion: UV, 280 nm
Empfindlichkeit: 5
Injektionsvolumen: 200 µl

Abb. 3.14.4 Chromatogramm mit Aktivitätskurve: thermostabile Protease

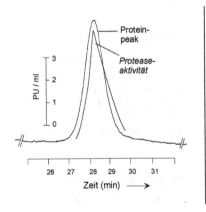

Abb. 3.14.5
Chromatogramm der „Rechromatographie" der zwischen der 28. und 29. Minute isolierten Proteasefraktion

3.14.6 Wissenswertes zum Versuch

3.14.6.1 GPC versus SEC

Erfolgt die Elution mit einem organischen Lösungsmittel, wird diese Trenntechnik als Gelpermeationschromatographie (GPC) bezeichnet. Damit werden organische Polymere (z.B. Polyethylenglycole) an porösen hydrohoben Trennphasen auf Styren-Divinylbenzen-Basis chromatographiert, die jedoch für Protein-/Enzym-Trennungen – hier ist das Ziel der Erhalt ihrer biologischen Aktivität – ungeeignet sind.

Für Biopolymere (Proteine) wird die SEC-Methode bzw. Gelfiltration (s.o.) eingesetzt. Unter den angewandten physiologischen Bedingungen sind i.d.R. keine Denaturierungserscheinungen zu verzeichnen. Die verwendeten Phosphatpuffer enthalten meist geringe Zusätze von Natriumchlorid, das zur Vermeidung möglicher Adsorptionserscheinungen der Proteine an der Trennphase dient.

3.14.6.2 Molekülmasse, Molekulargewicht, atomare Masseneinheit

Als Molekülmasse M_r (engl.: *molecular mass*; früher Molekulargewicht, engl.: *molecular weight, MW*) bezeichnet man die Summe der Atommassen aller Atome in einem Molekül. Bei Salzen spricht man von Formelmasse, da Salze aus Ionen aufgebaut sind.

Es wird zwischen relativer (eine Maßeinheit existiert nicht) und absoluter Molekülmasse, die in kg, g oder mg angegeben wird, unterschieden.

Dalton (Da) ist eine nach dem englischen Naturforscher John Dalton benannte, nicht SI-konforme Masseeinheit, die vor allem in der Bioanalytik/Biochemie/Biotechnologie verwendet wird und in den USA auch in der organischen Chemie als „Masseeinheit" dient. Das Dalton ist ein anderer Name für die atomare Masseneinheit (Einheitenzeichen: u = unit). Somit ist die atomare Masseneinheit exakt gleich 1/12 der Masse des Kohlenstoff-Isotops ^{12}C und entspricht in etwa der Masse eines Wasserstoffatoms ($1,6605655 \cdot 10^{-27}$ kg).

3.14.6.3 Trennprinzip der SEC

Die Proteine werden nach der Größe ihrer relativen Molekülmassen getrennt. Das Prinzip dieser Größenausschlusschromatographie von Biomolekülen (Proteinen/Enzymen) wird an dem Modell in Abbildung 3.14.6 anschaulich dargestellt.

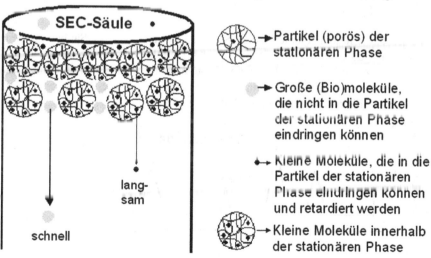

Abb. 3.14.6 Prinzip der Proteintrennung mittels SEC

Die Proteine werden zwischen den Poren der Trennphase („Gel") und der mobilen Phase „filtriert", d. h., kleinere Proteine können in die Poren eindringen und diese durchwandern. Je kleiner die Moleküle sind, desto längere Verweilzeiten entstehen im Porensystem, sodass sie am längsten retardiert werden und als Peaks am Ende des Chromatogramms erscheinen.

Große Proteine, die in die Poren nicht hineinpassen, werden ausgeschlossen (deshalb Größenausschlusschromatographie) und an den Partikeln vorbei innerhalb des Flüssigkeitsvolumens mit dem Totvolumen V_0 (bzw. der Totzeit t_0) eluiert. Sie erscheinen als erste Chromatogrammpeaks.

Zur Bestimmung der Molekülmasse eines unbekannten Proteins wird zuerst eine Standardmischung von Proteinen mit bekannten Molekülmassen auf die SEC-Säule appliziert und getrennt (Abb. 3.14.7). Um zu sichern, dass die Proteine rein sind und noch keine Abbauprodukte enthalten, empfiehlt sich die Chromatographie jedes Standardproteins separat.

Aus den chromatographischen Trennungen wird für jedes Protein das Elutionsvolumen bestimmt und gegen den Logarithmus seiner entsprechenden Molekülmasse aufgetragen, wie in Abbildung 3.14.8 anschaulich gezeigt wird.

Im Kurvenbereich zwischen V_0 (Totvolumen) und dem Elutionsvolumen des kleinsten Moleküls (V_n) erfolgt die Trennung nach Molekülmassen. Die von der „Filtration" in den Trennporen ausgeschlossenen Proteine werden mit V_0 in einem Peak eluiert. Die kleinsten Moleküle, die identisch lange Wege durch das Porensystem zurücklegen, treffen in der Peakfraktion V_n zusammen.

Neben dem Elutionsvolumen wird auch häufig in der Literatur der Kapazitätsfaktor K_{AV} angegeben.

$$K_{AV} = \frac{V_e - V_0}{V_t - V_0} \qquad (3.14.2)$$

V_e ist das Elutionsvolumen einer Standardsubstanz, V_t das Säulenvolumen (Dimension: 300 cm x 7,8 mm i.D.) und V_0 das Totvolumen.

Nach der Analyse eines unbekannten Proteins unter identischen chromatographischen Bedingungen wird aus seinem Elutionsvolumen auf der Basis der erstellten Eichkurve die entsprechende Molekülmasse ermittelt.

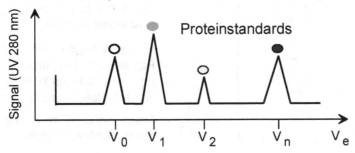

Abb. 3.14.7 Prinzip der Proteintrennung mittels SEC

Die Beladbarkeit von SEC-Säulen mit einer Proteinprobe ist relativ gering, da nur die Poren der stationären Phase für diesen Trenneffekt zur Verfügung stehen. Die Gelfiltration wird deshalb meist am Ende mehrstufiger chromatographischer Reinigungsschritte zur „Feinreinigung" von Proteinen eingesetzt (siehe auch die Beispiele in Abschnitt 3.14.4).

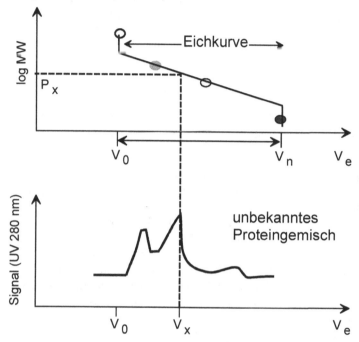

Abb. 3.14.8 Prinzip der Proteintrennung mittels SEC

3.14.7 Empfehlungen zur Versuchsauswertung (Auswahl)

1) Definieren Sie die Begriffe Molekülmasse, Molekulargewicht, Dalton, atomare Masseeinheit!
2) Welche Unterschiede bestehen zwischen SEC und GPC?
3) Erklären Sie das Prinzip der SEC!
4) Wie werden MW-Bestimmungsgeraden mithilfe von Standard-proteinen erstellt?
5) Nennen Sie Gemeinsamkeiten und Unterschiede zwischen SEC und SDS-PAGE!
6) Welche weiteren biochromatographischen Methoden kennen Sie und welcher Trennmechanismus liegt zugrunde?

3.14.8 Informationsquellen

1) Lottspeich F, Engels J (2012) Bioanalytik, 3. Auflage, Springer, Berlin, Heidelberg

2) Gey MH (2008) Instrumentelle Analytik und Bioanalytik, Springer, Berlin

3) Gey MH (2015) Instrumentelle Analytik und Bioanalytik, Springer, Berlin

4) Renneberg R (2009) Bioanalytik für Einsteiger, Spektrum Akad. Verlag, Heidelberg

5) Helm M, Wölfl S (2007) Instrumentelle Bioanalytik, Wiley-VCH, Weinheim

6) Weiß J (1991) Ionenchromatographie, VCH, Weinheim

7) Cunico RL et al. (1998) Basic HPLC and CE of Biomolecules, Bay Bioanalytical Laboratory, Richmond, CA

8) Venn RF (2008) Principle and Practice on Bioanalysis, CRC Press

9) Kleber H-P, Schlee D, Schöpp W (1997) Biochemisches Praktikum, Gustav Fischer

10) Geckeler KE, Eckstein H (1998) Bioanalytische und biochemische Labormethoden, Vieweg, Braunschweig, Wiesbaden

11) Holtzhauer M (1995) Biochemische Labormethoden, Springer, Berlin, Heidelberg

12) Anspach B, Gierlich HU, Unger KK (1988) J Chromatogr 443:45

13) Gey MH (1988) Acta Biotechnol 8:197

14) Gey MH, Klossek P, Becker U (1990) Acta Biotechnol 10:459

15) Gey MH, Rietzschel A, Nattermüller W (1991) Acta Biotechnol 11:105

16) Gey MH, Unger KK, Battermann G (1996) Fresenius J Anal Chem 356:339

17) Gey MH, Unger KK (1996) Fresenius J Anal Chem 356:488

18) Kabzinski AKM, Takagi T (1995) Biomed Chromatogr 9:123

19) Kirkland JJ (1975) Chromatographia 8:661

20) Mohr P, Pommerening K (1985) Affinity chromatography: Practical and theoretical aspects, Marcel Dekker, New York

21) Regnier FE (1991) Nature 350:634

3.15 Elektrophorese (SDS-PAGE) zur Bestimmung der Molekulargewichte von Proteinen

3.15.1 Einführung und Zielstellung

Die SDS-PAGE (sodium dodecyl sulfate - polyacrylamide-gel-electrophoresis) ist eine elektrophoretische Trennmethode zur Separation von Proteinen nach ihrer Molekülgröße bzw. nach der Molekülmasse, (MW: molecular weight) unter denaturierenden Bedingungen.

Ziel des Praktikumversuches ist, Proteinmischungen nach dem Molekulargewicht zu trennen.

Weiterhin soll versucht werden, die Proteine aus verschiedenen natürlichen Matrices zu analysieren. Dabei geht es vorerst nur um qualitative Unterschiede, d.h., um die Erstellung von sogenannten Protein-Pattern.

Die erhaltenen Gele sollen visualisiert und in Form eines eingescannten Separationsbeispieles im Protokoll dokumentiert und ausgewertet werden.

3.15.2. Materialien und Methoden

- Elektrophorese-Kammer OWI, Consort E865
- Lämmlie-Puffer (250 M Tris, 1,92 M Glycin, 1 % SDS, pH = 8,3)
- Anamed Elektrophorese-Gele Tris/Glycin Gel 4–20%, 1 mm
- Protein-Mix bestehend aus Myosin (220 kDa), β-Galactosidase (116), Glycogen-Phosphorylase (97,0) Albumin (66,0), Glutamat-Dehydrogenase (55,6), Lactat-Dehydrogenase (36,5), Carbonic Anhydrase (29,0), Trypsin-Inhibitor (20,0), Lysozyme (14,0), Aprotinin (6,1), Insulin A (3,4) und Insulin B (2,5 kDa) der Firma Anamed
- Coommassie Brillant Blau R und Brilliant-Blau G-250 (Firma Anamed) zur Färbung der Proteinbanden
- 100 ml Kolben, Mörser und Pistill

3.15.3. Versuchsdurchführung

3.15.3.1 Herstellung des Laufpuffers

100 ml eines kommerziellen Lämmlie-Puffers werden auf 1 Liter mit entionisiertem Wasser aufgefüllt.

3.15.3.2 Fertiggele

Die Gele werden bei Temperaturen zwischen + 2 und + 8 °C gelagert; sie dürfen nicht eingefroren werden! In der Geltüte befindet sich ein Verpackungspuffer, der mit 0,01 % Natriumazid zum Abtöten von Mikroorganismen versetzt ist. Beim Hantieren mit den Gelen ist unbedingt Schutzbekleidung (Handschuhe, Schutzbrille) zu tragen!

3.15.3.3 Arbeitsplatzanleitung für Fertiggele (nach Anamed)

1. Öffnen Sie die Geltüte mit einer Schere, entnehmen Sie die Gelkassette!
2. Verwerfen Sie den Verpackungspuffer und spülen Sie die Gelkassette mit entionisiertem Wasser ab!
3. Entfernen Sie das Klebeband am unteren Ende der Kassette sowie den „Kamm" am oberen Teil. Befreien Sie den Geldurchtrittsspalt mithilfe von Küchenkrepp oder Laborpapier von anhaftenden Klebstoffresten!
4. Setzen Sie die Kassette vorsichtig in die Elektrophoresezelle ein, sodass die Aufschrift der Kassette nach vorn zeigt (Absprache mit den Laborverantwortlichen!). Bitte ziehen Sie die Verschraubungen der Zelle kreuzweise und mit viel Gefühl (!) an. Achten Sie darauf, dass die Gelkassette und die Elektrophoresezelle dicht sind! Überprüfen Sie das, indem Sie zuerst nur wenig Puffer in die Kammer einfüllen!
5. Befüllen Sie nun die Elektrophoresezelle auf der Kathoden- und Anodenseite (s. Abb. 3.15.8) mit Laufpuffer. Auf der Kathodenseite erfolgt das so weit, bis die Geltaschen mit Puffer „geflutet" worden sind. Der anodische Kammerteil im unteren Teil der Zelle wird bis zum „Fluid-Level" befüllt. Bitte nehmen Sie auch Rücksprache mit dem Laborverantwortlichen.
6. Tragen Sie jetzt die Proteinproben (5 ... 10 µl pro Tasche) mit einer µl-Spritze möglichst nahe am Taschenboden auf und beachten Sie, dass keine Luftblasen eingetragen werden (Probe ggf. mehrfach mittels Dosierspritze aufziehen! Rücksprache nehmen!)!
7. Schließen Sie die Zelle und verbinden Sie die Stromkabel mit der Spannungsversorgung!
8. Für den Geltyp Tris-Glycin-SDS wird eine Spannung von 150 V, eine Stromstärke von 60 mA und eine Laufdauer von 1, 5 Stunden eingestellt (Rücksprache!, ggf. auch andere Parameter!)!
9. Starten Sie die Elektrophorese – drücken Sie auf „run"!

10. Kontrollieren Sie jetzt, ob die eingestellten Parameter auch angezeigt werden, wobei die Stromstärke zu niedrigeren Werten absinkt. Notieren Sie deshalb die Stromstärkewerte in Abständen von 5 Minuten (Auswertung im Protokoll)! Zu niedrige Stromstärken deuten darauf hin, dass die Zelle nicht ausreichend mit Puffer gefüllt ist bzw. dass sie undicht geworden ist.

11. Zwei sehr kleine farbige Proteine (rot: Phenolrot, blau: Bromphenolblau) dienen zur Visualisierung der Probenfront.

12. Die Elektrophorese ist beendet, wenn diese Marker das Gelende erreicht haben (s. Level 6 auf den rechten Gelkassettenrand) und gerade nicht mehr sichtbar sind. An diesem Zeitpunkt wird die Elektrophorese durch Ausschalten des Gerätes beendet!

13. Entfernen Sie die Stecker und den Deckel vom Gerät!

14. Die Laufpuffer sind von der Anoden- und Kathodenseite zu entfernen. Gießen Sie vor allem den Kathodenpuffer mit „Schwung" die den Abfallbehälter!

15. Nehmen Sie die Kassette vorsichtig aus der Zelle. Schaffen Sie sich zuvor ausreichend Platz auf dem Labortisch!

16. Öffnen Sie die Kassette, indem Sie ein Gelmesser in den Spalt zwischen oberer und unterer Platte einführen und diese auseinander hebeln. Wiederholen Sie diesen Handgriff an allen drei verschlossenen Seiten der Kassette! Dabei sollte die ausgeschnittene Seite der Kassette nach oben zeigen. Entfernen Sie nun die obere Platte, das Gel sollte jetzt auf der unteren Platte liegen.

17. Trennen Sie nun mit dem Gelmesser die Verdickung des Gels an der Stromdurchgangsplatte ab und nehmen Sie dann das Kassettenteil mit dem Gel in die Hand!

18. Führen Sie das Gelmesser vorsichtig ca. 5 mm unter die Unterkante des Gels. Halten Sie nun die Platte mit dem Gel nach unten zeigend über eine Schale. Helfen Sie mit dem Gelmesser ein wenig nach, sodass sich das Gel von der Platte löst. Schaben Sie das Gel aber auf keinen Fall aus den Kassettenteil heraus!

19. Jetzt können Sie das Gel nach Arbeitsvorschrift fixieren, blotten oder färben.

20. Hinweise zur Haltbarkeit:

    Aufgrund der Hydrolyse von Polyacrylamid (PAA) in Gegenwart von pH-Werten > 8 haben PAA-Gele eine begrenzte Haltbarkeit, die vom Geltyp abhängig ist und 6–16 Wochen ab Produktion beträgt. Dabei gilt: Je höher die Polyacrylamid-Konzentration, desto kürzer die Haltbarkeit. Das Haltbarkeitsdatum finden Sie auf der Kassette unterhalb der Chargen-Nummer.

3.15.3.4 Visualisierung der PAA-Gele mit Coomassie Blau R 250

Die Pulverisierung der Tabletten von Coomassie Blau R erfolgt in einem Mörser; 200 mg davon werden eingewogen und in einen 100-ml-Kolben überführt. Dieser wird mit Methanol (ggf. auch Ethanol) bis zur Eichmarke aufgefüllt (Lösung A). Der zweite 100-ml-Kolben enthält 20 ml Eisessig und 80 ml entionisiertes Wasser. Die Herstellung dieser Lösung B erfolgt unter dem Abzug (Handschuhe + Schutzbrille tragen!).

Kurz vor dem Färbevorgang werden die Lösungen A und B im Verhältnis 50 ml/50 ml V/V gemischt und zur Visualisierung des Gels in die Färbeschale überführt. Je nach Geldicke beträgt die Färbedauer zwischen 30 min und 2 Stunden.

Die Entfärbung der Gele erfolgt in einem Zeitraum von mindestens 2 Stunden bzw. dann über Nacht. Dazu dient eine dritte Lösung in einem 100-ml-Kolben, die aus 20 % Methanol, 10 % Eisessig und 70 % entionisiertem Wasser besteht. Verwenden Sie so viel Entfärbelösung, dass das Gel ausreichend bedeckt ist. Schwenken Sie die Schalen gelegentlich sowohl beim Färben als auch beim Entfärben. Achten Sie darauf, dass die Gele glatt in den entsprechenden Flüssigkeiten liegen!

Versuchen Sie, die Gele dann am nächsten Tage einzuscannen.

3.15.4 Versuchsergebnisse (Auswahl)

Die folgende Tabelle enthält die Standardproteine, ihre Herkunft (Organismus, Gewebe) und die Molmasse (bzw. das Molekulargewicht).

Die Bestimmung des Molekulargewichtes (MW) eines bisher unbekannten Proteins erfolgt durch den Vergleich der elektrophoretischen Trennung von Standardproteinen bekannter Molekulargewichte (Tab. 3.15.1) mit den Migrationszeiten. Basis ist die lineare Beziehung zwischen dem Molekulargewicht und der relativen Wanderungsstrecke (R_F-Werte) der SDS-Protein-Micellen.

Tabelle 3.15.1 Zusammensetzung kommerzieller Proteinstandards (Fa. Anamed)

Protein	Herkunftsorganismus	aus Gewebe	MW [kDa]
Myosin	*Oryctol. cuniculus*	Muskel	220,0
β-Galactosidase	*Escherichia coli*		116,0
Glycogen-Phosphorylase	*Oryctol. cuniculus*	Muskel	97,0
Albumin	*Bos taurus*	Serum	66,0
Glutamatdehydrogenase	*Bos taurus*	Leber	55,6
Lactatdehydrogenase	*Sus scorfa*	Muskel	36,5
Carboanhydrase	*Bos taurus*	Erythrocyten	29,0
Trypsin-Inhibitor	*Glycine max*		20,0
Lysozyme	*Gallus gallus*	Eiklar	14,0
Aprotinin	*Bos taurus*	Lunge	6,1
Insulin A	*Bos taurus*	Pankreas	3,4
Insulin B	*Bos taurus*	Pankreas	2,5

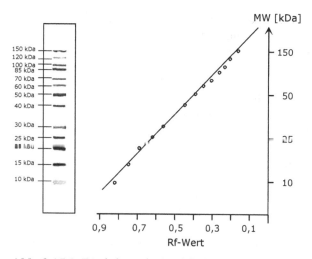

Abb. 3.15.1 Ermittlung der Molekulargewichte von Proteinen

3.15.5 Wissenswertes zum Versuch

3.15.5.1 Natriumdodecylsulfat (SDS) und Proteindenaturierung

SDS ist ein anionisches Tensid bestehend aus einem Sulfation, welches mit einem langkettigen (C_{12}) Alkan modifiziert ist, und Natrium, das als Gegenion fungiert (Abb. 3.15.2).

polarer Teil   unpolarer Molekülteil

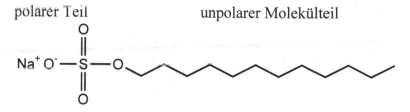

Abb. 3.15.2 Natriumdodecylsulfat, $C_{12}H_{25}NaO_4S$, MW: 288,4 g/mol

SDS kann durch Veresterung des entsprechenden Alkohols mit Schwefelsäure und nachfolgender Neutralisation gewonnen werden. Es dient in den meisten Shampoos und Duschgelen als reinigende Komponente. Darüber hinaus wird SDS als Emulgator in Salben und Lotionen sowie in Reinigungsmitteln eingesetzt.

SDS kann jedoch allergieauslösend und hautreizend sein, weshalb seine Verwendung in Kosmetika höchst kritisch zu bewerten ist. Demgegenüber weist SDS eine antibakterielle und antivirale Wirkung auf.

Die intensive Anwendung als Denaturierungsmittel für Proteine in der SDS-PAGE in höheren Konzentrationen dokumentiert die Wichtigkeit dieser Substanz innerhalb bioanalytischer bzw. biochemischer Arbeitsweisen.

Die Wirkung auf Proteine basiert darauf, dass nichtkovalente Bindungen der Proteine unterbrochen und so deren Quartär- und Tertiärstruktur zerstört werden. Dieses anionische Detergenz SDS überdeckt die Eigenladungen von Proteinen. Dabei binden etwa 1,4 g SDS an eine Proteinmenge von 1g, sodass die Proteine eine konstante Ladungsverteilung aufweisen.

Aufgrund der Eigenschaft, Micellen auszubilden, sind SDS-Protein-Lösungen nicht dialysierbar. Eine Entfernung von SDS ist jedoch durch Fällungsreaktionen mit organischen Lösungsmitteln möglich.

Bei der Probenvorbereitung wird SDS im Überschuss zu den Proteinen hinzugegeben und die Probe anschließend auf 95 °C erhitzt, um Sekundär- und Tertiärstrukturen durch das Unterbrechen von Wasserstoffbrücken und das Strecken der Moleküle aufzubrechen. Optional können Disulfidbrücken durch Reduktion gespalten werden. Dazu werden reduzierende Thiolverbindungen wie β-Mercaptoethanol oder Dithiothreitol dem Probenpuffer zugesetzt. Im Resultat dieser Präparation weisen die mit SDS beladenden Proteine eine ellipsoide Form auf.

In der Abbildung 3.15.2 sind die einzelnen Zustände während der Proteindenaturierung in der SDS-PAGE in einem Bild zusammengefasst.

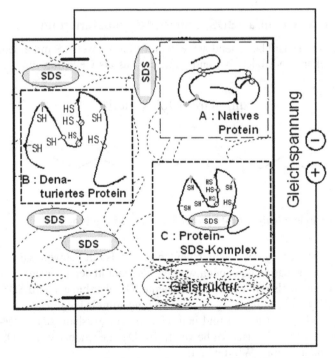

Abb. 3.15.3 Zustände der Proteine während ihrer Denaturierung

3.15.15.2 Polyacrylamid

Es ist ein Polymer, welches in einer radikalischen Reaktion aus Acrylamid und N, N'-Methylenbisacrylamid gebildet wird (Abb. 3.15.4).

Die Polymerisation von Acrylamid zu Polyacrylamid wird durch eine Kettenreaktion hervorgerufen. Diese Reaktion kann von APS, Ammoniumpersulfat, $[(NH_4)_2S_2O_8]$ als Radikal gestartet und mit TEMED (Tetramethylethylendiamin, Abb. 3.15.4) katalysiert werden. Es entsteht eine gelartige Matrix (eine Art „Götterspeise").

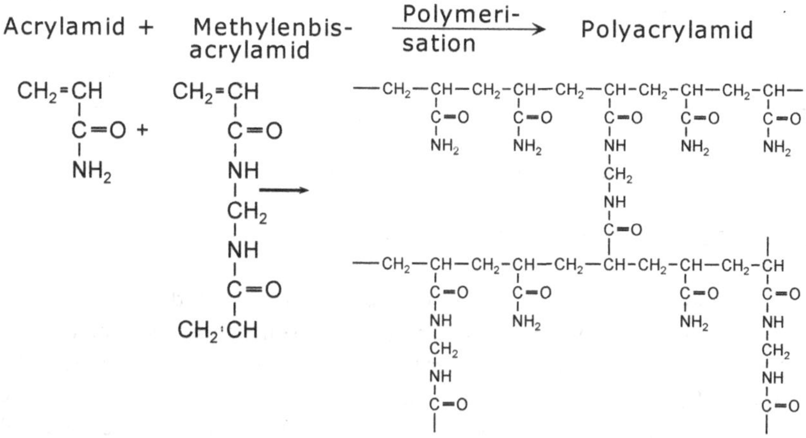

Bild 3.15.4 Herstellung von Polyacrylamidgelen

Acrylamid ist in der unpolymerisierten Form ein Nervengift und kann auch cancerogen wirken; in der polymerisierten Form ist es unschädlich.

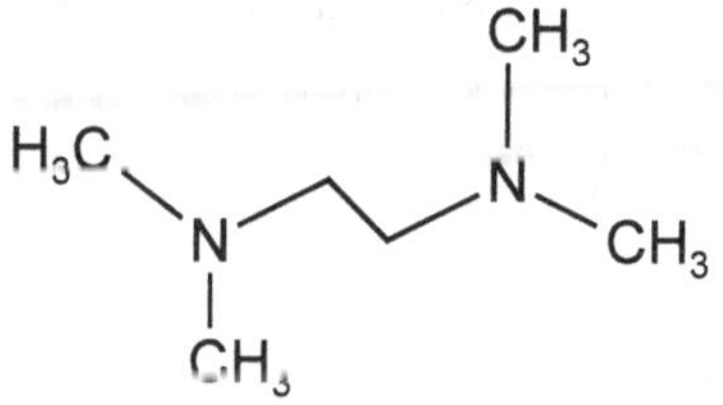

Abb. 3.15.5 TEMED, Tetramethylethylendiamin

3.15.5.3 Elektrophorese

Das naturwissenschaftliche Prinzip der Elektrophorese beruht auf der Wanderung von elektrisch geladenen Teilchen in einem elektrischen Feld (Abb. 3.15.6 und 3.15.7). Die Trennung der Analyte (Proteine) findet bei der „slab gel electrophoresis" in einem Gel und mithilfe einer Pufferlösung statt.

Elektrophorese: Trennprinzipien
(Wanderung von geladenen Analyten
im elektrischen Feld)
Anode (+): positiv geladener Pol An-genehm ist positiv)
Kathode (-): negativ geladener Pol Kat-astrophe ist negativ)
Wanderung der Ionen zu den
entgegengesetzt geladenen Polen
Anode (+)
(-) Kathode
An-Ionen
(z.B. Cl⁻)
Kat-Ionen
(z.B. Na⁺)

Abb. 3.15.6 Elektrophorese: Trennprinzipien

Die Wanderungsgeschwindigkeit v ist dabei proportional der Feldstärke E und der Ionenladung Q, umgekehrt proportional dem Teilchenradius r und der Viskosität η des Stoffes [siehe Theorie der Elektrophorese, IA&BA, 2015, S. 210 ff].

Bei der Gelelektrophorese spielt auch das Verhältnis zwischen dem Teilchenradius und der Porenweite des als Trägermedium dienenden Gels eine Rolle. Grund ist, dass das Gel als Molekularsieb wirkt, sodass sich ein größerer Teilchenradius stärker hemmend auf die Wanderungsgeschwindigkeit auswirkt, als nur durch die Viskosität alleine zu erwarten wäre.

Durch die unterschiedliche Ionenladung und den Teilchenradius bewegen sich die einzelnen Stoffe (Moleküle) unterschiedlich schnell durch das Trägermaterial, wodurch eine Auftrennung entsprechend ihrer elektrophoretischen Mobilität erzielt wird.

Elektrode
Elektrode
Gleichspannung
Elektrophorese-
Platte mit Gel
Startzone mit
Probemolekülen
"Verschmierte"
Substanzzone
"Normale"
Substanzzone
"Scharfe"
Substanzzone

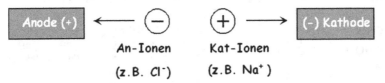

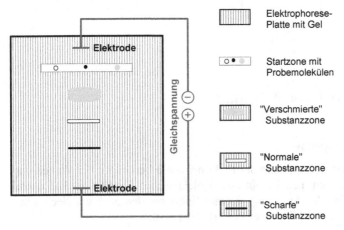

Abb. 3.15.7 Prinzip der slab gel electrophoresis

3.15.5.4 SDS-PAGE

Zur Auftrennung werden die denaturierten Proben in die „Geltaschen" auf ein Gel aus Polyacrylamid appliziert, welches in einen geeigneten Elektrolyten (Puffer) eingelegt ist (Abb. 3.15.7).

Danach wird eine elektrische Spannung angelegt, die eine Migration der negativ geladenen Analyte durch das Gel bewirkt.

Das Gel wirkt dabei wie ein Sieb. Kleine Proteine wandern relativ leicht durch die „Maschen" des Gels, während große Proteine eher zurückgehalten werden und dadurch langsamer die Gelstruktur passieren.

Nach der Trennung sind alle Proteine nach Größe sortiert und können durch weitere Verfahren (Färbungen wie z.B. bei Coomassie-Blue, s. Abb. 3.15.9 und 3.15.3.10) sichtbar gemacht werden.

Zusätzlich zu den Proben wird meistens ein Größenmarker auf das Gel appliziert. Dieser besteht aus Proteinen mit bekannter Größe und ermöglicht dadurch die Abschätzung der Molekulargewichte von Proteinen in den natürlichen Proben.

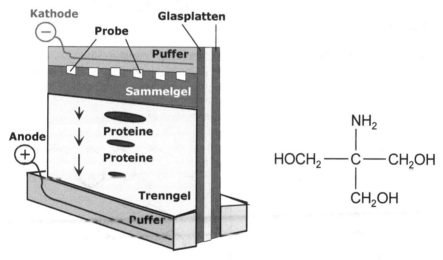

Abb. 3.15.8 Vertikale SDS-PAGE   **Abb. 3.15.9** Tris(hydroxy-methyl)aminomethan

Als Elektrolyt wird häufig ein SDS-haltiges TRIS-Glycin-Puffersystem eingesetzt, da hiermit eine sehr gute Trennung der einzelnen Proteine voneinander erzielt werden kann.

TRIS (Tris(hydroxymethyl)aminomethan, Abb. 3.15.9) wird in der Bioanalytik als Puffersubstanz verwendet.

Bei einem pK_a von 8,3 bei 20 °C besitzt TRIS eine gute Pufferkapazität zwischen pH 7,2 – 9,0.

Glycin oder auch Aminoessigsäure genannt, ist die kleinste und einfachste proteinogene Aminosäure und der einfachste Vertreter der α-Aminosäuren.

Dieses System wurde ursprünglich von Laemmli entwickelt. Zur Trennung von kleinen Proteinen und Peptiden eignet sich besser das TRIS-Tricin-Puffersystem von H. Schägger.

Durch die Kleinporigkeit des Trenngels werden die Proteine nun zusätzlich nach ihrer Molekülgröße aufgetrennt.

Dadurch entsteht in der Disk-Elektrophorese die hohe Bandenschärfe. Auch die Möglichkeit zur Aggregation der Proteine wird mit dieser Elektrophorese-Art vermieden. Nähere Ausführungen zur Disk-Elektrophorese sind in IA&BA-Springer 2015, Seite 217 ff, enthalten.

3.15.5.5 Färbetechniken

Die Färbung mit Coomassie ist die Standard-Methode, um Proteine im Polyacrylamid-Gel sichtbar zu machen.

Sie ist einfach und semiquantitativ, allerdings nicht sehr sensitiv (ca. 1 µg/Bande). Die Coomassie-Färbung wurde ursprünglich als Wollfarbstoff entwickelt und erhielt ihren Namen in Gedenken an die britische Besetzung der Ashanti-Hauptstadt Kumasi oder Coomassie 1896.

Der erste Farbstoff war Coomassie Blue R-250 (r für reddish), gefolgt von Coomassie Blue G-250 (g für greenish) und Coomassie Violet R-150.

Für den Nachweis von Proteinen, die nur in geringen Mengen vorhanden sind, bzw. um die Reinheit einer Protein-Aufreinigung zu überprüfen, ist die Silberfärbung geeigneter.

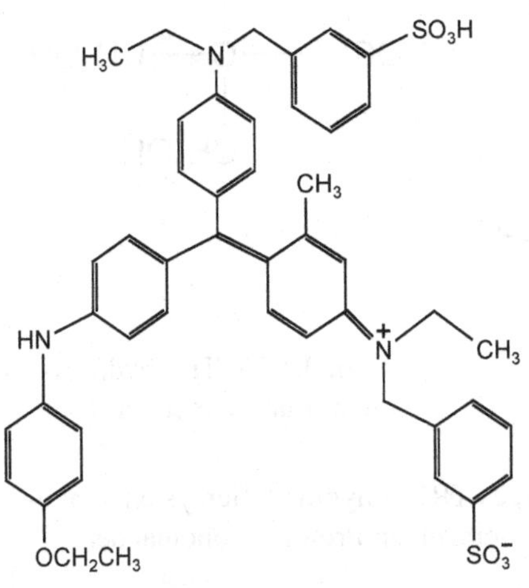

Abb. 3.15.10 Coomassie-Brillant Blau R-250

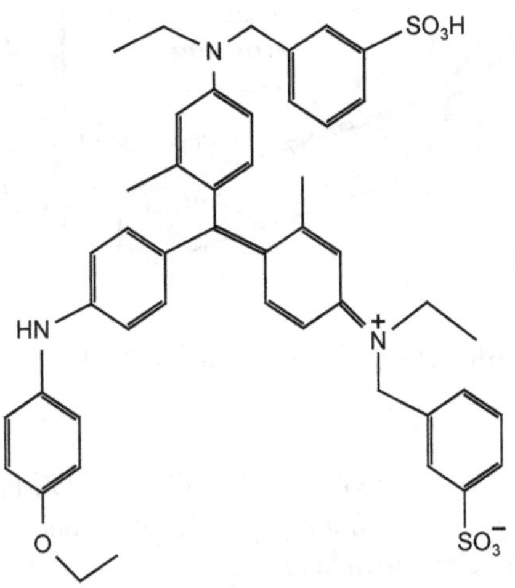

Abb. 3.15.11 Coomassie-B. G-250

3.15.6 Empfehlungen zur Versuchsauswertung (Auswahl)

1) Wie lautet das naturwissenschaftliches Grundprinzip der Elektrophorese?
2) Was ist SDS? Wofür steht „PAG"?
3) Erklären Sie den Trennvorgange der SDS-PAGE!
5) Erläutern Sie kurz im Vergleich dazu die CAF und IEF!
6) Was versteht man unter Visualisierung? Welche Möglichkeiten kennen Sie und welche Empfindlichkeiten werden erzielt?
7) Diskutieren Sie Gemeinsamkeiten und Unterschiede zwischen der slab gel electrophoresis und Kapillarelektrophorese (CE)!
8) Welche Proteinbanden können Sie zuordnen?

3.15.7 Informationsquellen

1) Lottspeich F, Engels J (2012) Bioanalytik, 3. Auflage, Springer, Berlin, Heidelberg
2) Gey MH (2008) Instrumentelle Analytik und Bioanalytik, Springer, Berlin
3) Gey MH (2015) Instrumentelle Analytik und Bioanalytik, Springer, Berlin
4) Renneberg R (2009) Bioanalytik für Einsteiger, Spektrum Akad. Verlag, Heidelberg
5) Venn RF (2008) Principle and Practice on Bioanalysis, CRC Press
6) Kleber H-P, Schlee D, Schöpp W (1997) Biochemisches Praktikum, Gustav Fischer
7) Geckeler KE, Eckstein H (1998) Bioanalytische und biochemische Labormethoden, Vieweg, Braunschweig, Wiesbaden
8) Holtzhauer M (1995) Biochemische Labormethoden, Springer, Berlin, Heidelberg
9) Pyell U, Rebescher H, Banholczer A (1997) J Chromatogr 779:155
10) Görg A, Fawcett JS, Chrambach A (1988) Adv Electrophoresis 2:1
11) Righetti PG (1990) Immobilized pH gradients: Theory and methodology, Elsevier, Amsterdam
12) Schägger H, von Jagow G (1987) Anal Biochem 166:368

Isoelectric focussing

Gelelektrophorese

3 Instrumentelle & Bioanalytik: Versuch 16

3.16 Differenzierung unterschiedlicher Fleischproben mittels Isoelektrischer Fokussierung

3.16.1 Einführung und Zielstellung

Die Isoelektrische Fokussierung (IEF) ist eine sogenannte Endpunktmethode, d.h., es werden hier sehr scharfe Proteinbanden erzielt. Grundlage ist die Trennung der Proteine nach ihren isoelektrischen Punkten. Dazu dienen Elektrophoresegele, die pH-Gradienten enthalten. Es können einerseits Ampholine im Gel immobilisiert sein; andererseits können Ampholyte in der Gelmatrix durch Anlegen von Spannung einen „dynamischen" pH-Gradienten ausbilden.

Nach Aufgabe der Proteinprobe wandert jeder einzelne Analyt unter dem Einfluss des elektrischen Feldes bis zu dem Punkt im IEF-Gel, an dem seine Gesamtladung gleich null ist. Dort wird das Protein „fokussiert", d.h., sobald es sich von diesem Punkt auch nur gering entfernt, erhält das Protein wieder eine Ladung und wandert wieder zu seinem isoelektrischen Punkt zurück. Die Fokussierung des Proteins ist somit mit einer sehr engen Bandenschärfung verbunden.

Ziel des Versuches ist, Proteintrennungen mit IEF-Gelen durchzuführen und zu optimieren. Als Applikationen dienen die Proteinfraktionen aus verschiedenen Fleischproben. Die Proteinpattern sollten sich unterscheiden – durch eine visuelle bzw. qualitative Auswertung der Gele sind Zuordnungen zu den entsprechenden Fleischproben möglich. Somit soll Schweinefleisch von Rindfleisch oder Wildfleisch (Hirsch, Reh) von Straußen- oder Gansfleisch unterschieden werden. Insofern ist es auch möglich, „gepanschte" bzw. „getrocknete" Fleischproben zu erkennen.

3.16.2 Materialien und Methoden

3.16.2.1 Materialien und Zubehör

Die Fleischproben entstammen auf Nachfrage aus verschiedenen Restaurants der der Region. Sie wurden im gefrorenen Zustand ins Analytiklabor überführt, im Gefrierschrank eingelagert und vor der IEF-Analyse kurz aufgetaut. Auf eine mechanische Aufarbeitung – z.B. mittels *french press* – konnte verzichtet werden.

Die verwendete Elektrophorese-Apparatur geht aus Abbildung 3.16.1 hervor. Sie besteht aus einem Stromversorgungsgerät (Sartorphor 300), der Elektrophoresekammer mit Kühlplatte und einer Umlaufkühlung mit Eiswasser für die Elektrophoresekammer. Die Durchführung der IEF-Trennungen erfolgte im horizontalen Modus.

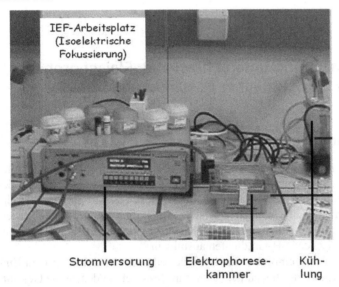

Abb. 3.16.1 IEF-Apparatur

Es wurden kommerzielle IEF-Gele und Materialien (Firma Serva) verwendet, die nachstehend aufgelistet sind:
Der Proteinstandard war wie folgt zusammengesetzt:

Tabelle 3.16.1 Standardproteine für die IEF (IP: Isoelektrischer Punkt)

Protein	Herkunft/Quelle	IP
Cytochrome C	horse, heart	10,7
Ribonuclease A	bovine, pancreas	9,5
Lectin	lens culinaris	8,3; 8,0; 7,8
Myoglobin	horse, muscle	7,4; 6,9
Carbonic anhydrase	bovine, erythrocytes	6,0
ß-Lactoglobulin	bovine, milk	5,3; 5,2
Trypsin inhibitor	soybean	4,5
Glucose oxidase	aspergillus niger	4,2
Amyloglucosidase	aspergillus niger	3,5

3.16.2.2 Durchführung der Isoelektrischen Fokussierung

Die Trennung der Fleischproteine mittels IEF erfolgte nach der entsprechenden Firmenvorschrift. Für das Präparieren des IEF-Gels und die elektrophoretische Separation sind folgende Arbeitsschritte durchzuführen:

1 Folientasche an drei Seiten aufschneiden.
2 Etwas Kerosin auf die Kühlplatte tröpfeln.
3 Das Gel auf die Kühlplatte auflegen.
4 Dochte mit Elektrodenpuffer tränken.
5 Abdeckung entfernen.
6 Befeuchtete Elektroden auf die Gelkanten legen.
7 Applikationsstreifen auflegen und Proben laden.
8 Elektroden auf die Dochte auflegen.
9 Starten der Elektrophorese
   - Pre-settings: 2000 V, 7 mA, 12 W; T: 5 °C
   - Start: 200 V, 7 mA, 2 W
   - Stopp: 2000V, 4 mA, 8 W
   - Dauer: 3500 Vh, 75 min
10 Färben des IEF-Gels.

SERVALYT
PRECOTES, 3-10;
150 µm, 125 x 125 mm

3.16.3 Versuchsergebnisse (Auswahl)

Die Trennung der Testmischung (vgl. 3.16.2.1) verschiedener Standardproteine mittels Isoelektrischer Fokussierung ist in der folgenden Abbildung dargestellt.

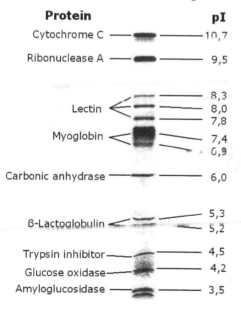

Protein	pI
Cytochrome C	10,7
Ribonuclease A	9,5
Lectin	8,3
	8,0
	7,8
Myoglobin	7,4
	6,9
Carbonic anhydrase	6,0
ß-Lactoglobulin	5,3
	5,2
Trypsin inhibitor	4,5
Glucose oxidase	4,2
Amyloglucosidase	3,5

Abb. 3.16.2 IEF-Elektropherogramm von Standardproteinen

Die folgenden Elektropherogramme zeigen die Ergebnisse der analytischen Untersuchungen verschiedener Fleischproben mittels IEF.

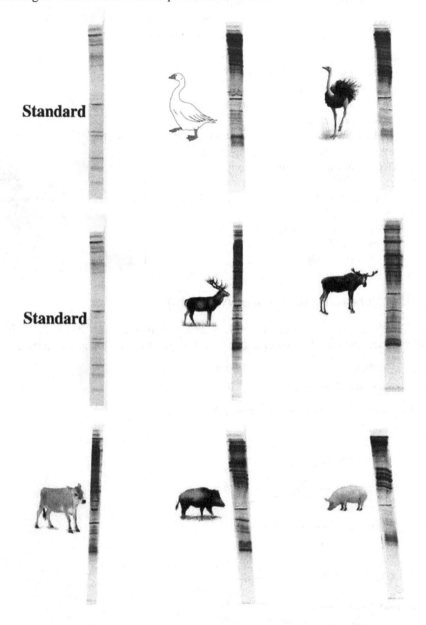

Abb. 3.16.3 IEF-Elektropherogramme verschiedener Fleischproben

3.16.4 Wissenswertes zum Versuch

3.16.4.1 Fleisch

Europarechtlich bezeichnet der Ausdruck „Fleisch" nach der Verordnung (EG) Nr. 853/2004 alle genießbaren Teile (einschließlich Blut) von Huftieren (Haustiere der Gattungen Rind, Schwein, Schaf und Ziege) sowie als Haustiere gehaltene Einhufer, Geflügel, Hasentieren und frei lebendem Wild.

Nach den „Leitsätzen für Fleisch und Fleischerzeugnisse" im Deutschen Lebensmittelbuch bezeichnet Fleisch im allgemeinen Sinne alle Teile von geschlachteten oder erlegten warmblütigen Tieren, die zum Genuss für Menschen bestimmt sind. Nach dieser Definition fallen z. B. auch Innereien und Schwarten darunter. Im Besonderen steht der Begriff für Muskelfleisch, also nur Skelettmuskulatur mit anhaftendem oder eingelagertem Fett, Bindegewebe sowie eingelagerten kleineren tierischen Bestandteilen. Im Begriff „Fleisch" in der Deklaration der Zutaten von Wurst oder anderen Fleischprodukten sind die Anteile von Fett und Bindegewebe prozentual beschränkt.

3.16.4.2 Isoelektrische Fokussierung

Isoelektrische Fokussierung (IEF: *isoelectric focussing*) ist prädestiniert für die Trennung von amphoteren Molekülen mit verschiedenen isoelektrischen Punkten.

Amphotere Substanzen sind Proteine, Glycoproteine oder Nucleinsäuren, die nach außen positiv *und* negativ geladen sein können. Der isoelektrische Punkt (pI) ist der pH-Wert, bei dem diese Moleküle als sogenannte Zwitterionen ohne Nettoladung vorliegen. In einem elektrischen Feld wandern die Biomoleküle innerhalb eines pH-Gradienten genau zu der Stelle im Trenngel, an der ihre Nettoladung gleich null ist bzw. wo sich ihr isoelektrischer Punkt befindet.

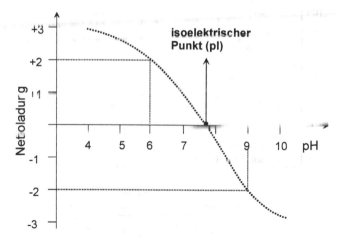

Abb. 3.16.4 Abhängigkeit der Nettoladung eines Proteins vom pH-Wert

Bezüglich der Ladungsverhältnisse eines Proteins gelten folgende Regeln: Bei niedrigem pH-Wert wird die Dissoziation der Carboxylgruppen der Aminosäuren unterdrückt und ihre Ladung ist nach außen neutral.

Die Aminogruppen tragen dagegen im sauren Bereich positive Ladungen, sodass auch für das Protein eine positive Nettoladung resultiert. Bei Erhöhung des pH-Wertes (bis in den basischen Bereich) dissoziieren die Carboxylgruppen und die funktionellen Aminogruppen bleiben neutral geladen, woraus sich für das Protein eine nach außen gerichtete negative Nettoladung ergibt. Durch Auftragen der jeweiligen Nettoladung eines Proteins in Abhängigkeit vom pH-Wert resultiert eine Kurve, die aus der Abbildung 3.16.4 hervorgeht. Ihr Schnittpunkt mit der Abszisse entspricht dem isoelektrischen Punkt des Proteins.

Zur Herstellung von IEF-Gelen mit definierten pH-Gradienten dienen Trägerampholyte, die sich aus verschiedenen Polyaminocarbonsäuren zusammensetzen. Diese Verbindungen einer homologen Reihe unterscheiden sich nur geringfügig in ihren pI-Werten.

Abbildung 3.16.5 zeigt schematisch die Präparation von IEF-Gelen. Die Ampholyte befinden sich nach dem Auftragen völlig ungeordnet (Situation 1) innerhalb der Gelmatrix. Durch das Anlegen eines elektrischen Feldes (Situation 2) beginnen die Ampholyte entsprechend ihrer Ladung zu wandern. Die negativ geladenen Moleküle wandern zur Anode und die positiv geladenen Trägerampholyte orientieren sich zur Kathode.

Anders ausgedrückt, Ampholytmoleküle mit niedrigem isoelektrischem Punkt wandern zur Anode und die mit hohem pI-Wert zur Kathode. Die anderen Ampholyte positionieren sich dazwischen, wodurch ein kontinuierlicher pH-Gradient ausgebildet wird (Situation 3).

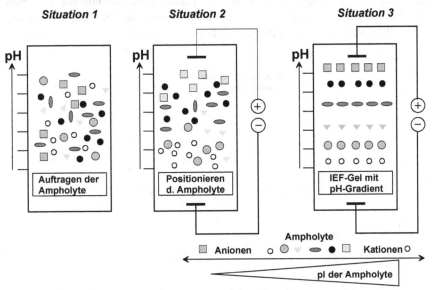

Abb. 3.16.5 Herstellung von IEF-Gelen

Nach der Aufgabe einer Proteinmischung an einer Stelle innerhalb dieses pH-Gradienten besitzen die einzelnen Proteine bei diesem pH-Wert unterschiedliche Nettoladungen. Im elektrischen Feld wandern die Proteine zu ihrem entsprechenden pI-Wert.

Heutzutage werden meist (kommerzielle) immobilisierte IEF-Gele verwendet.

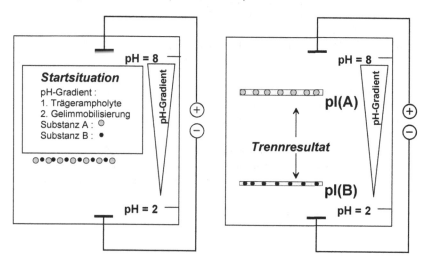

Abb. 3.16.6 Prinzip der Isoelektrischen Fokussierung (IEF)

3.16.5 Empfehlungen zur Versuchsauswertung (Auswahl)

1) Erklären Sie das Prinzip der Elektrophorese!
2) Erläutern Sie die Grundlagen der IEF!
3) Was versteht man unter dem IP?
4) Warum ist die IEF eine „Endpunktmethode"?
5) Wie unterscheiden sich IEF-Gele bei Ihrer Herstellung?
6) Welche Vorteile besitzen immobilisierte IEF-Gele?
7) Was versteht man unter der 2-D-Elekrtrophorese?
8) Nennen Sie Vor- und Nachteile von der slab gel electrophoresis und von der Kapillarelektrophorese (CE)!
9) Nennen Sie Fleischsorten mit wenig Fett!
10) Welche Fleischprodukte sind besonders fetthaltig?
11) Nennen Sie Fleischsorten mit viel Protein!
12) In welchen Fleischprodukten ist der Proteingehalt gering?

3.16.6 Informationsquellen

1) Lottspeich F, Engels J (2012) Bioanalytik, 3. Auflage, Springer, Berlin, Heidelberg
2) Gey MH (2008) Instrumentelle Analytik und Bioanalytik, Springer, Berlin
3) Gey MH (2015) Instrumentelle Analytik und Bioanalytik, Springer, Berlin
4) Renneberg R (2009) Bioanalytik für Einsteiger, Spektrum Akad. Verlag, Heidelberg
5) Venn RF (2008) Principle and Practice on Bioanalysis, CRC Press
6) Kleber H-P, Schlee D, Schöpp W (1997) Biochemisches Praktikum, Gustav Fischer
7) Geckeler KE, Eckstein H (1998) Bioanalytische und biochemische Labormethoden, Vieweg, Braunschweig, Wiesbaden
8) Holtzhauer M (1995) Biochemische Labormethoden, Springer, Berlin, Heidelberg
9) Pyell U, Rebescher H, Banholczer A (1997) J Chromatogr 779:155
10) Görg A, Fawcett JS, Chrambach A (1988) Adv Electrophoresis 2:1
11) Righetti PG (1990) Immobilized pH gradients: Theory and methodology, Elsevier, Amsterdam
12) Schägger H, von Jagow G (1987) Anal Biochem 166:368

3 Instrumentelle & Bioanalytik: Versuch 17

3.17 Serumeiweißelektrophorese (CAF) von gesunden und pathologischen Seren

3.17.1 Einführung und Zielstellung

Mit Elektrophorese-Techniken können Proteine aus biologischen Matrices getrennt und analysiert werden.

Blutserum ist eine gelbliche Flüssigkeit, aus der die Blutkörperchen und der Gerinnungsfaktor, das Fibrinogen, entfernt wurden. Die darin verbliebenen Serumproteine können elektrophoretisch in fünf Hauptfraktionen (Albumin, α_1-, α_2-, β-, γ- Globuline) aufgetrennt werden.

Weiterhin sind Antikörper (Immunglobuline) wie das IgG oder das IgM enthalten. Beim Eintritt von Fremdstoffen (Antigenen) in den Organismus, wird infolge einer Immunantwort die Produktion von Antikörpern angeregt und gesteigert.

Diese Proteinbanden zeigen pathologische Veränderungen in humanen Blutseren an und sind erste Indizien für Erkrankungen wie Leberzirrhose, Entzündungen oder Krebs.

Ziel des Praktikumversuches ist, Seren von gesunden Probanden mit pathologischen Seren hinsichtlich von Veränderungen in den Proteinbanden zu vergleichen. Dazu dient die Serumelweiß-Celluloseacetat-Folien-Elektrophorese (CAF). Auch eine Gegenüberstellung der erzielten Ergebnisse mit den Trennungen aus der Kapillarelektrophorese ist in der Versuchsplanung enthalten.

3.17.2 Materialien und Methoden

- Gesunde und pathologische humane Seren
- Elektrophorese-Apparatur, Sartophor
- Celluloseacetat-Folien SM 12 200
- Elektrophorese-Pufferlösung SM 14202, pH = 8,6
- Färbelösung, Klärlösung, Entfärbelösung, Methanol;
- Glasplatten, Schere, Pinzette, Walze, 50-µl-Spritze
- Saugpapier, Bäderschalen, Trockenschrank
- Kochsalzlösungen, Ultraschallbad
- Zentrifuge, Analysenwaage

3.17.3 Versuchsdurchführung

3.17.3.1 Vorbereitung

- Die Elektrophoresekammer wird bis zum „fluid level" mit Puffer (ca. 400 ml) befüllt und der Niveauausgleich durch Ankippen durchgeführt.
- Die Celluloseacetat-Folie wird im Puffer getränkt, dabei darf die Folie nur mit der Pinzette berührt werden.
- Danach wird die CAF zwischen zwei Lagen Saugpapier vom überflüssigen Puffer befreit.
- Jetzt kann die Folie in die Membranbrücke eingehangen werden, dabei sollte die Perforationsreihe mit Markierungsloch über die feste Zahnleiste gezogen werden.
- Die Membranbrücke in die Elektrophoresekammer einsetzen, sodass sie Enden der Folie in den Puffer tauchen.
- Schließen des Kammerdeckels.

3.17.3.2 Probenaufgabe

- Je 30 µl der unverdünnten Serumprobe in die Probenmulden einspritzen.
- Es empfiehlt sich gesundes und pathologisches Serum alternierend aufzutragen!
- Jetzt wird der Applikator über die Proben in Position gebracht und durch Niederdrücken der Taucher werden die Proben aufgenommen.
- Bei der Position 5 am Kammerdeckel werden die Proben auf die Folie aufgegeben, dabei die Taucher für ca. 5 s nach unten gedrückt halten.
- Danach wird die Kammer mit der Abdeckplatte des Kammerdeckels verschlossen, um Verdunstung des Puffers während der Elektrophorese zu verhindern.

3.17.3.3 Elektrophorese

- Die Kammer wird an das Netzteil angeschlossen, dabei auf die richtige Polung achten!
- Netzteil anschalten und ggf. die Parameter innerhalb des Spannungsgerätes neu programmieren.
- Elektrophorese-Parameter: 300 V, 10 mA, 20 min.
- Nach 20 Minuten das Netzteil ausschalten und die Kabel an der Elektrophoresekammer sicherheitshalber abziehen.
- Danach vorsichtig den Kammerdeckel und die Elektrophoreseabdeckung entfernen.

3.17.3.4 Entwicklung der Folie

- Bei Entnehmen der Folie von der Membranbrücke darauf achten, dass man mit der Pinzette nicht in die Proteinspur gerät.
- Folie ins Färbebad überführen und 10 min darin belassen.
- Danach die Enden der Folie mit der Schere abschneiden; das Markierungsloch soll erhalten bleiben.
- Folie in die Entfärbelösung (ca. 100 ml) überführen, die Entfärbung sollte zwei- bis dreimal für je 5 min erfolgen, dabei die Schale leicht hin- und herschwenken, damit sich die Folie bewegt und die Entfärbung schneller vorangeht.
- Zum Entwässern wird die Folie in eine Schale mit Methanol überführt.
- Anschließend die Folie kurz in die Klärlösung tauchen.
- Die Folie wird auf eine Glasplatte aufgezogen, die zuvor mit Methanol gereinigt wurde.
- Danach die Platte mittels einer Walze mit Methanol benetzen.
- Die Folie mit dem Markierungsloch nach oben links auf die Platte legen und mit der Walze die Folie ohne Luftblasen andrücken.
- Dabei die Folie nicht zu trocken quetschen, da sie sich sonst nach dem Trocknen wieder von der Platte löst (einmal drüber rollen reicht möglicherweise aus).
- Die Glasplatte mit der aufgezogenen Folie wird für 10 min aufrecht in den Trockenschrank (80 °C) gestellt.
- Wenn sich die Folie nicht mehr klebrig anfasst, ist sie trocken.
- Die Auswertung erfolgt visuell, wenn kein Densitometer zur Verfügung steht.

3.17.3.5 Versuchsauswertung

- Einscannen und Beschriftung der Elektrophoresefolien.
- Vergleiche zwischen gesunden und pathologischen Humanseren.
- Welche Proteinbanden haben sich verändert und warum?

3.17.4 Versuchsergebnisse (Auswahl)

In den Abbildungen (Protokollen) 3.17.1 und 3.17.2 sind die Ergebnisse der Serumeißanalysen im Vergleich eines gesunden und eines pathologischen Serums wiedergegeben. Das Serum eines erkrankten Probanden zeigt im Bereich der γ-Globulinfraktion eine deutliche Verstärkung. Dies wird auch mit der Kapillarelektrophorese signifikant bestätigt. Hintergrund ist, dass in diesem Bereich auch Immunglobuline (Antikörper, IgG) präsent sind, die bei einer Erkrankung erhöht werden, um „Eindringlinge" (Antigene) in den humanen Organismus abzuwehren (Immunantwort, siehe auch 3.17.4.2).

Kapillar-Elektrophorese, CE

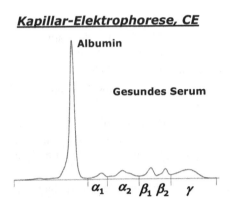

Albumin

Gesundes Serum

α_1 α_2 β_1 β_2 γ

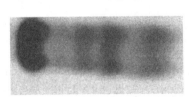

Serum-Kapillarelektrophorese

Fraktion	%	Norm- %
Albumin	**61,4**	55,8 - 66,1
Alpha 1	**4,2**	2,9 - 4,9
Alpha 2	**9,6**	7,1 - 11,8
Beta	**12,0**	8,4 - 13,1
Gamma	**12,8**	11,1 - 18,8

Abb. 3.17.1 Elektropherogramme, Protokoll eines gesunden Serums

Kapillar-Elektrophorese, CE

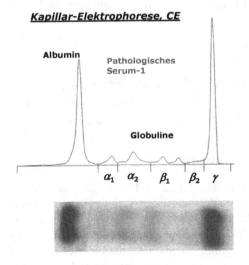

Albumin

Pathologisches
Serum-1

Globuline

α_1 α_2 β_1 β_2 γ

Serum-Kapillarelektrophorese

Fraktion	%		Norm- %	g/l
Albumin	**40,6**	<	55,8 - 66,1	38,41
Alpha 1	**4,3**		2,9 - 4,9	4,07
Alpha 2	**8,8**		7,1 - 11,8	8,32
Beta 1	**6,2**		4,7 - 7,2	5,87
Beta 2	**2,5**	<	3,2 - 6,5	2,37
Gamma	**37,6**	>	11,1 - 18,8	35,57

Abb. 3.17.2 Elektropherogramme, Protokoll eines pathologischen Serums

3.17.5 Wissenswertes zum Versuch

3.17.5.1 Elektrophorese

Die „klassische" Elektrophorese ist die Standardmethode der biochemischen und biomedizinischen Analytik zur Trennung und Isolierung von Nucleinsäuren, Aminosäuren, Kohlenhydraten, Peptiden, Proteinen, Enzymen und Glycoproteinen.

Es können sowohl anionische und kationische, niedermolekulare Biosubstanzen und große Biopolymere als auch Partikel und Zellen mithilfe der Elektrophorese getrennt werden. Die wichtigen Einsatzgebiete sind die Molekularbiologie, Pharmazie, Veterinärmedizin und Lebensmittelüberwachung.

Die elektrophoretische Trennung erfolgt in trägergestützten Medien (Glasplatte mit aufgetragenem Gel oder mittels Folien) und innerhalb freier Lösungen.

In einer Elektrophorese-Apparatur befinden sich Anode und Kathode, an die eine Gleichspannung angelegt wird.

Das Elektrophorese-Prinzip beruht auf der Wanderung von geladenen Probemolekülen (ionische Species) unter dem Einfluss eines Gleichstromfeldes, wobei sich die Probespecies in wässriger Lösung befinden.

Negativ geladene anionische Species wandern zu Anode. Entgegengesetzt geladene Kationen (positive Ladung !) migrieren zur Kathode (Minuspol; s. a. 3.17.3). Dabei wandern kleine und mehrfach geladene Kationen schneller als entsprechend einfach geladene Species. Bei Ionen mit gleicher Ladung sind die größeren bzw. schwereren Species nur gering mobil.

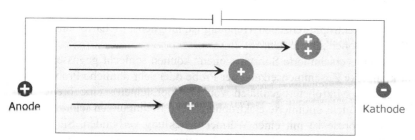

Anode   Kathode

Abb. 3.17.3 Migration in Abhängigkeit der Ladung und Größe

Weit verbreitet ist die Anwendung von trägergestützten Elektrophoresen. Als Trennstrecke dient eine horizontal oder vertikal (s. 3.17.4) angeordnete Platte (Glas, Folie), worauf ein Trenngel (Polyacrylamid- oder Agarose-Gel) möglichst homogen und mit gleichbleibender Schichtdicke aufgetragen ist. Diese porösen Trägermaterialien minimieren durch das Aufsaugen der Elektrolytlösungen in ihre Poren die der Trennung entgegenwirkenden Diffusionserscheinungen, die bei der trägerfreien Elektrophorese auftreten.

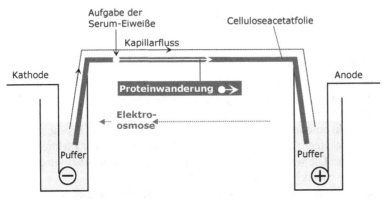

Abb. 3.17.4 Elektrophorese-Apparatur mit Celluloseacetat-Folie

Kathode und Anode sind am Anfang und Ende der Trennstrecke angeordnet. Die Probeionen sind in einem Puffer gelöst und wandern entsprechend ihrer elektrophoretischen Mobilität in diesem Gleichspannungsfeld auf einen für sie charakteristischen Platz im Gel und bilden mehr oder weniger scharf ausgeprägte Substanzbanden. Diese können durch Anfärbetechniken (Silber-, Coomassie-, Ponceau-Färbung) sichtbar gemacht und mit einem Detektor qualitativ oder auch quantitativ bestimmt werden.

In Abbildung 3.17.3 ist dieses Prinzip der „klassischen" Trägerelektrophorese dargestellt. Die Probemoleküle werden strichförmig auf das Trenngel aufgetragen und sollen aus einer möglichst schmalen Startzone heraus die elektrophoretische Trennung beginnen.

Das Ziel der elektrophoretischen Trennung ist, möglichst „scharfe" und gut getrennte Substanzzonen zu erhalten.

Ursachen für „verschmierte Substanzzonen" können schlecht gegossene Gele, eine sehr komplexe Zusammensetzung der Probe oder sehr ähnliche Probespecies (Isoenzyme oder Mikroheterogenitäten von Glycoproteinen), eine breite Substanzaufgabe und nicht optimierte elektrophoretische Bedingungen sein.

Die Elektrophorese ist mit einer Wärmeentwicklung verbunden. Sie entsteht durch Reibung, wenn große Moleküle wie Proteine durch das Gel wandern (migrieren).

Neben dem Elektrophorese-Prinzip wird die Trennung der Analyte auch durch die Elektroosmose beeinflusst.

Die Struktur der Cellulose zeigt Abbildung 3.17.5. Erkennbar ist die Anordnung hydrophiler Zuckerbausteine.

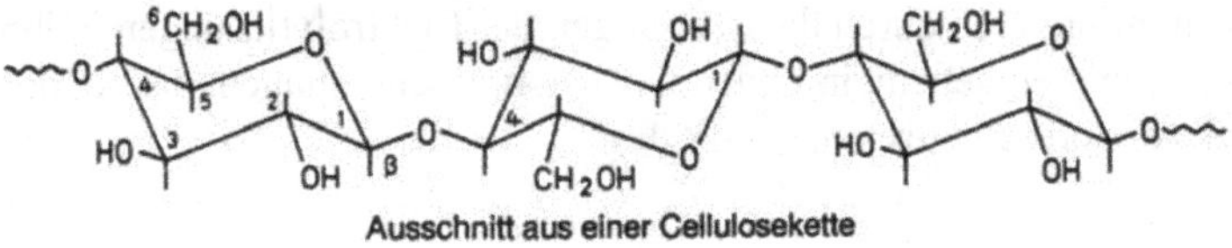

Abb. 3.17.5 Cellulose-Struktur

Die Celloloseacetat-Folie ist eine acetylierte Cellulose, die durch negative Ladungen gekennzeichnet ist. (Abb. 3.17.6).

Abb. 3.17.6 „Ladungen" innerhalb der Celluloseacetat-Folie

An diese über die gesamte Folie lokalisierten Ladungen können sich aus dem Trennmedium/-puffer positive Ionen anlagern. Im einfachsten Falle sind es Hydroniumionen. Diese bilden eine homogene Schicht positiver Ladungsträger auf der Folie (Abb. 3.17.7).

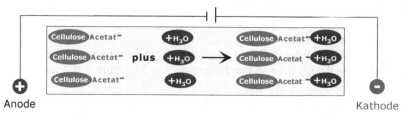

Abb. 3.17.7 Ausbildung positiver Ladungsschichten auf der gesamten
               Celluloseacetat-Folie durch Hydroniumionen.

Die Abbildung 3.17.8 veranschaulicht nochmals das Elektrophorese-Prinzip. Die Anionen wandern zum positiven Pol; positiv geladene Kationen migrieren entgegengesetzt zur Kathode.

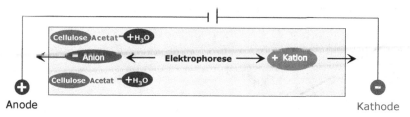

Abb. 3.17.8 Das Prinzip der Elektrophorese

Die Schicht der positiven Ladungsträger auf dem Gel ist flächendeckend und zusammengelagert positioniert. Im elektrischen Feld gibt es demzufolge einen „Sog", der diese positive „Ladungswolke" in Richtung Kathode zieht. Die darin eingebetteten Analyte (Anionen, Neutralteilchen) werden nun auch in Richtung Kathode gezogen. Diese Elektroosmose („elektroosmotischer Fluss") ist der Migration der Anionen zum Pluspol entgegengesetzt (Abb. 3.17.9).

Ist der EOF stärker als der elektrophoretische Trennprozess, so migrieren auch die Anionen zur Kathode.

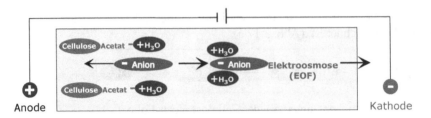

Abb. 3.17.9 Entstehung der Elektroosmose

3.17.5.2 Antikörper

Antikörper (Immunglobuline) sind Proteine (Eiweiße) aus der Klasse der Globuline, die im Menschen als Reaktion auf bestimmte eingedrungene Fremdstoffe, als Antigene bezeichnet, gebildet werden.

Sie dienen der Abwehr dieser Fremdstoffe. Als Antigene wirken fast ausschließlich Makromoleküle oder an Partikel gebundene Moleküle, z.B. Lipopolysaccharide an der Oberfläche von Bakterien.

Ein bestimmtes Antigen induziert in der Regel die Bildung nur eines bestimmten, dazu passenden Antikörpers, der spezifisch nur an diesen Fremdstoff gebunden wird.

Die spezifische Bindung von Antikörpern an die Antigene bildet einen wesentlichen Teil der Abwehr gegen die eingedrungenen Fremdstoffe. Bei Krankheitserregern (Pathogenen) als Fremdstoffe kann die Bildung und Bindung von Antikörpern zur Immunität führen.

Antikörper sind also zentrale Bestandteile des Immunsystems höherer Wirbeltiere. Man bezeichnet Antikörper auch als Immunglobuline (Ig).

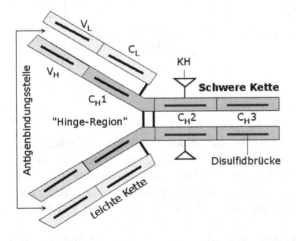

Abb. 3.17.10 Struktur des IgG

Antikörper werden von einer Klasse von weißen Blutzellen (Leukocyten), d.h. zu Effektorzellen differenzierten B-Zellen (= Plasmazellen), sezerniert (*abgesondert*).

Sie kommen im Blut und in der extrazellulären Flüssigkeit der Gewebe vor. Sie "erkennen" meist nicht die gesamte Struktur des *Antigens*, sondern nur einen Teil desselben, die sogenannte antigene Determinante (das Epitop).

Die spezifische Antigenbindungsstelle des Antikörpers bezeichnet man als Paratop.

Die Abbildung 3.17.11 zeigt das Densitogramm einer Serumproteinfraktion (grüne Linie). Die Immunglobuline sind unterhalb dieser Kurve breit verteilt (vor allem das IgG).

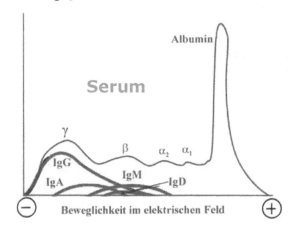

Abb. 3.17.11 Bestandteile des Blutserums – Elektrophoretisches Profil

3.17.6 Empfehlungen zur Versuchsauswertung (Auswahl)

1) Nennen Sie das naturwissenschaftliche Grundprinzip der Elektrophorese!
2) Was versteht man unter Elektroosmose?
3) Was ist Blutserum und was ist Blutplasma?
4) Welche Funktionen haben die Immunglobuline?
5) Erklären Sie das Trennprinzip der Serumeiweiß-Acetat-Folien-Elektrophorese und gehen Sie auf folgende Punkte genauer ein:
   - pH-Wert der Pufferlösung,
   - pK-Werte und Ladung der Proteine,
   - Wanderungsrichtung der Proteine im E-Feld,
   - Anfärben der Proteine.
6) Nennen Sie zwei Beispiele für pathologische Erkrankungen; welche Serumproteinfraktionen haben sich dabei verändert?

3.17.7 Informationsquellen

1) Lottspeich F, Engels J (2012) Bioanalytik, 3. Auflage, Springer, Berlin, Heidelberg
2) Gey MH (2008) Instrumentelle Analytik und Bioanalytik, Springer, Berlin
3) Gey MH (2015) Instrumentelle Analytik und Bioanalytik, Springer, Berlin
4) Renneberg R (2009) Bioanalytik für Einsteiger, Spektrum Akad. Verlag, Heidelberg
5) Venn RF (2008) Principle and Practice on Bioanalysis, CRC Press
6) Kleber H-P, Schlee D, Schöpp W (1997) Biochemisches Praktikum, Gustav Fischer
7) Geckeler KE, Eckstein H (1998) Bioanalytische und biochemische Labormethoden, Vieweg, Braunschweig, Wiesbaden
8) Holtzhauer M (1995) Biochemische Labormethoden, Springer, Berlin, Heidelberg
9) Pyell U, Rebescher H, Banholczer A (1997) J Chromatogr 779:155
10) Görg A, Fawcett JS, Chrambach A (1988) Adv Electrophoresis 2:1

3 Instrumentelle & Bioanalytik: Versuch 18

3.18 Kapillarelektrophorese (CE) von Standardproteinen mittels Piperazin als Modifier

3.18.1 Einführung und Zielstellung

Die Kapillarelektrophorese (CE) ist in vielen Fällen für Biosubstanzen eine Alternativmethode. Im Vergleich zur BioLC und Elektrophorese besitzt die CE bei der Analytik von Proteinen jedoch Nachteile, die vor allem auf die nur sehr geringe einsetzbare Probemenge (nl-Bereich) zurückgeführt wird. Somit sind (mikro)präparative Isolierungen von einzelnen Proteinen/Enzymen (z.B. aus biologischen Gemischen) nicht möglich. Deshalb können Enzymkinetiken und strukturelle Aufklärungen dieser Biomoleküle nachfolgend nicht realisiert werden. Andererseits ist die Automatisierung der Kapillarelektrophorese vergleichbar hoch wie in der HPLC/BioLC und die Methode ist äußerst trennleistungsstark, was sich in einer sehr hohen Anzahl theoretischer Böden (500 000/m) zeigt.

Proteinfraktionen können mittels CE nur im analytischen Maßstab durchgeführt werden. Das ist dann vorteilhaft, wenn nur sehr geringe Probevolumina (s.o.) zur Verfügung stehen.

Ziel des Praktikums ist es, die Funktionsweise der CE-Apparatur kennenzulernen und eine Methode mithilfe der Agilent-Software zu programmieren. Nach Spülen und Konditionieren der Kapillare sollen auch verschiedene CE-Trennungen von Proteinen durchgeführt werden.

3.18.2 Materialien und Methoden

3.18.2.1 Materialien und Zubehör

- Cytochrome C,   (MW: 12.327 Da, bovine)
- Lysozyme   (MW: 14.300 Da, chicken egg)
- Myoglobin   (MW: 16.951 Da, horse)
- Ribonuclease   (MW: 13.700 Da)
- Chymotrypsinogen A   (MW: 25.000 Da)
- Kapillare: Fused-Silica, 65 cm x 75 µm i.D.
- Puffer: 0,02 mol /l KH_2PO_4, 0,05 mol/l Piperazin, pH = 3,0

3.18.2.2 Aufbau einer Kapillarelektrophorese-Apparatur

Der Aufbau einer CE-Apparatur beinhaltet zwei Puffergefäße, die durch eine Hochspannungsquelle ($U \cong 30$ kV) verbunden sind (Abb. 3.18.1).

Die Enden der Kapillare tauchen in die entsprechenden Pufferlösungen ein. Zur Probeinjektion wird ein Kapillarende kurzzeitig in das Probegefäß eingeführt, um die Analyte durch unterschiedliche Injektionstechniken in die Kapillare zu applizieren. Im elektrischen Feld wandern sie zur Gegenelektrode und passieren den Detektor. Die Kapillare selbst dient als Küvette und wird direkt von einer Lichtquelle durchstrahlt. Die getrennten und detektierten Analyte werden in einem Elektropherogramm registriert.

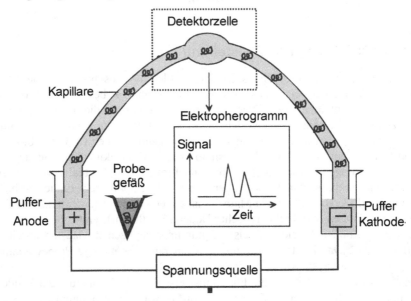

Abb. 3.18.1 Aufbau eine CE-Apparatur

3.18.2.3 Injektionstechniken in der CE

Die Reproduzierbarkeit der Injektion von kleinen Probevolumina (Nanoliterbereich) war längere Zeit ein unzureichend gelöstes Problem in der CE. Als Injektionstechniken werden die in Abbildung 3.18.2 dargestellten Varianten vorzugsweise angewendet.

Bei der hydrodynamischen Methode wird Druck im Probegefäß angelegt und es entsteht eine Druckdifferenz zwischen Kapillaranfang und -ende. Je größer die Druckdifferenz und die Injektionsdauer sind, desto mehr Probevolumen wird appliziert. Durch Anlegen von Vakuum im Puffergefäß, in welches das Kapillarende eintaucht, entsteht auch eine Druckdifferenz, die gleichermaßen zur Probeinjektion führt.

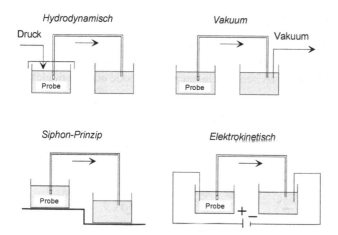

Abb. 3.18.3 Injektionstechniken

Das Siphon-Prinzip beruht auf der Ausnutzung der Höhendifferenz zwischen Probegefäß und dem zweiten Puffergefäß. Die applizierten Probevolumina sind von der eingestellten Höhendifferenz und Injektionsdauer abhängig.

Bei der elektrokinetischen Injektion wird der Kapillaranfang in das Probegefäß eingeführt. Durch kurzzeitige Spannungsintervalle erfolgt die Injektion der Probe. Das injizierte Volumen hängt von der Höhe der Spannung und der Zeit ab.

3.18.2.3 Trennkapillaren in der CE

Als Trennkapillaren dienen meist Fused-Silica-Kapillaren, aber auch Glas oder Polymermaterialien finden Anwendung. Ihre Längen betragen etwa 10 bis 50 cm und der Innendurchmesser liegt zwischen 50 und 100 µm (Abb. 3.18.4). Zur Verbesserung der Flexibilität und Handhabung der Kapillaren werden sie mit einem Polyimidpolymer beschichtet.

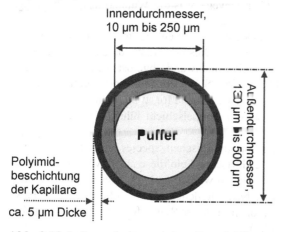

Abb. 3.18.4 Querschnitt von einer Fused-Silica-Kapillare

3.18.2.4 Elektrophoreseprinzip

Die Elektrophorese beruht auf der Wanderung von geladenen und in einer Lösung befindlichen Teilchen (Ionen) im elektrischen Feld. Nach Anlegen einer Spannung migrieren diese zu den entsprechenden Gegenpolen (Anode oder Kathode).

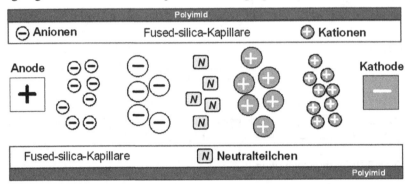

Abb. 3.18.4 Elektrophoreseprinzip

Die Mobilität der Moleküle (Analyte) hängt von ihrer Ladung, Größe und der angelegten Spannung ab. Kleine Ionen wandern schneller als große und mehrfach geladene schnelle als einfach geladene Ionen.

Die Temperatur, der pH-Wert oder die Ionenstärke der Lösung sind weitere Faktoren, die die Migration beschleunigen oder verzögern können.

Zuerst muss die Kapillare mit NaOH konditioniert werden, um sie u.a. von Kontaminationen zu reinigen.

3.18.2.5 Elektroosmotischer Fluss

Ein besonderes Phänomen in der Kapillarelektrophorese ist der sogenannte elektroosmotische Fluss (EOF). Durch ihn wird die Pufferlösung selbst innerhalb der Kapillare von einem Pol zum anderen bewegt, was die Wanderungsgeschwindigkeit und -richtung der Analyte entscheidend beeinflusst.

Zur Vorbereitung einer kapillarelektrophoretischen Trennung wird die Kapillare mit einer Pufferlösung (pH ca. 4) gefüllt. Dies führt dazu, dass die Wasserstoffionen der Silanolgruppen an der Kapillarinnenwand abgelöst werden und in den Migrationspuffer übergehen (Abb. 3.18.5). Somit entsteht eine negativ geladene Inneroberfläche. Daran lagern sich positiv geladene Ionen aus dem Migrationspuffer an, was zur Ausbildung einer starren Doppelschicht führt (s. Bereich „A" in Abb. 3.18.6).

Das Phänomen der Anlagerung von kationischen Species an und in der Nähe der Kapillarwand bewirkt, dass im elektrischen Feld diese „positiven Flüssigkeitsbereiche" als Ganzes zur Kathode gezogen werden („als ob alles an einem Faden hinge"), weshalb auch darin gelöste Neutralteilchen sowie große und kleine bzw. einfach und mehrfach geladene Anionen in dieser Reihenfolge im Sog des Analyten mitgerissen werden (Abb. 3.18.7).

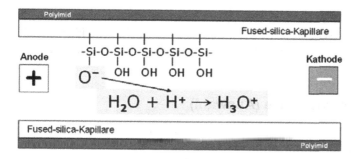

Abb. 3.18.5 „Ablösung" der Wasserstoffionen der Silanolgruppen

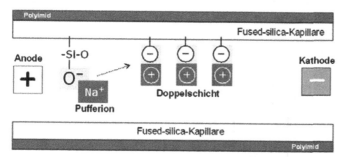

Abb. 3.18.6 Ausbildung einer starren Doppelschicht

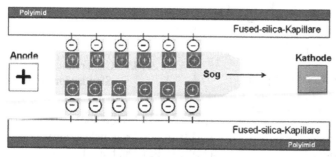

Abb. 3.18.7 Entstehung des „Sogs" in der CE

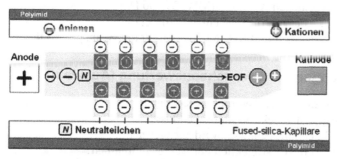

Abb. 3.18.8 Elektroosmotischer Fluss, EOF

Der EOF (Abb. 3.18.8) bewirkt, dass zuerst die kleinen und großen Kationen, dann die Fraktion der Neutralanalyte und schließlich die großen und kleinen Anionen zum Minuspol gezogen werden. In dieser Reihenfolge werden sie im Elektropherogramm registriert.

3.18.3 Versuchsergebnisse (Auswahl)

Die Abbildung 3.18.9 zeigt die kapillarelektrophoretische Trennung von fünf Standardproteinen (Cytochrome C, Lysozyme, Myoglobin, Ribonuclease und Chymotrypsinogen A). Durch Zusatz eines Diamins (0,05 mol/l Piperazin) und der Einstellung des pH-Wertes auf 3,0 konnten gute Auflösungen zwischen den einzelnen Komponenten erzielt werden.

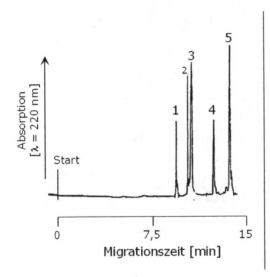

Abb. 3.18.9 CE-Trennung von Standardproteinen

- Cytochrome C,   (MW: 12.327 Da, bovine)
- Lysozyme   (MW: 14.300 Da, chicken egg)
- Myoglobin   (MW: 16.951 Da, horse)
- Ribonuclease   (MW: 13.700 Da)
- Chymotrypsinogen A   (MW: 25.000 Da)
- Kapillare: Fused-Silica, 65 cm x 75 µm i.D.
- Puffer: 0,02 mol /l KH_2PO_4, 0,05 mol/l Piperazin, pH = 3,0

3.18.6 Empfehlungen zur Versuchsauswertung (Auswahl)

1) Beschreiben Sie das Elektrophorese-Prinzip!
2) Wie entsteht der elektroosmotische Fluss?
3) Welche Injektionstechniken werden angewandt?
4) Weshalb ist die CE-Detektion nur wenig empfindlich?
5) Warum werden in der CE hohe theoretische Bodenzahlen erzielt?

3.18.7 Informationsquellen

1) Lottspeich F, Engels J (2012) Bioanalytik, 3. Auflage, Springer, Berlin, Heidelberg

2) Gey MH (2008) Instrumentelle Analytik und Bioanalytik, Springer, Berlin

3) Gey MH (2015) Instrumentelle Analytik und Bioanalytik, Springer, Berlin

4) Renneberg R (2009) Bioanalytik für Einsteiger, Spektrum Akad. Verlag, Heidelberg

5) Kleber H-P, Schlee D, Schöpp W (1997) Biochemisches Praktikum, Gustav Fischer

6) Geckeler KE, Eckstein H (1998) Bioanalytische und biochemische Labormethoden, Vieweg, Braunschweig, Wiesbaden

7) Li SFY (1992) Capillary electrophoresis: principles, practice and applications, J Chromatogr Lib, Vol 52, Elsevier, Amsterdam

8) Kuhn, R, Hoffstetter-Kuhn S (1993) Capillary electrophoresis: principles and practice, Springer, Berlin

9) Foret F, Krivánková L, Bocek P (1993) Capillary Zone Electrophoresis, VCH, Weinheim

10) Engelhardt H, Beck W, Schmitt T (1994) Kapillarelektrophorese, Friedr. Vieweg & Sohn, Braunschweig

Lokalanästhetika

Procain, Benzocain, Lidocain

3.19 Kapillarelektrophorese von Lokalanästhetika: Lidocain, Benzocain, Tetracain, Procain

3.19.1 Einführung und Zielstellung

Als Lokalanästhetikum (Pl. -ka) werden Anästhetika zur örtlichen Betäubung bezeichnet. Moderne Wirkstoffe besitzen keine euphorisierende oder suchterzeugende Wirkung und dürfen nicht mit Betäubungsmitteln im Sinne des Betäubungsmittelgesetzes wie Morphin oder Heroin verwechselt werden.

Die ersten als Ersatz für Cocain dienenden synthetischen Lokalanästhetika, die sich in der medizinischen Praxis durchsetzten, waren Stovain und Novocain. Andere Vorläufer wie Benzocain oder Nirvanin konnten nicht etabliert werden.

Die chemische Struktur aller Lokalanästhetika ist ähnlich. Sie bestehen aus einer lipophilen aromatischen Ringstruktur, einer Zwischenkette und einer hydrophilen Aminogruppe (s. auch 3.19.5).

Vorteilhaft für die CE-Analytik ist, dass die Bestimmung von Lokalanästhetika nicht im Spurenbereich erfolgen muss, sondern dass i.d.R. Substanzmengen in der Größenordnung von Milligramm oder in höheren Massenbereichen verfügbar sind. Das ist auch bei Cocainfunden, die mit größeren Mengen an Lokalanästhetika gestreckt worden sind, der Fall.

Ziel des Versuches ist, Lokalanästhetika wie Lidocain, Benzocain, Tetracain und Procain mittels CE optimal zu trennen. Falls natürliche Drogenfunde zur Verfügung gestellt werden können, wäre das eine besonders interessante Applikation. Weiterhin sollen CE-Bedingungen wie Spannung und Zusammensetzung der Trennpuffer optimiert werden.

3.19.2 Materialien und Methoden

3.19.2.1 Anästhetika (Referenzsubstanzen)

- Procain: Lokalanästhetika (Ester-Typ)
- Tetracain: Lokalanästhetika (Amid-Typ)
- Lidocain: Oberflächenanästhetika (Schleimhäute)
- Benzocain,   Lokalanästhetika (Ester-Typ)

3.19.2.2 Materialien und Zubehör

- Deuteriertes Cocain
- Entionisiertes Wasser
- pH-Meter
- Ultraschallbad
- Zentrifuge
- Analysenwaage
- Maßkolben, 5 und 10 ml

3.19.2.3 Equipment für den Versuch

Für die Analysen der Lokalanästhetika wurde die Kapillarelektrophorese der Firma Agilent (s.a. Kapitel 3.18) eingesetzt. Die theoretischen und praktischen Grundlagen zur CE gehen auch aus diesen zuvor abgehandelten Kapitel hervor.

3.19.3 Versuchsergebnisse (Auswahl)

Abbildung 3.19.1 zeigt die Trennung von drei ausgewählten Lokalanästhetika (Procain, Tetracain, Lidocain) mithilfe der Kapillarzonenelektrophorese.

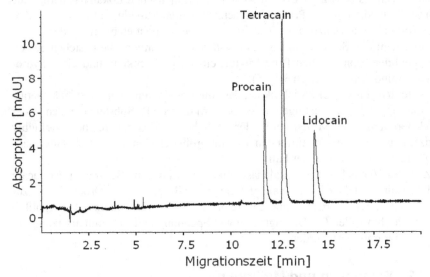

Abb. 3.19.1 Elektropherogramm von 3 Lokalanästhetika

- Kapillare: Fused-Silica-Kapillare, 50 cm x 50 µm i.D.
- Puffer: 50 mmol Phosphatpuffers (pH-Wert = 2,7)
- Injektion: Hydrodynamisch, 50 mbar, 3 sec
- Spannung: 20 KV
- Detektion: UV, 227 nm

Zur Trennung wurde ein Phosphatpuffer (50 mmol) eingesetzt und der pH-Wert wurde mit Trifluoressigsäure auf 2,7 eingestellt. Alle Komponenten konnten gut aufgetrennt werden. Nach Erhöhung der Spannung von 20 auf 30 KV wurde die Migrationszeit etwas verkürzt (Abb. 3.19.2).

Durch Veränderung des pH-Wertes des Trennpuffers vom sauren Bereich auf einen pH-Wert von 8,5 konnte die Zeit deutlich verkürzt werden (Abb. 3.19.3).

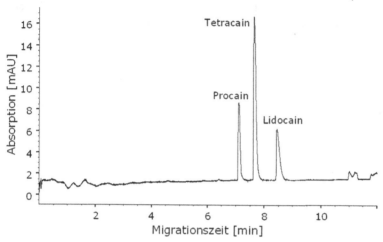

Abb. 3.19.2 Elektropherogramm von 3 Lokalanästhetika
- ▪ CE-Bedingungen wie in Abbildung 3.19.1
- ▪ Spannung: **30 KV**

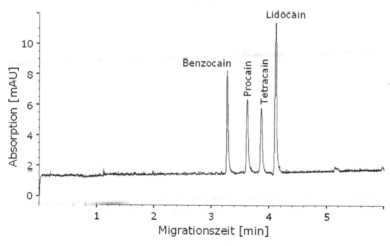

Abb. 3.19.3 Elektropherogramm von 4 Lokalanästika
- ▪ CE-Bedingungen wie in Abbildung 3.19.1
- ▪ Puffer: 50 mmol Phosphatpuffers **(pH-Wert = 8,5)**

Die folgenden CE-Elektropherogramme (Abb. 3.19.4/5) beinhalten deuteriertes
Cocain. Die Reproduzierbarkeit der Migrationszeiten ist sehr gut.

Andererseits sind CE-Trennungen gelegentlich von Störpeaks begleitet oder
durch nur wenig scharfe Peakprofile (Benzocain) gekennzeichnet (s. Abb. 3.19.6).
Nicht ausreichend mit Helium entgaste Puffer können eine Ursache sein. Gelegentlich kommt es auch zu permanenten Störungen, wie das abschließende Elektropherogramm (Abb. 2.18.7) zeigt. Dies kann auf Detektionsprobleme oder auf
unbrauchbar gewordene Kapillaren zurückzuführen sein!?

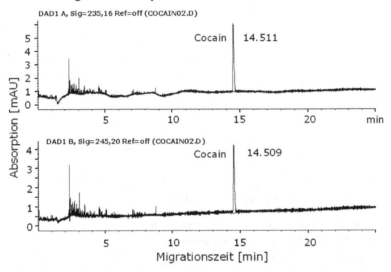

Abb. 3.19.4/5 Elektropherogramme von Cocain

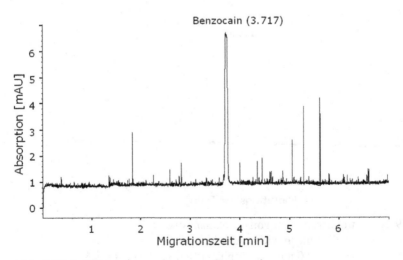

Abb. 3.19.6 Elektropherogramm von Benzocain

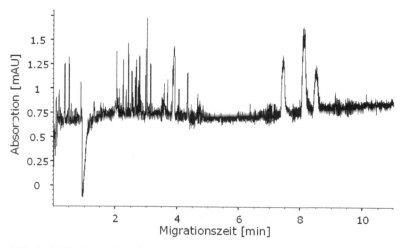

Abb. 3.19.7 „Rauschende Kapillarelektrophorese"

3.19.5 Wissenswertes zum Versuch

Zu Pharmaka von besonderem Interesse gehören die sogenannten Lokalanästhetika, die in der Chirurgie oder Zahnmedizin zur örtlichen Betäubung dienen. Bekannte Vertreter sind Benzocain, Procain, Tetracain und Lidocain (Abb. 3.19.8 bis 3.19.11). Ihre Erscheinungsform als weiße kristalline Pulver, die ein leichtes Kribbeln z.B. auf der Zunge erzeugen können, machen die Lokalanästhetika als „Streckungssubstanzen" für „Cocain-Präparate" interessant.

Auch hier weisen die Moleküle einerseits hydrophobe Phenylgruppen und andererseits polare Heteroatome auf. Saure RP-HPLC oder Ionenpaarchromatographie wären sicher als flüssigchromatographische Analysenmethoden dafür geeignet. Eine effiziente Alternative ist die Kapillarelektrophorese (CE). Die entsprechenden CE-Applikationen dieser Lokalanästhetika (Abb. 3.19.1 und 3.19.2) erfüllen die Kriterien von unabhängigen Zweitmethoden in der analytischen Praxis.

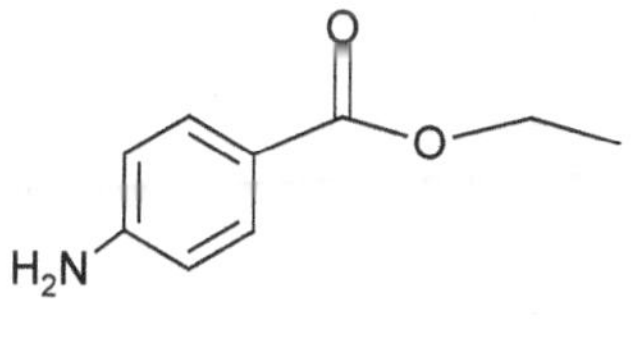

Abb. 3.19.8 Benzocain 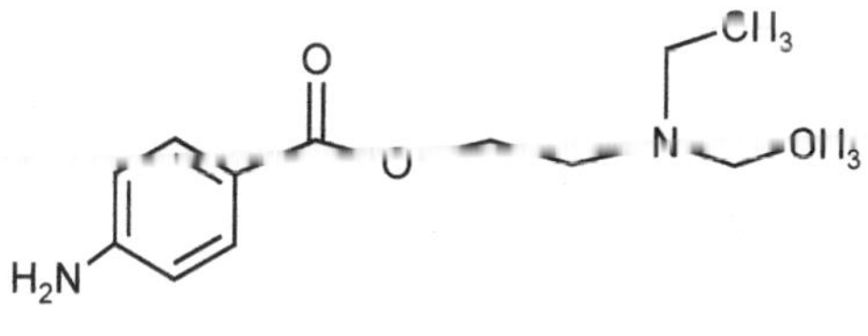   **Abb. 3.19.9** Procain

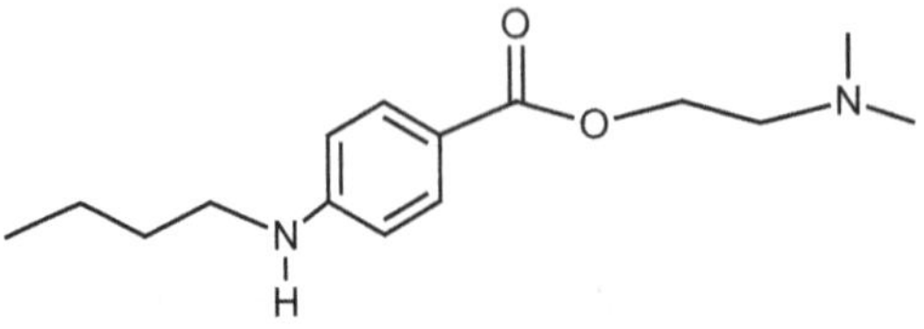

Abb. 3.19.10 Tetracain

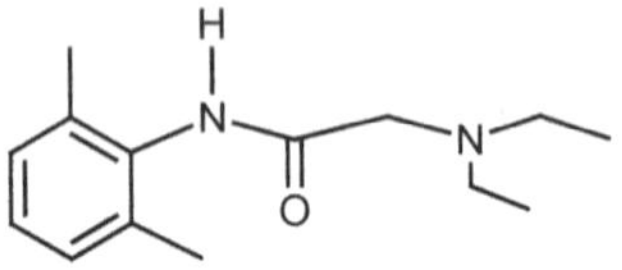

Abb. 3.19.11 Lidocain

3.19.6   Empfehlungen zur Versuchsauswertung (Auswahl)

1) Erklären Sie das Prinzip der CE!
2) Wie entsteht der EOF?
3) Welche Strukturen besitzen Lokalanästhetika?
4) Welche Funktionen haben Lokalanästhetika?

3.19.7   Informationsquellen

1) Lottspeich F, Engels J (2012) Bioanalytik, 3. Auflage, Springer, Berlin, Heidelberg
2) Gey MH (2008) Instrumentelle Analytik und Bioanalytik, Springer, Berlin
3) Gey MH (2015) Instrumentelle Analytik und Bioanalytik, Springer, Berlin
4) Li SFY (1992) Capillary electrophoresis: principles, practice and applications, J Chromatogr Lib, Vol 52, Elsevier, Amsterdam
5) Kuhn, R, Hoffstetter-Kuhn S (1993) Capillary electrophoresis: principles and practice, Springer, Berlin
6) Foret F, Krivánková L, Bocek P (1993) Capillary Zone Electrophoresis, VCH, Weinheim
7) Engelhardt H, Beck W, Schmitt T (1994) Kapillarelektrophorese, Friedr. Vieweg & Sohn, Braunschweig

3 Instrumentelle & Bioanalytik: Versuch 20

3.20 Kapillarelektrophorese (CE) von ausgewählten pharmazeutischen Wirkstoffen

3.20.1 Einführung und Zielstellung

Lokalanästhetika (Versuch 3.19) gehören natürlich auch zur Gruppe der Pharmaka und diese pharmazeutischen Wirkstoffe basieren wiederum z.T. auch auf Proteinstrukturen (siehe Versuch 3.18). Es existieren demzufolge signifikante Gemeinsamkeiten – jedoch auch Unterschiede – zwischen diesen Stoffgruppen.

Der Vorteil für die CE-Analytik liegt auch hier in der ausreichenden Verfügbarkeit der Pharmazeutika; solange Analysen der Reinheitskontrolle und Qualitätssicherung der Materialien im Vordergrund stehen. Für Metabolisierungsuntersuchungen einzelner (neu synthetisierter) Wirkstoffe ist die Kapillarelektrophorese aufgrund der nur sehr unempfindlichen Nachweisbarkeit eher ungeeignet.

Höhere Informationsgehalte über die Zusammensetzung bzw. Reinheit der Pharmaka werden erzielt, wenn sowohl HPLC-Methodik als auch CE-Equipment im Labor als sich ergänzende Methoden eingesetzt werden können.

Ziel des Versuches ist, bekannte Wirkstoffe aus Arzneimitteln kapillarelektrophoretisch zu analysieren. Der Fokus liegt auf der simultanen Bestimmung einer größeren Anzahl von Wirkstoffen sowie auf Optimierungen der Trennungen, auf guten Reproduzierbarkeiten und der Robustheit der Methodik. Wichtig sind möglichst sehr gute Peaksymmetrien der pharmazeutischen Analyte.

3.20.2 Materialien und Methoden

3.20.2.1 Pharmaka (Spezielle Referenzsubstanzen)

- Amitriptylin   (Antidepressivum/Psychopharmakon)
- Ethaverin   (Spasmolytikum/Muskelrelaxantium)
- Thioridazin   (Antipsychotikum/Neuroleptikum)
- Oxytetracyclin   (Antibiotikum/Tetracyclin)
- Propranolol   (Betablocker)
- Chlorpromazin   (Antipsychotikum/Neuroleptikum)

3.20.2.2 Materialien und Zubehör

- Entionisiertes Wasser
- Paracetamol (Standardsubstanz und Tabletten), Acetylsalicylsäure
- pH-Meter
- Ultraschallbad
- Zentrifuge
- Analysenwaage
- Maßkolben, 5 und 10 ml

3.20.2.3 Equipment für den Versuch

Für die Analysen der pharmazeutischen Wirkstoffe wurde die Kapillarelektrophorese der Firma Agilent eingesetzt. Die theoretischen und praktischen Grundlagen zur CE gehen aus Kapitel 3.18 hervor.

3.20.3 Versuchsergebnisse (Auswahl)

3.20.3.1 Ausgewählte Pharmaka-Standards

Abbildung 3.20.1 zeigt die Trennung von vier ausgewählten Pharmaka (Amitriptylin, Ethaverin, Thioridazin und Oxytetracyclin) mithilfe der CE. Die Peaks weisen z.T. ein geringes Tailing; werden aber gut aufgelöst getrennt.

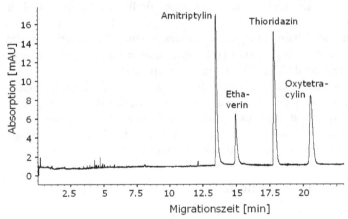

Abb. 3.20.1 Elektropherogramm ausgewählter Pharmaka

- Kapillare: Fused-Silica-Kapillare, 50 cm x 50 µm i.D.
- Puffer: 50 mmol Phosphatpuffers (pH-Wert = 2,7)
- Injektion: Hydrodynamisch, 50 mbar, 3 sec
- Spannung: 20 KV
- Detektion: UV, 227 nm

Zur Trennung wurde ein Phosphatpuffer (50 mmol) eingesetzt; der pH-Wert wurde mit Trifluoressigsäure auf 2,7 eingestellt. Alle Komponenten konnten gut aufgetrennt werden. Nach Erhöhung der Spannung auf 30 KV wurde die Migrationszeit etwas verkürzt (Abb. 3.20.2).

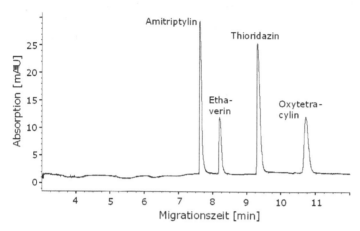

Abb. 3.20.2 Elektropherogramm ausgewählter Pharmaka
- CE-Bedingungen wie in Abbildung 3.20.1
- Spannung: **30 KV**

3.20.3.2 Nachweis von Paracetamol in Tabletten

Für weiterführende Analysen können pharmazeutische Wirkstoffe auch aus kommerziellen Tablette mit der Kapillarelektrophorese qualitativ und quantitativ bestimmt werden. Die CE-Trennung des Standards zeigt Abbildung 3.20.3.

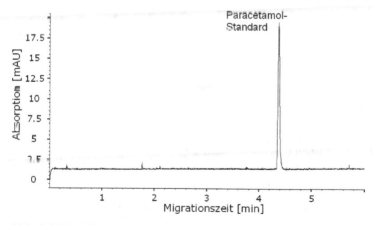

Abb. 3.20.3 CE von Pharmaka
- CE-Bedingungen wie in Abbildung 3.20.1

Parallel dazu wird das Paracetamol aus einer kommerziellen Kopfschmerztablette extrahiert und unter identischen CE-Bedingungen analysiert (Abb. 3.30.4). Der resultierende Peak zeigt zwar ein noch nicht optimales Profil; weitere Komponenten werden jedoch nicht registriert. Auf dieser Basis kann nach gründlicher statistischer Absicherung der Gehalt an Paracetamol bestimmt werden.

Schließlich ist in einem weiteren Elektropherogramm (Abb. 3.20.4) dargestellt, dass auch Acetylsalicylsäure unabhängig von Paracetamol mit CE sehr gut analysierbar ist.

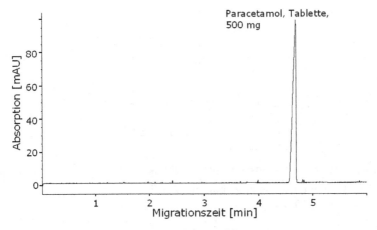

Abb. 3.20.4 CE von Paracetamol aus Tabletten
- CE-Bedingungen wie in Abbildung 3.20.1

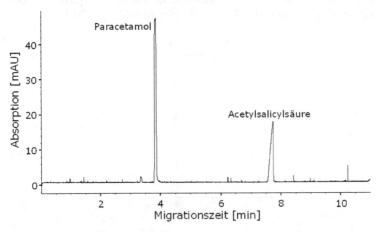

Abb. 3.20.5 CE-Trennung von Paracetamol und Acetylsalicylsäure
- CE-Bedingungen wie in Abbildung 3.20.1

3.20.5 Wissenswertes zum Versuch

Unter „Arzneimittel" versteht man hingegen die Zubereitung eines oder mehrerer Arzneistoffe für die Anwendung am Patienten bzw. Probanden.

Anhand einiger weniger ausgewählter pharmazeutischer Wirkstoffe soll auf die Problematik der analytischen Bestimmung hingewiesen werden.

Weitbekannt sind Acetylsalicylsäure (ASS) und Paracetamol. Acetylsalicylsäure wird unter dem Namen Aspirin vermarktet und wirkt schmerzstillend, fiebersenkend und entzündungshemmend.

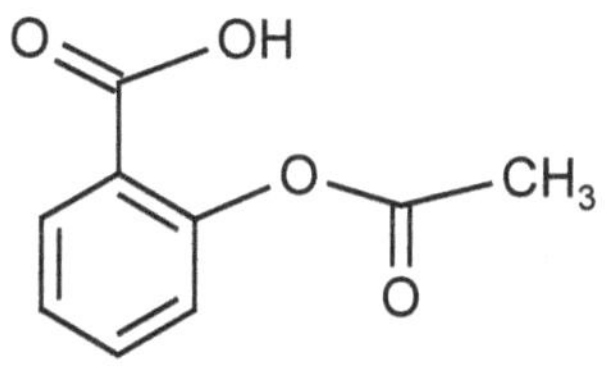

Abb. 3.20.6 Acetylsalicylsäure

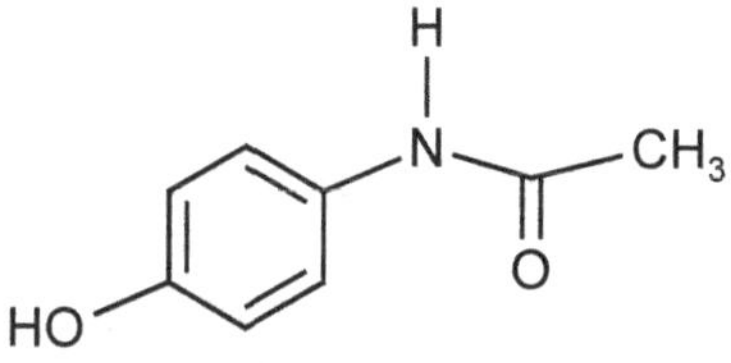

Abb. 3.20.7 Paracetamol

Der Wirkstoff (Abb. 3.20.6) ist gut in Alkohol löslich, jedoch weniger gut in kalter wässriger Lösung. Dies ist auf den hydrophoben aromatischen Ring zurückzuführen. Die Heteroatome im Molekül der Acetylsalicylsäure verleihen ihr eine gewisse Polarität. Die Wasserlöslichkeit verbessert sich bei Temperaturerhöhung.

Acetylsalicylsäure wirkt durch die Hemmung der Cyclooxygenase bereits in kleineren Mengen blutgerinnungshemmend. Bei ansteigender Dosis erfolgt die Hemmung der Prostaglandinbildung und es tritt eine schmerzstillende, antirheumatische sowie fiebersenkende und entzündungshemmende Wirkung ein.

Paracetamol (Abb. 3.20.7) ist auch ein schmerzstillender und fiebersenkender Arzneistoff und besitzt vergleichbare Eigenschaften wie Acetylsalicylsäure. Zusammen mit anderen Wirkstoffen wie Amitriptylin (Abb. 3.20.8), Diphenhydramin (Abb. 3.20.9) können sie bei Elution mit alkoholisch-wässrigen Eluenten einzeln analysiert werden (Kapitel 3.18).

Weitere Pharmaka (Abb. 3.20 bis 3.20.15) können mittels CE getestet werden.

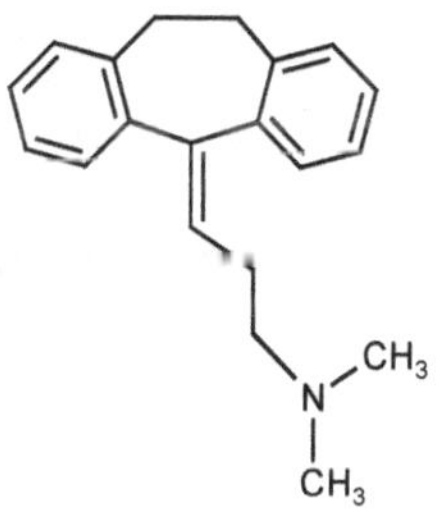

Abb. 3.20.8 Amitriptylin

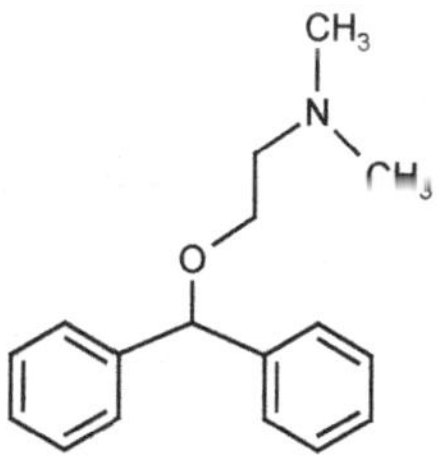

Abb. 3.20.9 Diphenhydramin

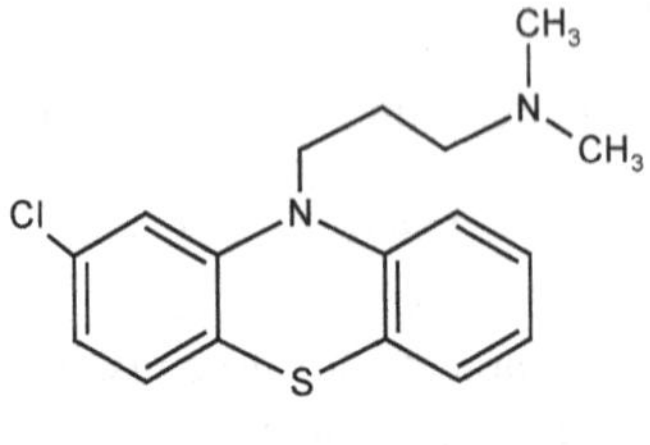

Abb. 3.20.10 Chlorpromazin

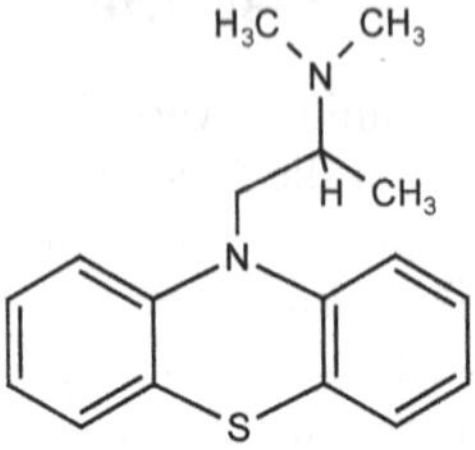

Abb. 3.20.11 Promethazin

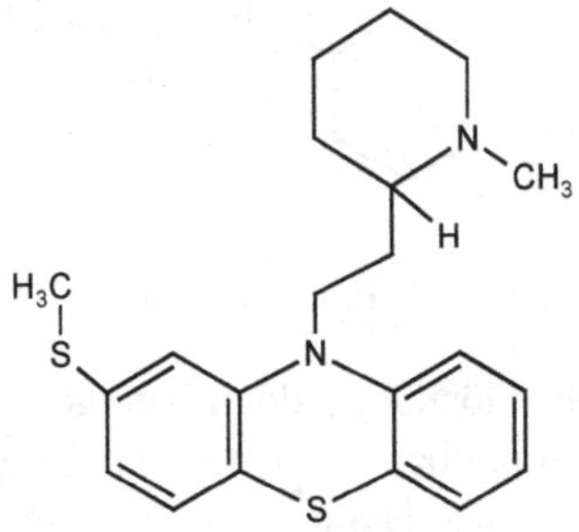

Abb. 3.20.12 Thioridazin

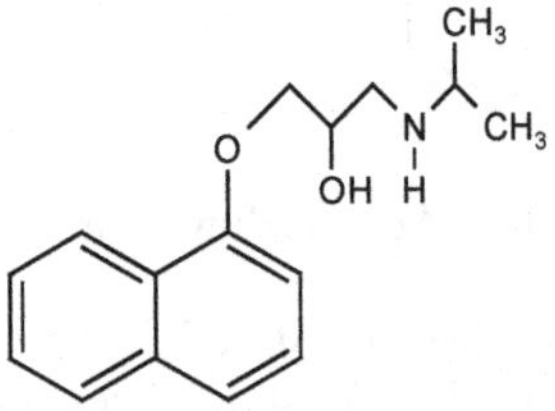

Abb. 3.20.13 Propranolol

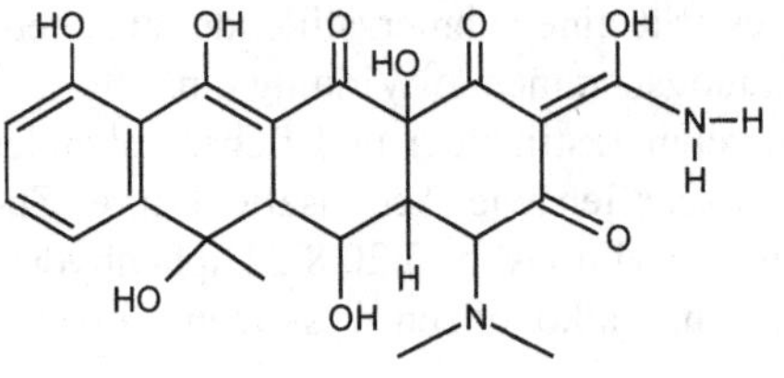

Abb. 3.20.14 Oxytetracyclin

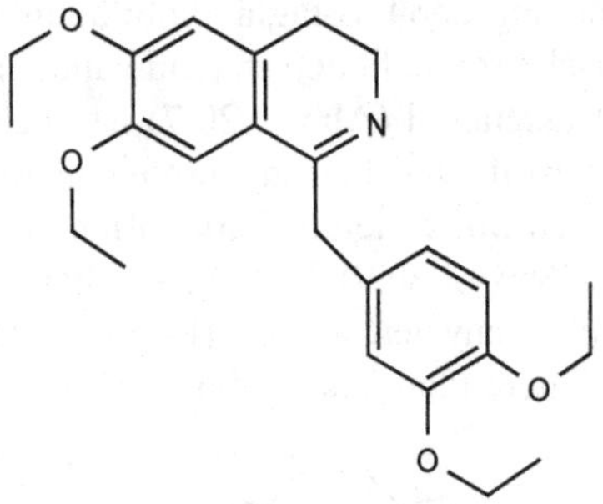

Abb. 3.20.15 Ethapherin

3.20.6 Empfehlungen zur Versuchsauswertung (Auswahl)

1) Erklären Sie die Grundlagen der CE!
2) Aus welchen Bauteilen ist die CE-Apparatur aufgebaut?
3) Was ist für pharmazeutische Strukturen charakteristisch?

3.20.7 Informationsquellen

1) Lottspeich F, Engels J (2012) Bioanalytik, 3. Auflage, Springer, Berlin, Heidelberg
2) Gey MH (2008) Instrumentelle Analytik und Bioanalytik, Springer, Berlin
3) Gey MH (2015) Instrumentelle Analytik und Bioanalytik, Springer, Berlin
4) Li SFY (1992) Capillary electrophoresis: principles, practice and applications, J Chromatogr Lib, Vol 52, Elsevier, Amsterdam
5) Kuhn, R, Hoffstetter-Kuhn S (1993) Capillary electrophoresis: principles and practice, Springer, Berlin
6) Foret F, Krivánková L, Bocek P (1993) Capillary Zone Electrophoresis, VCH, Weinheim
7) Engelhardt H, Beck W, Schmitt T (1994) Kapillarelektrophorese, Friedr. Vieweg & Sohn, Braunschweig

Unrecht tun ist schlimmer,
als Unrecht erleiden.

Sven Koban (Student)

3 Instrumentelle & Bioanalytik: Versuch 21

3.21 Saure RP-HPLC von ausgewählten pharmazeutischen Wirkstoffen

3.21.1 Einführung und Zielstellung

Die gewünschte „Parallelität" von Kapillarelektrophorese und HPLC innerhalb der Analysen pharmazeutischer Wirkstoffe wurde bereits im Versuch 20 begründet. Für Trennungen von Pharmaka stehen in der Flüssigchromatographie sehr robuste Trennsysteme auf der Basis von Reversed-Phase-Materialien (RP) zur Verfügung. Die Säulentechnologie in der LC garantiert, dass Pharmaka und auch bisher unbekannte (natürliche, biologische) Wirkstoffe nicht nur analytisch getrennt, sondern auch (mikro)präparativ isoliert werden können. Dies eröffnet dann die Möglichkeit, die Wirkstoffe mittels NMR exakt in ihrer Struktur aufzuklären bzw. weitere analytische als auch toxikologische Untersuchungen folgen zu lassen.

Gerade für Pharmazeutika sind aktuelle Entwicklungen von stationären Trennphasen besonders wichtig und stehen im Fokus von neuen grundlegenden Forschungsprojekten. Das betrifft sowohl die Thematik pH-Stabilität als auch hohe Trennleistungen und kurze Analysenzeiten im Sekundenbereich, wie sie mittels UHPLC (Ultra fast HPLC) heutzutage erreichbar sind.

Ein Problem beim Einsatz unpolarer RP-Trennphasen in der Pharmaka-Analytik besteht darin, dass die Zielanalyte eher polar sind. Demzufolge werden sie in der Säule von der stationären Phasen kaum retardiert und weitestgehend mit der Totzeit eluiert. Um die Pharmaka trotzdem mittels des robusten Chromatographiesystems „RP-HPLC" auftrennen zu können, steht die Ionenpaarchromatographie (IPC) zur Verfügung oder es wird die „sogenannte saure RP-HPLC" eingesetzt. In der IPC interagieren Ionenpaare, die sich aus einem Pharmakon (z.B. mit negativer Ladung) und Eluentionen (z.B. Modifier mit positiver Ladung) zusammensetzen. Dadurch wird der polare Charakter des Pharmakons kompensiert und es entsteht ein Ionenpaar mit bevorzugt hydrophoben Eigenschaften, das mit der RP-Phase nun interagieren kann und dadurch retardiert wird.

Die andere Möglichkeit ist, dem Eluenten einfach Hydroniumionen zuzusetzen bzw. mit Schwefelsäure den pH-Wert der mobilen Phase (Eluent) im sauren Bereich (pH = 3) zu fixieren.

Damit wird das Pharmakon auch in seiner Polarität „neutralisiert" und kann hydrophobe Wechselwirkungen mit der RP-Phase eingehen.

Ziel des Versuches ist, dieses Trennsystem zu etablieren und pharmazeutische Wirkstoffe möglichst mit Basislinientrennung und guter Peaksymmetrie zu trennen. Dabei sollen diese Symmetrieparameter auch mit denen, die mit von anderen Säulen erzielt wurden, verglichen und bewertet werden.

3.21.2 Materialien und Methoden

3.21.2.1 Pharmaka (Spezielle Referenzsubstanzen)

- Amitriptylin   (Antidepressivum/Psychopharmakon)
- Ethaverin   (Spasmolytikum/Muskelrelaxantium)
- Thioridazin   (Antipsychotikum/Neuroleptikum)
- Oxytetracyclin   (Antibiotikum/Tetracyclin)
- Propranolol   (Betablocker)
- Chlorpromazin   (Antipsychotikum/Neuroleptikum)

3.21.2.2 Materialien und Zubehör

- Entionisiertes Wasser
- pH-Meter
- Ultraschallbad
- Zentrifuge
- Analysenwaage
- Maßkolben, 5 und 10 ml

3.21.2.3 Equipment für den Versuch

Apparatur und Bedingungen wurden wie folgt verwendet:

- Interface: Merck-Hitachi D-7000
- HPLC-Pumpe: L-7200; Flussrate: 0,6 ml/min
- Injektor: Autosampler L-7200
- Trennsäule: RP-Säule
- Dimension: 250 mm x 4 mm i.D.
- Flussrate: 0,45 ml/min
- Vordruck: 92 bar
- Eluent: 30 % 50 mM Phosphatpuffer
                   (NaH_2PO_4), 70% Methanol
                   pH = 3,0 (eingestellt mit TFA)
- Detektor: Diode Array Detector L-7450A, $\lambda = 235$ nm
- Range: 0.08 a.u.f.s.
- Software: LaChrom
- Analytkonz.:   50 µg/ml

3.21.3 Versuchsergebnisse (Auswahl)

Die chromatographische Trennung von fünf ausgewählten Pharmaka in Abbildung 3.21.1 zeigt, dass die Komponenten mit Basislinientrennung eluiert werden und sich durch symmetrische Peakprofile auszeichnen. Eine Reihe zuvor getesteter RP-Säulen waren i.d.R. durch ein starkes Peaktailing gekennzeichnet. Nur speziell für die Pharmaka-Analytik hergestellte Trennsäulen sollten für diese Versuche eingesetzt werden.

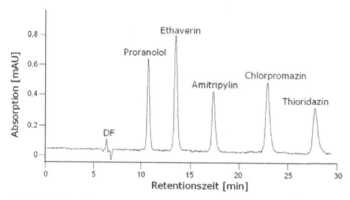

Abb. 3.21.1 Chromatogramm von 5 Pharmaka, Bedingungen in 3.21.2.3

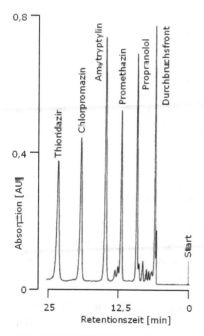

Abb. 3.21.2 HPLC von Pharmaka + mit Promethazin, Bedingungen in 3.21.2.3

In Abbildung 3.21.2 wurde ein weiteres Pharmakon in die Separation einbezogen. Um Koelutionen zu vermeiden, erfolgte die Substitution von Ethaverin durch Promethazin. Außerdem wurde die Flussrate verdoppelt, um eine schnellere Elution herbeizuführen

Eine weitere Untersuchung war auf die Nachweisbarkeit der pharmazeutischen Wirkstoffe gerichtet. Wie das Beispiel Ethaverin in Abbildung 3.21.3 verdeutlicht, sind Mengen von ca. 0,2 µg/ml noch gut nachweisbar.

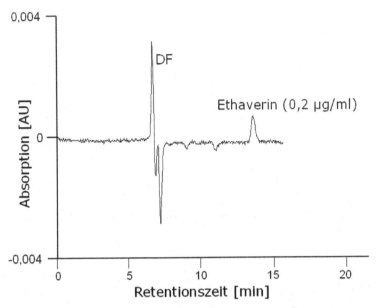

Abb. 3.21.3 Bestimmung der Nachweisbarkeit am Beispiel Ethaverin

3.21.4 Wissenswertes zum Versuch

3.21.4.1 Herstellung von Tabletten

Tabletten (lat.: tabuletta für Täfelchen) sind einzeldosierte feste Arzneiformen, die unter Pressdruck aus Pulvern oder Granulaten auf Tablettenpressen gefertigt werden. Sie können unterschiedliche Formen aufweisen. Bei Tabletten zur Einnahme ist besonders die bikonvexe Form (rund, oben und unten gewölbt) verbreitet. Tabletten zur arzneilichen Verwendung zählen zu den Arzneimitteln. In einer sonstigen gesundheitsbezogenen Verwendung sind sie den Medizinprodukten oder Nahrungsergänzungsmitteln zuzurechnen.

Sehr viele Wirkstoffe können tablettiert werden. Eine direkte Tablettierung bedeutet, ohne weitere Verarbeitung des Pulvers oder Pulvergemisches. In der Regel werden neben dem eigentlichen pharmazeutischen Wirkstoff zusätzliche Hilfsstoffe benötigt.

Als „Arzneiform", „Darreichungsform" oder auch „galenische Form" bezeichnet man die Zubereitung, in der ein Arzneistoff appliziert (Applikationsform) wird. Im einfachsten Fall des einzeln abgeteilten Pulvers ohne Hilfsstoffe stellt der Wirkstoff selbst schon die vollständige Arzneiform dar. Eine Arzneiform besteht demnach aus Wirkstoffen und Hilfsstoffen, die in einer besonderen Art verarbeitet sind.

Der Arzneiform kommt – neben dem eigentlichen Wirkstoff oder Wirkstoffgemisch – eine entscheidende Bedeutung für die Wirksamkeit des Arzneimittels zu. Sie bestimmt die wesentlichen Eigenschaften der fertigen pharmazeutischen Zubereitung (Herstellung, Lagerung, Haltbarkeit, Pharmakokinetik, mikrobielle Reinheit, Verpackung usw.) mit. Um die Wirkung eines Medikamentes richtig zu beurteilen, muss die Arzneiform neben dem reinen Wirkstoff stets mit berücksichtigt werden.

3.21.4.2 Pharmakodynamik versus Pharmakokinetik

Die Pharmakodynamik ist die Lehre über die „Wirkung" von Arzneistoffen im (humanen) Organismus, während die Pharmakokinetik das „Schicksal" der Pharmaka im Körper untersucht. Oder anders ausgedrückt: Was macht der Wirkstoff mit dem Organismus (Pharmakodynamik)? Bei der Pharmakokinetik geht es weitgehend um die Frage: Was macht der Organismus mit dem Wirkstoff?

Die Wirkung wird u.a. von der Dosis bzw. der Konzentration und vom Rezeptorverhalten des Wirkstoffes bestimmt.

Die meisten Wirkstoffe wirken spezifisch. Ihre Wirkung ist weitgehend von der molekularen Struktur abhängig (bestimmte chemische, funktionelle Strukturen, Rezeptoren). Deshalb können analoge Verbindungen aufgrund ihrer teilweise ähnlichen Struktur ähnliche Wirkungen haben. Im Zuge eines Wirkstoffdesigns werden die Eigenschaften eines Wirkstoffs gezielt angepasst.

Die Pharmakokinetik beschäftigt sich nun mit dem Schicksal eines Pharmakons im Organismus und beinhaltet die „LADME-Vorgänge" (Liberation, Absorption, Distribution, Metabolism, Excretion).

Die Freisetzung des Wirkstoffes hängt auch von der Applikationsform ab. Während eine intravenöse Einleitung des Wirkstoffes schnell von der Blutbahn aufgenommen (Absorption) wird und am entsprechenden Zielorgan wirken kann, sind orale oder dermale Applikationen durch zeitliche Verzögerungen gekennzeichnet. Diese Art von Vorgängen wird auch durch den Begriff der „Resorption" beschrieben.

Die Verteilung des Wirkstoffes im Organismus (Distribution) hängt auch von verschiedenen Faktoren wie Bioverfügbarkeit, die wiederum von der Applikationsform beeinflusst wird, ab. Weiterhin können auch die Durchblutung der Gewebe oder die Beschaffenheit der Kapillaren eine wichtige Rolle spielen. Wichtig ist auch die Frage, ob der Wirkstoff die Blut-Hirn-Schranke oder die Plazenta passieren kann.

Innerhalb der Metabolisierungsprozesse ist zuerst der „First-Pass-Effekt" zu nennen. Dieser beschreibt die Umwandlung eines Arzneistoffes während dessen erster Passage durch die Leber. Durch die dabei stattfindende biochemische Umwandlung (Verstoffwechselung) kann ein wirksamer oder unwirksamer Metabolit entstehen. Manche Wirkstoffe erhalten erst durch die Leberpassage ihre Wirksamkeit, andere werden zu einem gewissen Grad dadurch inaktiviert.

Signifikant für die Metabolisierung von Arzneistoffen sind vor allem die Phase-1- und Phase-2-Reaktionen, die vor allem in der Leber durch die Cytochrom-P450-Enzyme katalysiert werden. Während in der ersten Phase relativ unspezifische Enzyme funktionelle Gruppen in die Wirkstoffstruktur einfügen oder die Substituenten verändern, kommt es in der Phase-2-Reaktion zu intensiven Konjugationsreaktionen (z.B. mit Glucoronsäure, Glutathion u.a.). Dabei werden dem Molekül aus der Phase-1-Reaktion funktionelle Gruppen eingefügt, die seine Wasserlöslichkeit z.T. deutlich verbessern.

Das ist besonders wichtig für die Ausscheidung (Exkretion) der Substanzen. Neben der Eliminierung über die Lunge (pulmonal) oder den Darm (intestinal) dominieren die Ausscheidung über die Niere (renal) und über die Leber (bilär) für die Arzneistoffe bzw. deren Metabolite.

3.21.6 Empfehlungen zur Versuchsauswertung (Auswahl)

1) Beschreiben Sie den Aufbau der HPLC-Apparatur!
2) Nennen Sie Vor- und Nachteile der Pharmaka-Analytik mittels HPLC und CE.
3) Wie werden RP-Säulen hergestellt?
4) Was versteht man unter saurer RP-Chromatographie?
5) Wie werden Tabletten hergestellt?
6) Was versteht man unter Darreichungsform?
7) Erklären Sie die Pharmakodynamik!
8) Welche einzelnen Abläufe beinhaltet die Pharmakokinetik?

3.21.7 Informationsquellen

1) Lottspeich F, Engels J (2012) Bioanalytik, 3. Auflage, Springer, Berlin, Heidelberg
2) Gey MH (2008) Instrumentelle Analytik und Bioanalytik, Springer, Berlin
3) Gey MH (2015) Instrumentelle Analytik und Bioanalytik, Springer, Berlin
4) Geckeler KE, Eckstein H (1998) Bioanalytische und biochemische Labormethoden, Vieweg, Braunschweig, Wiesbaden
5) Holtzhauer M (1995) Biochemische Labormethoden, Springer, Berlin, Heidelberg
6) Lüllmann H, Mohr K, Ziegler A (1996) Taschenatlas der Pharmakologie, Georg Thieme, Stuttgart
7) Auterhoff H (1980) Lehrbuch der Pharmazeutischen Chemie, 10. Auflage, Wissenschaftliche Verlagsgesellschaft Stuttgart

8)   Meyer VR (1990) Praxis der Hochleistungsflüssigchromatographie, Otto Salle, Frankfurt

9)   Schwedt G (1995) Analytische Chemie: Grundlagen, Methoden und Praxis, Georg Thieme, Stuttgart

10) Otto M (2006) Analytische Chemie, VCH, Weinheim

11) Cammann K (2001) Instrumentelle Analytische Chemie, Spektrum Akad Verlag, Heidelberg

12) Harris DC (1997) Quantitative Analytische Chemie, Friedr Vieweg & Sohn, Braunschweig, Wiesbaden

Glutathion

Tripeptid

3 Instrumentelle & Bioanalytik: Versuch 22

3.22 Analyse von Thiol-Species mittels DTNB und post column reaction

3.22.1 Einführung und Zielstellung

Organische Substanzen, die keine oder kaum chromophore Gruppen enthalten, sind meist nur relativ unempfindlich nachweisbar. So können Kohlenhydrate, die häufigsten Aminosäuren und auch spezielle Thiolspecies mit üblichen Detektionsmethoden und „underivatisiert" nicht im Spurenbereich erfasst werden. Polycyclische aromatische Kohlenwasserstoffe (PAKs) dagegen, die über die Besonderheit der Eigenfluoreszenz verfügen, sind auch im ng- oder auch pg-Bereich detektierbar. Stehen für die Registrierung sehr sensitive Massenspektrometer zur Verfügung, können auch Analytnachweise im Spurenbereich erfolgen.

Niedermolekulare organische Verbindungen, die keine Chromophore im Molekül aufweisen, können mit derartigen Verbindungen derivatisiert werden – sowohl vor der Trennsäule (pre column derivatisation) als auch nach der Säule (post column derivatisation).

Thiol-Species wie das Tripeptid Glutathion (GSH) oder die Aminosäure Cystein verfügen über reaktionsfähige SH-Gruppen im Molekül, die auch nach der Trennsäule mit intensiv absorbierenden Derivatisierungsreagenzien umgesetzt bzw. modifiziert werden können. Bei der Registrierung der entstandenen Derivate kann sowohl der UV-Bereich (200 – 400 nm) als auch der sichtbare Spektralbereich (400 - 800 nm) in Betracht gezogen werden.

Ziel des Versuches ist, eine Trennapparatur für Nachsäulenderivatisierungen zu installieren und ausgewählte Thiol-Species sehr sensitiv zu analysieren. Als Derivatisierungsreagenz dafür ist das Ellmans Reagenz DTNB (5,5'-Dithiobis-2-nitrobenzoesäure) gut geeignet. Nur Substanzen mit Thiolgruppen reagieren damit, sodass ihr Nachweis vor allem auch in komplexen (biologischen) Matrices sehr spezifisch ist.

Die Detektion der Thiolderivate soll dann im sichtbaren Spektralbereich erfolgen, da hier die geringsten Störungen z.B. durch Koelutionen und ggf. auch Kontaminanten zu erwarten sind.

3.22.2 Materialien und Methoden

3.22.2.1 Materialien und Zubehör

- Schwefelhaltige Aminosäuren (Cystein, Methionin)
- Cys-Gly, Glutathion
- DTNB (5,5'-Dithiobis-2-nitrobenzoesäure)
- Entionisiertes Wasser, Trifluoressigsäure
- Heliumentgasung
- Ultraschallbad,
- Zentrifuge
- Analysenwaage
- pH-Meter

3.22.2.2 Equipment für den Versuch, Derivatisierung der Thiole

Die Abbildung 3.22.1 beinhaltet den Versuchsaufbau für die Trenntechnik mit Nachsäulenderivatisierung zur Analyse SH-haltiger organischer Verbindungen.

Der wässrige Eluent enthält 0,2 % Trifluoressigsäure und wird permanent mit Helium entgast. Die Flussrate beträgt 1 ml/min. Die stationäre Phase in der Trennsäule ist ein Reversed-Phase-Material mit Partikelgrößen um 3 oder 5 µm.

Die Probeninjektion (Dosiervolumen: 20 µl) erfolgt über ein Rheodyneventil direkt auf die Säule, die einen Säulenvordruck von ca. 120 bar aufweist.

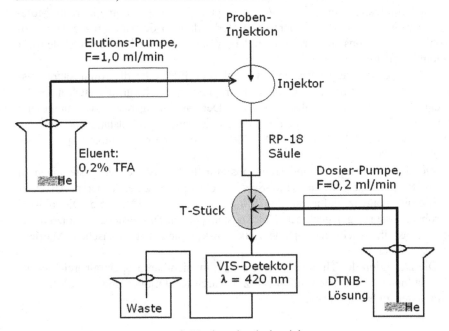

Abb. 3.22.1 Trennapparatur mit Nachsäulenderivatisierung

Das Trennsystem (0,2 TFA/Wasser//RP-18) ist für die Analytik der Thiolspecies sehr gut geeignet. Wichtig ist, dass das Silicagelgerüst der RP-Phase nicht hydrolysiert wird. Deshalb den pH-Wert > 2,5 einstellen oder eine entsprechende für den sauren pH-Bereich hydrolysestabile Säule einsetzen.

Nach der RP-Säule erfolgt die Derivatisierung der getrennten Thiole mit DTNB in einem T-Stück. Beide Flüssigkeitsströme werden darin vereinigt – das Trennsäuleneluat mit den Analyten und die DTNB-Reagenzlösung. Wichtig ist, dass vor allem das Derivatisierungsreagens möglichst pulsationsfrei im T Stück ankommt. Eine sogenannte Spritzenpumpe hat die erforderliche Eigenschaft, Flüssigkeiten sehr pulsationsfrei zu fördern.

Die ablaufende Reaktion ist in der Abbildung 3.22.2 dargestellt. Das DTNB (5,5'-Dithiobis-2-nitrobenzoesäure) reagiert mit dem entsprechenden Thiol aus der RP-18-Trennung (Cystein, Cys-Gly, reduziertes Glutathion) zum Thionitrobenzoat-Anion, das im sichtbaren Bereich bei 412 bzw. 420 nm sensitiv und selektiv detektiert werden kann.

Als Nebenprodukt entsteht noch Thionitrobenzoesäure.

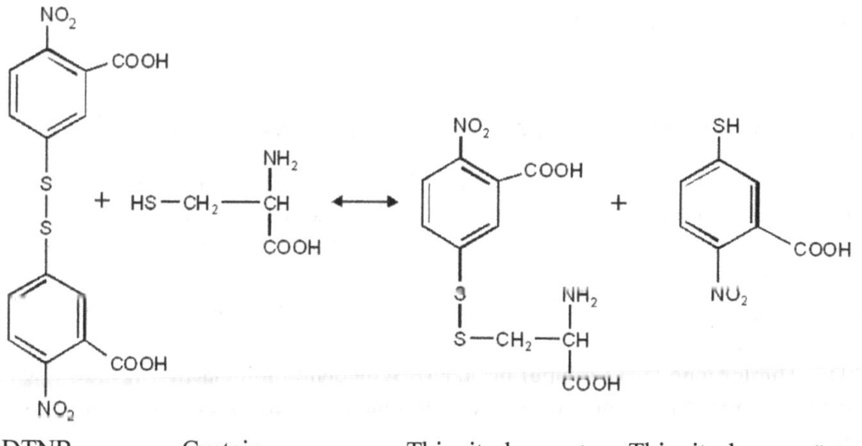

| DTNB | Cystein | Thionitrobenzoat-Anion | Thionitrobenzoesäure |

Abb. 3.22.2 Derivatisierung von Thiolen mit DTNB

3.22.3 Versuchsergebnisse (Auswahl)

Die Funktionsfähigkeit der Thiolanalyse mit Nachsäulenderivatisierung (Nachsäulenreaktion) ist in der Abbildung 3.22.3 dargestellt. Alle drei SH-haltigen organischen Verbindungen (Cystein, Cys-Gly und Glutathion, GSH) wurden mit Basislinientrennung separiert (an der RP-18-Säule) und nach Derivatisierung mit DTNB in Form von Thionitrobenzoat-Anionen im sichtbaren Spektralbereich (412 bzw. 420 nm) erfolgreich detektiert.

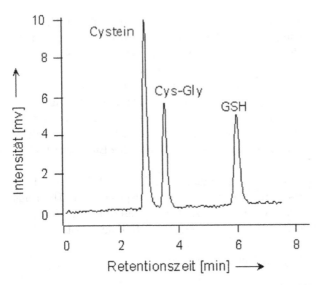

Abb. 3.22.3 Chromatogramm der Thioderivate im Visible-Bereich

3.22.4   Wissenswertes zum Versuch: Was ist Glutathion?

Glutathion (GSH) ist ein schwefelhaltiges Tripeptid (γ-Glutamylcysteinylglycin) mit einer Molekülmasse von 304 und wurde bereits 1888 in der Hefe als „Philothion" entdeckt. Die Struktur des Peptides geht aus der Abbildung 3.25.4 hervor. Neben der Glutathionstruktur existieren auch homologe Verbindungen wie Homo-Glutathion (h-GSH) mit der Struktur γ-Glu-Cys-β-Ala oder Hydroxymethyl-Glutathion (hm-GSH, γ-Glu-Cys-Ser).

   Die Thiolgruppe (SH-Gruppe) besitzt verschiedene biologische Eigenschaften und Funktionen. Sie ist an Entgiftungsreaktionen und am oxidativen Schutz der Zellen beteiligt.

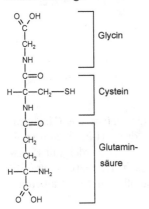

Abb. 3.22.4 Strukturformel von Glutathion

Das schwefelhaltige Tripeptid Glutathion kommt in höheren Konzentrationen (millimolar) in nahezu allen Zellen und Organismen vor. Es steht im Zusammenhang mit zahlreichen biologischen Funktionen und biochemischen Prozessen. Dazu gehören Schutzfunktionen der Zellen vor Oxidation durch Sauerstoffradikale oder Peroxide, Schutz vor Xenobiotika oder radioaktiver Strahlung, Beeinflussung von Entwicklungs- und Alterungsprozessen sowie von Enzymmechanismen und Transportprozessen, immunologische Phänomene, Regulierung der Protein und DNA Biosynthese oder Reparaturvorgänge bei DNA Schäden. Auch innerhalb bestimmter Krankheiten wie Krebs, Diabetes, Alzheimer-Krankheit, Zirrhose oder Leberschäden spielt Glutathion eine wichtige Rolle.

Durch die Anwesenheit der Thiolgruppe werden Chelatisierungen von Schwermetallen, Additionsreaktionen elektrophiler Verbindungen bei der Thioletherbildung (Glutathion-S-Konjugation), Reaktionen mit freien Radikalen und Red-Ox-Reaktionen ausgelöst.

Eine dieser besonders bedeutsamen Reaktionen des Glutathions ist die Reduktion von Hydroperoxiden (ROOH, H_2O_2), die als schädliche Nebenprodukte der anaeroben Lebensweise bekannt sind, mithilfe der Glutathionperoxidase. Die breite Substratspezifität der GSH-Peroxidase ermöglicht die Reduktion fast aller organischer Hydroperoxide.

$$2\,GSH + R - O - OH \rightarrow GSSG + H_2O + ROH \qquad (3.22.1)$$

Reduziertes Glutathion (GSH), das als Antioxidans wirkt und die oxidierte Form, das Glutathiondisulfid (GSSG), stehen in der Zelle im Gleichgewicht. Im intakten Zustand der Zellen beträgt das Verhältnis zwischen GSH und GSSG ca. 500 : 1. Erfolgt eine Verschiebung zugunsten des GSSG (Prooxidans), wird dies als „oxidativer Stress" bezeichnet. Dieser Abfall des GSH-Levels und der damit induzierte Anstieg der GSSG-Konzentration signalisieren in der Regel Schädigungen und eine erhöhte Toxizität in Zellen, Geweben und Organen. Oxidiertes Glutathion muss demzufolge ständig aus der Zelle ausgeschieden werden. Erniedrigte GSH-Konzentrationen stehen meist mit der Pathogenese zahlreicher spezifischer Krankheiten (Diabetes, AIDS, Krebs) in Verbindung.

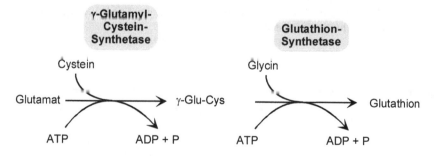

Abb. 3.22.5 Biosynthese von Glutathion

Das Glutathion dient weiterhin als Ausgangsverbindung für die Biosynthese von Phytochelatinen in Pflanzen. Die Synthese des Glutathions selbst erfolgt mit der schwefelhaltigen Aminosäure Cystein. Zuerst wird mit Hilfe einer γ-Glutamyl-Cystein-Synthetase unter ATP-Verbrauch eine Amidbindung zwischen der γ-Carboxylgruppe des Glutamats und der Aminogruppe des Cysteins geknüpft (Abb. 3.22.5). In einem 2. Schritt entsteht mittels Glutathion-Synthetase zwischen der Carboxylgruppe des Cysteins und der Aminogruppe des Glycins eine Peptidbindung.

3.22.6 Empfehlungen zur Versuchsauswertung (Auswahl)

1) Beschreiben Sie die Nachsäulendetektion von Thiolen!
2) Erklären Sie den Versuchsaufbau!
3) Wie reagiert DTNB mit Thiolen?
4) Zeichnen Sie die Stuktur von GSH und Cystein!
5) Welche biologische Funktion besitzt GSH?
6) Wie wird GSH gebildet (Biosynthese)?
7) Wie erfolgt die Umwandlung des GSH in die oxidierte Form?
8) Welche Vorteile haben Detektionen im Visiblebereich?

3.22.7 Informationsquellen

1) Lottspeich F, Engels J (2012) Bioanalytik, 3. Auflage, Springer, Berlin, Heidelberg
2) Gey MH (2008) Instrumentelle Analytik und Bioanalytik, Springer, Berlin
3) Gey MH (2015) Instrumentelle Analytik und Bioanalytik, Springer, Berlin
4) Meyer VR (1990) Praxis der Hochleistungsflüssigchromatographie, Otto Salle, Frankfurt
5) Schwedt G (1995) Analytische Chemie: Grundlagen, Methoden und Praxis, Georg Thieme, Stuttgart
6) Otto M (2006) Analytische Chemie, VCH, Weinheim
7) Cammann K (2001) Instrumentelle Analytische Chemie, Spektrum Akad Verlag, Heidelberg
8) Harris DC (1997) Quantitative Analytische Chemie, Friedr Vieweg & Sohn, Braunschweig, Wiesbaden

3.23   Analyse von anorganischen Anionen mit Hilfe der Ionenchromatographie (IC)

3.23.1   Einführung und Zielstellung

Die grundlegenden Arbeiten zur Ionenchromatographie (IC: *ion chromatography*) wurden 1975 von Small, Stevens und Baumann veröffentlicht. Die Ionenchromatographie (IC) hat das Potenzial, sowohl Anionen als auch Kationen zu analysieren; allerdings einerseits mit Anionenaustauscher-Trennsäulen und andererseits mithilfe von stationären Phasen, die Kationenaustauscher darstellen. Somit muss in einer IC-Apparatur immer die entsprechende Trennsäule vorhanden sein. Es können aber auch anorganische und organische Anionen simultan getrennt werden und auch kationische Species mit verschiedenen Ordnungszahlen wie z.B. Arsen (III) und Arsen (V) oder Chrom (III) und Chrom (VI) sind mittels Ionenchromatographie unterscheidbar bzw. als singuläre Analyte qualitativ und quantitativ bestimmbar.

Ziel des Versuches ist, einfache Trennungen von repräsentativen Anionen wie Fluorid (F^-), Chlorid (Cl^-), Bromid (Br^-), Nitrat (NO_3^-) und Sulfat (SO_4^{2-}), entweder mit einem kommerziellen Ionenchromatographen oder andererseits mit einer HPLC-basierten Apparatur, in die u.a. eine geeignete Anionenaustauschersäule und ein Leitfähigkeitsdetektor integriert sind, durchzuführen.

3.23.2   Materialien und Methoden

3.23.2.1   Materialien und Zubehör

- Entionisiertes Wasser
- Fluorid (F^-), Chlorid (Cl^-), Bromid (Br^-)
- Nitrat (NO_3^-), Sulfat (SO_4^{2-})
- Heliumentgasung
- Ultraschallbad
- Zentrifuge
- Analysenwaage
- pH-Meter

3.23.2.2 Equipment für den Versuch

Die Ionenchromatographie (IC) wird vorrangig zur Trennung von anorganischen Kationen und Anionen sowie für organische ionische Species wie organische Säuren eingesetzt.

Als stationäre Phasen für die Anionenanalyse wurden spezielle oberflächensulfonierte Latex-Anionenaustauscher auf Styren-Divinylbenzen-Basis mit Partikelgrößen um 5 bzw. 10 µm entwickelt. An diese inerten und druckstabilen Latexpartikel sind über elektrostatische und über Van-der-Waals-Wechselwirkungen winzig kleine aminierte Polymerkügelchen von ca. 0,1 µm gekoppelt. Ihre quaternären Ammoniumgruppen ermöglichen anionische Wechselwirkungen mit den Probeionen. Aus der Kleinheit der Partikel resultieren niedrige Austauschkapazitäten, obwohl die NR_3^+-Gruppen zu den stark basischen Ionenaustauschern gehören. Für die Trennung der Anionen dienen basische Eluenten wie NaOH.

Zur Unterdrückung der Leitfähigkeit der Eluenten wurden sogenannte Suppressorsäulen, die der Anionenaustauscher-Säule nachgeschaltet sind, entwickelt. Diese enthalten im Falle der Anionenanalyse einen Kationenaustauscher mit hoher Kapazität, der zur Entfernung der Natriumionen aus der mobilen Phase dient, wie im unteren Teil der Abbildung 3.23.1 dargestellt ist.

In der Abbildung sind die Vorgänge der Ionenchromatographie von Anionen anschaulich zusammengefasst. Die Probeionen (z.B. SO_4^{2-}, NO_3^-, Cl^-) werden auf die Anionenaustauscher-Säule appliziert und mit NaOH eluiert. Die Probeionen konkurrieren mit den Hydroxylionen um die freien, positiv geladenen Ionenaustauscherplätze und werden dadurch retardiert.

Aufgrund des geringen Abstandes zwischen dem undurchdringlichen Latexkern und den 0,1-µm-Partikeln sind die Diffusionswege für die Probeionen sehr gering, die resultierenden Peakprofile dadurch sehr schmal.

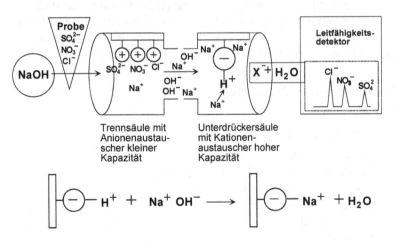

Abb. 3.23.1 Prinzip der Ionenchromatographie von Anionen

Die Natriumionen lagern sich dagegen an den negativ geladenen Kationen-austauscher in der Unterdrückersäule an, während die Anionen keine Wechsel-wirkungen in dieser Säule eingehen und zum Leitfähigkeitsdetektor transportiert werden, wobei ihre Peakverbreiterung gering ist. Im Idealfall gelangen nur die getrennten Probeionen und reines Wasser zum Leitfähigkeitsdetektor, so dass die Ionen extrem empfindlich nachgewiesen werden können (hier im Pico- bis Fem-tomolbereich).

3.23.2 Versuchsergebnisse (Auswahl)

Im folgenden Ionenchromatogramm (Abb. 3.23.2) wird die simple Trennung von fünf repräsentativen Anionen (Fluorid, Chlorid, Bromid, Nitrat, Sulfat) gezeigt. Die Trennung der ersten 4 Komponenten ist sowohl bezüglich der Retentionszeit als auch der chromatographischen Auflösung akzeptabel.

Dies trifft nicht für das Sulfat zu, das eine vergleichbar zu lange Retentionszeit aufweist. Auch die Peakverbreiterung hat deutlich zugenommen, sodass diese vorläufigen Ergebnisse weiteren apparativen chromatographischen Optimierungen unterzogen werden müssen.

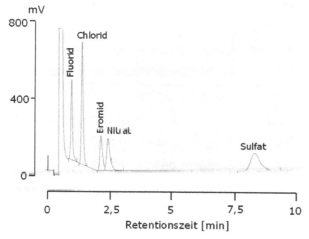

Abb. 3.23.2 Ionenchromatographie von Anionen

3.23.5 Wissenswertes zum Versuch: IEC

In der Ionenaustauschchromatographie (IEC: *ion exchange chromatography*) wer-den stationäre Phasen verwendet, die an ihrer Oberfläche elektrische Ladungen tragen. Das sind anionische SO_3^-- oder COO^--Gruppen und kationische NH_3^+- oder NR_3^+-Gruppen, die an das Ionenaustauscherharz oder -gel kovalent oder elektrostatisch gebunden sind. Neben Polymeren werden auch Silicagele als Io-nenaustauscher-Matrix verwendet.

Für Proteine sind hydrophile Basismaterialien, die keine unerwünschten Adsorptionen erlauben, anzuwenden. Die folgenden Erklärungen zum Ionenaustausch innerhalb dieses Kapitels beziehen sich auf Anionen und Kationen, die auch als negativ oder positiv geladene Proteine angesehen werden können.

Die Ladungen am Ionenaustauscher werden durch entgegengesetzt geladene Ionen, die beweglich sind, besetzt und können gegen andere Ionen ausgetauscht werden. Daher resultiert der Name „Ionenaustausch", bei dem ionische Probemoleküle die Gegenionen, die die Ionenaustauscherplätze der Matrix besetzt halten, verdrängen müssen, um selbst gebunden zu werden.

Ionenaustauscher-Säulen können im Vergleich zur Gelfiltration mit wesentlich größeren Proteinmengen beladen werden. Je mehr funktionelle Gruppen an diese Trennphasen gekoppelt sind, desto größere Mengen an Proteinen können gebunden und chromatographiert werden. Diese Ionenaustauscher besitzen eine hohe Austauschkapazität (einige meq/g: *Milliäquivalent pro Gramm Ionenaustauscher*).

Demgegenüber sind die Austauscherkapazitäten in der Ionenchromatographie deutlich geringer (ca. 10–50 µeq/g).

Man unterscheidet zwischen stark und schwach sauren Kationenaustauschern (Kopplung mit Sulfonsäure- bzw. Carboxylsäuregruppen) sowie zwischen stark und schwach basischen Anionenaustauschern (Kopplung mit tertiären Aminogruppen bzw. Diethylaminoethylgruppen, DEAE).

Im Säulen-Modell (Abb. 3.23.3) ist das Trennprinzip an einem stark basischen Anionenaustauscher dargestellt.

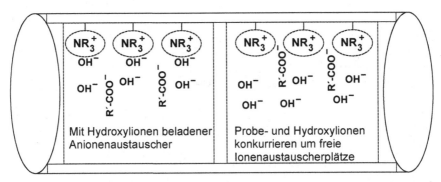

Abb. 3.23.3 Trennung an einem Anionenaustauscher

An die Ionenaustauscher-Partikel sind NR_3^+-Gruppen kovalent gebunden und die Hydroxylionen (OH^-), die z.B. aus dem Equilibrierungs-Puffer stammen, besetzen die freien Ionenaustauscherplätze. Der Ionenaustauscher ist mit diesen Gegenionen beladen und befindet sich im Gleichgewichtszustand (linke Seite der Abbildung). Nach Applizieren von Probemolekülen (Proteinen) mit negativer Ladung ($R'COO^-$) auf die Trennsäule beginnen diese mit den OH^--Ionen um die Ionenaustauscherplätze zu konkurrieren (rechte Seite). Dadurch wird die Elution der anionischen Species verzögert. Je länger und intensiver diese ionischen Wechselwirkungen sind, desto später werden die Ionen von der Säule eluiert.

Demgegenüber trägt ein stark saurer Kationenaustauscher SO_3^--Gruppen auf seiner Oberfläche, die z.B. mit Na^+-Ionen (Gegenionen) belegt sind. Die zu trennenden Kationen (R''-X^+) würden in diesem Fall mit den Natriumionen um die freien Plätze an den SO_3^--Gruppen konkurrieren.

Wie in Abbildung 3.23.4 gezeigt, besitzen stark saure Kationenaustauscher hohe Austauschkapazitäten zwischen pH = 2 bis 12 (13). Stark basische Anionenaustauscher zeigen schon ab pH = 8 Verkleinerungen in der Kapazität.

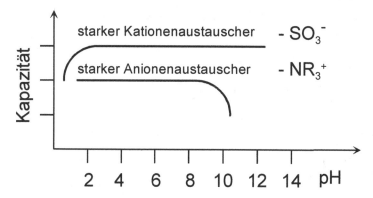

Abb. 3.23.4 Kapazitäten starker Kationen- und Anionenaustauscher in Abhängigkeit vom pH-Wert

In Abbildung 3.23.5 ist das Trennprinzip an einem schwach sauren Kationenaustauscher dargestellt. Die gebundenen Carboxylgruppen sind schwache Säuren, die unterhalb eines pH-Wertes von 4, der durch den Elutions-Puffer eingestellt wird, in nicht dissoziierter Form vorliegen. In diesem Ladungszustand kann an diesen funktionellen Gruppen kein Ionenaustausch und damit auch keine Trennung stattfinden. Im Bereich zwischen pH-Werten von 4 und 8 beginnt die Dissoziation des Ionenaustauschers, sodass positiv geladene Probemoleküle an den Ionenaustauscher binden können. Maximale Austauschkapazitäten werden erst im stark basischen pH-Bereich (> 8 – 10) erzielt (s. Abb. 3.23.6).

Schwach basische Anionenaustauscher besitzen im sauren Bereich maximale Austauschkapazitäten, die im pH-Wert von 6 bis 8 beginnen, kleiner zu werden.

Durch Variation des Ionenaustauschertyps, des pH-Wertes des Eluenten sowie der Art und Konzentration (Ionenstärke) der Gegenionen in der mobilen Phase können die Trennungen optimiert werden. Obwohl die Erfolge der Ionenaustauschchromatographie meist von den Erfahrungen des Experimentators abhängen und durch empirisches Herangehen geprägt sind, existieren wichtige Grundregeln.

Die Vergrößerung der Ionenstärke im Elutionspuffer, wodurch die freien Ionenaustauscherplätze stärker belegt und die Wechselwirkungs-Möglichkeiten der Probeionen vermindert werden, führt zur Verkürzung der Retentionszeit. Ionen mit kleinen Radien, hoher Ladung und guter Polarisierbarkeit lagern sich besser an die funktionellen Gruppen eines Ionenaustauschers an.

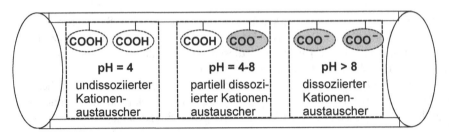

Abb. 3.23.5 Darstellung der Ladungsverhältnisse eines schwach sauren Katio-
nenaustauschers in Abhängigkeit vom pH-Wert

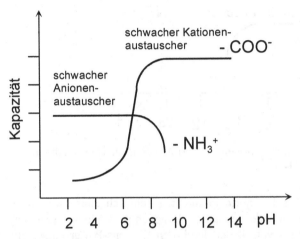

Abb. 3.23.6 Kapazitäten schwacher Kationen- und Anionenaustauscher in
Abhängigkeit vom pH-Wert

Beim Kationen- und Anionenaustausch ist ein Anstieg der Retentionszeit zu
verzeichnen, wenn ein Gegenion durch ein anderes Ion entsprechend den nachstehend aufgeführten Reihenfolgen substituiert wird. Beispiele dafür sind der Aus-
tausch von H^+ gegen Ca^{2+} oder Chlorid- gegen Sulfationen.

3.23.6 Empfehlungen zur Versuchsauswertung (Auswahl)

1) Beschreiben Sie die Grunlagen der IC!
2) Erklären Sie den Ionenaustauschprozess!
3) Was bedeutet die Kapazität eines Ionenaustauschers?
4) Welche funktionellen Gruppen tragen An- bzw. Kationenaustauscher?
5) Was sind starke uns schwache Ionenaustauscher?
6) Erklären Sie die Suppressor-Säule!
7) Wir funktioniert ein Leitfähigkeitsdetektor?

3.23.7 Informationsquellen

1) Lottspeich F, Engels J (2012) Bioanalytik, 3. Auflage, Springer, Berlin, Heidelberg

2) Gey MH (2008) Instrumentelle Analytik und Bioanalytik, Springer, Berlin

3) Gey MH (2015) Instrumentelle Analytik und Bioanalytik, Springer, Berlin

4) Meyer VR (1990) Praxis der Hochleistungsflüssigchromatographie, Otto Salle, Frankfurt

5) Schwedt G (1995) Analytische Chemie: Grundlagen, Methoden und Praxis, Georg Thieme, Stuttgart

6) Otto M (2006) Analytische Chemie, VCH, Weinheim

7) Cammann K (2001) Instrumentelle Analytische Chemie, Spektrum Akad Verlag, Heidelberg

8) Harris DC (1997) Quantitative Analytische Chemie, Friedr Vieweg & Sohn, Braunschweig, Wiesbaden

Phantasie ist wichtiger als Wissen,
denn Wissen ist begrenzt.

Albert Einstein

Küvette

3 Instrumentelle & Bioanalytik: Versuch 24

3.24 UV/VIS-Spektroskopie von unterschiedlichen Aminosäure-Strukturen und von Proteinen

3.24.1 Einführung und Zielstellung

Die Grundlagen der Spektroskopie sind in der einschlägigen Literatur ausführlich dargestellt. Der Einsatz der UV/VIS-Spektroskopie für Aromaten wurde bereits in den Kapiteln 2.7 und 3.1 gezeigt.

Aminosäuren sind bezüglich ihrer Polarität und ihres Absorptionsvermögens im UV- bzw. Visible-Bereich sehr unterschiedlich. Man unterscheidet u.a. zwischen aliphatischen und aromatischen Aminosäuren, zwischen sauren und basischen Aminosäuren oder Aminosäuren mit Heteroatomen (z.B. schwefelhaltige Aminosäuren). Aminosäuren sind die Einzelbausteine von Proteinen/Peptiden und für ihre Detektion ist es entscheidend, ob diese Biomoleküle auch aromatische Aminosäuren mit chromophoren Gruppen enthalten. Dann sind Registrierungen bei flüssigchromatographischen Trennungen im mittleren UV-Bereich bei 280 nm möglich; fehlen diese Aminosäuren, so wird im nahen UV bei 220 nm detektiert.

Ziel des Versuches ist, Spektren von ausgewählten Aminosäuren aufzunehmen und in Abhängigkeit ihrer Struktur hinsichtlich des Absorptionsvermögens zu vergleichen. Weiterhin sind UV/VIS-Spektren von Proteinen zu registrieren, um farbige und nichtfarbige Proteine diesbezüglich gegenüberzustellen.

3.24.2 Materialien und Methoden

3.24.2.1 Equipment für den Versuch

Für die Aufnahme der Spektren sollen UV/VIS-Spektralphotometer (möglichst Zweistrahlgeräte) eingesetzt werden. Unsere Analysen erfolgten mit einem Zweistrahlgerät der Firma Perkin Elmer, bei dem die Einstellung der Wellenlängenbereiche noch mechanisch erfolgte und der sichtbare Bereich (400 – 800 nm) mithilfe einer Wolframlampe auf einem Linienschreiber registriert wurde, während zum Aufzeichnen des ultravioletten Spektralbereiches (400 – 200 nm) eine Deuteriumlampe diente. Das Umschalten der Lampen erfolgte bei 400 nm (siehe Spektren).

.2.24.2.2 Chemikalien, Lösungsmittel, Zubehör

- Entionisiertes Wasser, Ethanol/Methanol zur Spektroskopie
- Heliumentgasung
- UV/VIS-Spektralphotometer
- Zwei 1-cm-Küvetten aus Quarzglas
- L-Phenylalanin (Molekülmasse, M_r: 165,19 g/mol), L-Leucin (131,18), L-Tryptophan (204,23), L-Cystin (240,30), L-Tyrosin (181,18), L-Methionin (149,21), L-Threonin (119,12) – al for biochemistry (Merck); L-Glycin (M_r: 75,1 g/mol) for analytical grade (SERVA)
- Ovalbumin und BlueDextran (Amersham Bioscience)
- Vitamin B12 (JenaPharm)
- Maßkölbchen (V: 5 ml und 10 ml)
- Bechergläser (V: 20 und 50 ml), Spatel
- Fingerkuppenpiekser, Spatel
- Eigenblut, Natriumthiosulfat
- Ultraschallbad
- Zentrifuge
- Analysenwaage
- Dosierspritzen (100 µl, 500 µl)

3.24.2.3 Herstellung von Testlösungen

Ausgewählte Aminosäuren:

- Folgende Einwaagen für ausgewählte Standardaminosäuren wurden für die Spektrenaufnahme hergestellt:
- L-Phenylalanin (c = 82,6 mg/50 ml Wasser).
- L-Leucin (c = 65,6 mg/50 ml Wasser).
- L-Tryptophan (c = 102,1 mg/50 ml Wasser).
- L-Cystin (c = 120,2 mg/50 ml Wasser).
- L-Tyrosin (c = 90,6 mg/50 ml Wasser).
- L-Methionin (c = 74,6 mg/50 ml Wasser).
- L-Threonin (c = 59,6 mg/50 ml Wasser).
- L-Glycin (c = 37,6 mg/50 ml Wasser).

Ausgewählte Proteine:

- Die Menge an Ovalbumin und BlueDextran (Lösungsmittel Wasser) erfolgte nach Erfahrungswerten bzw. qualitativ, sodass die Absorptionsmaxima der Proteine auch gut zu registrieren und auswertbar waren.
- Der Inhalt einer geöffneten Ampulle (V = 1 ml) Vitamin B12 (Cyanocobalamin) wurde in einem 25-ml-Kolben mit Wasser bis zur Eichmarke aufgefüllt und ca. 3 ml davon dienten in der Messküvette zur Spektrenaufnahme.

3.24.3 Versuchsergebnisse (Auswahl)

3.24.3.1 UV-Spektren von Aminosäuren

Die Aufnahme der Spektren für die Aminosäuren erfolgte im UV-Bereich zwischen 200 und 400 nm. Ihre Registrierung wurde mit Hilfe eines Linienschreibers und auf Transparentpapier durchgeführt. Nach dem Einscannen der Abbildungen erfolgte eine weitere Bearbeitung mit einem Designer Programm.

Abbildung 3.24.1 zeigt das UV-Spektrum von Glycin, der kleinsten Aminsäure. Sie zeigt keine charakteristischen Absorptionsbanden im mittleren UV-Bereich aufgrund fehlender π-Elektronen.

Glycin wurde erstmals 1820 aus Gelatine Kollagenhydrolysat gewonnen und sie gehört zu den hydrophilen Aminosäuren. Sie ist die einzige proteinogene (eiweißbildende) Aminosäure, die nicht chiral und somit nicht optisch aktiv ist.

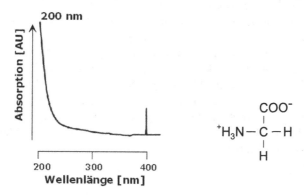

Abb. 3.24.1 UV-Spektrum und Struktur von Glycin

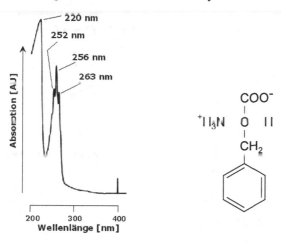

Abb. 3.24.2 UV-Spektrum und Struktur von Phenylalanin

Der Name leitet sich vom süßen Geschmack reinen Glycins ab. Glycin ist keine essentielle Aminosäure und kann vom menschlichen Organismus selbst hergestellt werden. Sie ist wichtiger Bestandteil fast aller Proteine und besitzt somit eine besondere Bedeutung im Stoffwechsel.

In der Abbildung 3.24.2 ist das Spektrum einer aromatischen Aminosäure dargestellt.

Die charakteristischen Banden liegen beim Phenylalanin um 263nm, 256nm und 254 nm. Eine weitere Absorption zeigt sich um 220 nm. Hier sind es die π-Elektronen, die diese Absorptionsmaxima im mittleren UV-Bereich hervorrufen.

Phenylalanin wurde erstmals im Jahre 1879 aus Leguminosen isoliert und konnte 1882 synthetisch hergestellt werden.

Sie ist chiral und besitzt neben dem aromatischen Ring eine unpolare aliphatische Seitenkette. Sie gehört zu den proteinogenen Aminosäuren und ist am Eiweißaufbau beteiligt. Als essentielle Aminosäure muss sie in ausreichender Menge mit der Nahrung dem Körper zugefügt werden.

Die Phenylketonurie (PKU) ist eine genetisch bedingte Stoffwechselstörung. Dabei wird L-Phenylalanin im Körper nicht vollständig abgebaut. Es reichert sich im Körper an und es entsteht Phenylpyruvat, Phenylacetat oder Phenyllactat, was unbehandelt zu einer geistigen Entwicklungsstörung mit einer Epilepsie führt.

Methionin (Abb. 3.24.3) besitzt im Molekül ein Schwefelatom und gehört somit wie auch Cystein zu den schwefelhaltigen Aminosäuren. Der Spektrenverlauf zeigt erst um 220 nm ein Absorptionsmaximum. Das Heteroatom Schwefel trägt somit nicht wesentlich zur stärkeren Absorption bzw. zum Ausbilden von Maxima schon im mittleren UV-Bereich bei.

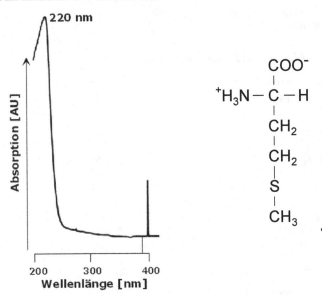

Abb. 3.24.3 UV-Spektrum und Struktur von Methionin

Die Aminosäure Methionin wurde 1922 von J. H. Müller aus Casein erhalten. Sie kann vom Menschen und vielen Tieren nicht synthetisiert werden, sondern muss mit der Nahrung aufgenommen werden.

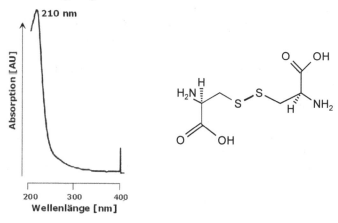

Abb. 3.24.4 UV-Spektrum und Struktur von Cystin

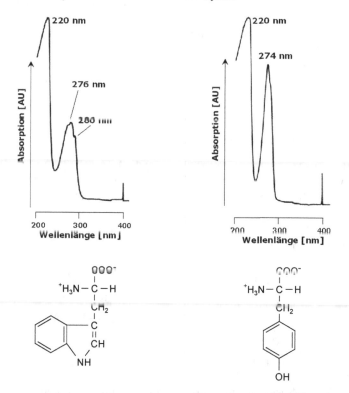

Abb. 3.24.5/6 UV-Spektren und Strukturen von Tryptophan (links) und Tyrosin

Cystin ist ein Disulfid, das durch Oxidation von zwei Molekülen Cystein entsteht (Abb. 3.24.4). Das UV-Spektrum zeigt einen geringen Absorptionsanstieg ab 300 nm und erreicht um 210 nm ein Maximum. Die Disulfidbindung verstärkt somit auch bei diesem Molekül das Absorptionsvermögen nicht signifikant und es resultiert ein den nichtaromatischen Aminosäuren vergleichbares Spektrum.

Die natürliche proteinogene α-Aminosäure L-Cystin wurde 1810 durch William Hyde Wollaston entdeckt und findet sich in hoher Konzentration peptidisch gebunden in den Zellen des Immunsystems, der Haut und den Haaren.

Tryptophan ist eine proteinogene α-Aminosäure mit einem aromatischen Indol-Ringsystem. Gemeinsam mit Phenylalanin, Tyrosin und Histidin zählt Tryptophan daher zu den aromatischen Aminosäuren (s.a. Abb. 3.24.5/6) Es gehört zu den essentiellen Aminosäuren, kann also vom menschlichen Körper nicht gebildet und muss mit der Nahrung zugeführt werden.

Die UV-Spektren von Leucin und Threonin (Abb. 3.24.7/8) zeigen die erwarteten Kurvenverläufe. Leucin ist eine proteinogene α-Aminosäure. Für höhere Lebewesen ist L-Leucin eine essentielle Aminosäure, die für den Energiehaushalt im Muskelgewebe eine zentrale Rolle spielen kann.

Im Threonin findet sich am β-Kohlenstoffatom (= 3-Position) eine Hydroxygruppe und es kann als 3-Methyl-Serin oder 3-hydroxyliertem Desmethyl-Valin betrachtet werden. Aufgrund der Hydroxygruppe ist Threonin wesentlich polarer und reaktiver als z.B. Valin. L-Threonin zählt zu den für den Menschen essentiellen Aminosäuren.

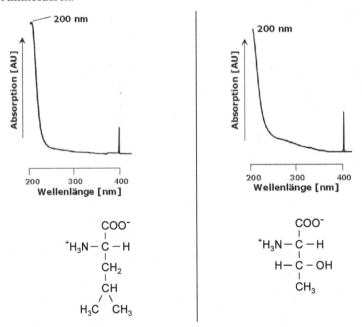

Abb. 3.24.7/8 UV-Spektren und Strukturen, Leucin (links), Threonin

Für die transparentere Versuchsauswertung und zur Darstellung der signifikanten Unterschiede in den Kurvenverläufen ist das „Übereinanderlegen" der entsprechenden Spektren empfehlenswert. Die folgenden Abbildungen demonstrieren das anhand der Beispiele Glycin/Methionin; Glycin/Tyrosin; Phenylalanin/Leucin und Cystin/Tryptophan. Somit können weitere Interpretationen der Spektrenverläufe vorgenommen werden.

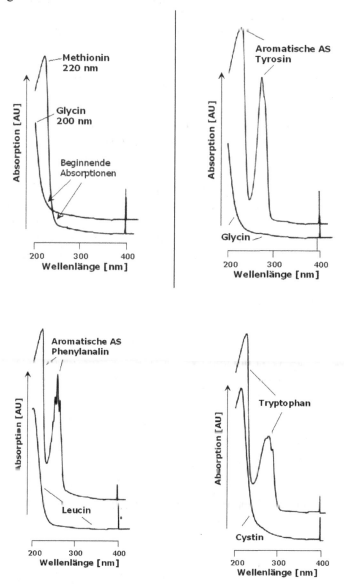

Abb. 3.24.9 „Übereinanderlegen" ausgewählter UV-Spektren

3.24.3.2 UV/VIS-Spektren von Proteinen

Die Aufnahme der Spektren für die Proteine erfolgte im gesamtem UV/VIS-Bereich – beginnend bei 800 nm und nach dem Umschalten von der Wolframlampe zur Deuteriumlampe bei 400 nm endet die Spektrenaufnahme meist bei etwa 200 nm. Ihre Registrierung wurde mithilfe eines Linienschreibers und auf Transparentpapier durchgeführt. Nach dem Einscannen der Abbildungen erfolgte eine weitere Bearbeitung mit einem Designer-Programm.

BlueDextran (Abb. 3.24.10) besitzt im sichtbaren Bereich um 600 nm die erwarteten Absorptionen, die bei höheren Empfindlichkeiten (20 mV vs. 50 mV) auch deutlich hervortreten. Danach folgt die Umschaltstelle und im UV ist neben 208 nm auch bei 255 nm eine charakteristische Bande erkennbar.

„Dextrane" sind hochmolekulare, verzweigte, neutrale Biopolysaccharide, die Hefen und Bakterien als Reservestoffe dienen. Da die Polymere nur aus Glucose-Einheiten bestehen, zählen sie zu den Homoglykanen. Natürliche Dextrane besitzen Molekülmassen zwischen 10 000 und 50 000 000 Da.

Das Protein „Dextranblau" wird u.a. in der SEC (Size Exclusion Chromatography; Größenausschlusschromatographie, s. Kapitel 3.14) als Markersubstanz verwendet. Die inerte Verbindung besteht aus Dextran, das kovalent mit dem Farbstoff Cibacronblau (F3G-A) im Verhältnis 100 µmol/g Dextran verknüpft ist.

BlueDextran wird vor allem zur Bestimmung des Säulenausschlussvolumens und zur Kalibrierung und Überprüfung der Packung von SEC-Säulen eingesetzt. Bei Verwendung von Glassäulen kann die Homogenität der Säulenpackung visuell überprüft werden.

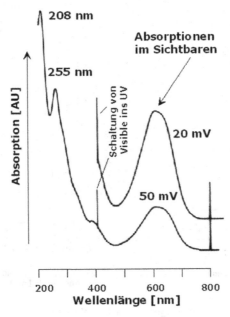

Abb. 3.24.10 UV/VIS-Spektrum von BlueDextran

Die folgenden Spektren charakterisieren ein Protein (Vitamin B12 bzw. Cyanocobalmin) mit rötlicher Farbe, die im sichtbaren Bereich mit einer sehr breiten Absorptionsbande (um ca. 550/500 nm) angezeigt wird (Abb. 3.24.11) und ein farbloses Protein Ovalbumin, Abb. 3.24.12), das in diesem Spektralbereich keine Absorptionsbanden aufweist.

Cyanocobalamin gehört zu den am weitesten verbreiteten Vitamin-B12-Formen und wird seit Jahren erfolgreich in der Vitamin-B12-Therapie verwendet. Sowohl nach dem Applizieren in Form von Injektionen als auch nach oraler Aufnahme von Vitamin-B12-Präparaten beseitigt Cyanocobalamin viele Formen von Vitamin-B12-Mangel und hat sich vor allem auch bei Anämie-Patienten sehr gut bewährt.

Die große Verbreitung von Cyanocobalamin wird auf seine Herstellung zurückgeführt – keine Form von Vitamin B12 lässt sich so einfach und so günstig herstellen und ist chemisch so stabil bzw. haltbar.

Ovalbumin ist das am häufigsten vorkommende Protein im Eiklar von Vogeleiern (ca. 55–65 %). In seiner Funktion soll es sich um ein Speicherprotein handeln.

Ovalbumin hat für die Proteinforschung große Bedeutung, da es bedingt durch seine große Verfügbarkeit für die Entwicklung von Techniken zur Molekulargewichtsbestimmung und auch zur Strukturaufklärung verwendet wurde. Außerdem verwendet man Ovalbumin in der Immunologie, um eine allergische Reaktion hervorzurufen.

Wichtige Proteine befinden sich auch im Blut bzw. im Blutplasma. Die Analyse von Proteinen (Albumin, Globuline) im Blutserum mittels Cellulose-Acetat-Elektrophorese (CAF) war bereits Thema in Kapitel 3.17.

Hämoglobin ist für den Transport von Sauerstoff verantwortlich – wir unterscheiden zwischen arteriellem (sauerstoffreichen Blut) und venösem Blut, das sauerstoffarm ist.

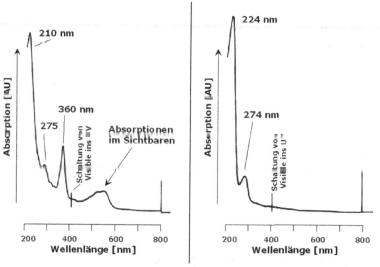

Abb. 3.24.11/12 UV/VIS-Spektren von Vitamin B12 (links) und Ovalbumin

Zur Probenpräparation sind ein paar Fingerbluttropfen (bei der Entnahme unbedingt auf Sterilisation achten), die mit hochreinem (entionisiertem) Wasser in einer 1-cm-Quarzküvette (Volumen ca. 3ml) vermischt werden, ausreichend.

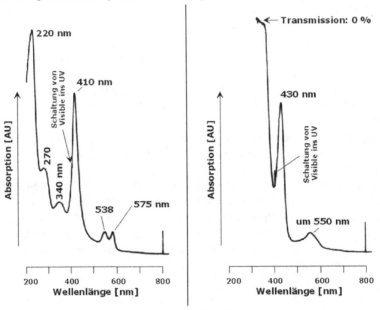

Abb. 3.24.13/14 UV/VIS-Spektren: arterielles (links) vs. venöses Blut

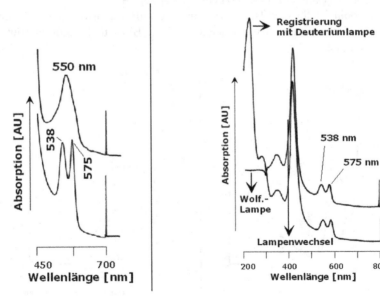

Abb. 3.24.15 VIS-Spek-
tren der Blutlösungen

Abb. 3.24.16 Registrierung mit Deuterium-
oder Wolframlampe

Die entsprechende Vergleichsküvette im UV/VIS-Spektralphotometer enthält natürlich auch dieses saubere Wasser. Danach erfolgt die Aufnahme des Spektrums, das aus Abbildung 3.24.13 hervorgeht. Charakteristisch für „rotes" Blut sind die Absorptionsbanden im sichtbaren Spektralbereich bei ca. 575 und 538 nm (vgl. auch Abb. 3.24.15).

Nach erfolgter Spektrenregistrierung wird eine Spatelspitze Natriumthiosulfat in die Messküvette des Spektrometers eingebracht und homogen verteilt. Dieses Reduktionsmittel bewirkt jetzt die Umwandlung von arteriellem in venöses Blut. Dies wird auch durch eine leichte Färbung ins Bläuliche sichtbar.

Danach erfolgt erneut die Spektrenregistrierung zwischen 200 und 800 nm. Wie aus den Abbildungen 3.24.14 und 3.24.15 hervorgeht, verschwinden die beiden Maxima im sichtbaren Bereich und es entsteht eine relativ breite Bande um 550 nm. Dies ist der spektroskopische Nachweis dafür, dass Sauerstoff aus dem arteriellen Blut reduziert worden und „bläuliches" venöses Blut entstanden ist.

3.24.5 Empfehlungen zur Versuchsauswertung (Auswahl)

1) Skizzieren Sie den Aufbau eines Spektralphotometers!
2) Welche Unterschiede bestehen zwischen einem Einstrahl- und Zweistrahlspektrometer?
3) Wie lauten die Wellenlängenbereiche von UV und VIS? Welche Lichtquellen im klassischen Sinne werden eingesetzt?
4) Welches Licht (UV vs. sichtbar) ist energiereicher und warum? Begründen Sie das anhand der „Energie-Formel"!
5) Aus welchen Materialien bestehen die Küvetten im UV- bzw. VIS-Bereich und warum?
6) Wozu dienen in der Spektroskopie Monochromatoren – wie unterscheiden sich Prismen und Gitter?
7) Erklären Sie Prinzip und Anwendbarkeit des Lambert-Beerschen Gesetzes!
8) Lösen Sie das Lambert-Beersche Gesetz nach dem qualitativen und quantitativen Parameter auf!
9) Was versteht man unter Reflexion und Streuung im Zusammenhang mit den Küvetten in der UV/VIS-Spektroskopie?
10) Zeichnen Sie die Struktur einer aromatischen und nicht-aromatischen Aminosäure! Verwenden Sie das zur Diskussion bzgl. der unterschiedlich verlaufenden UV-Spektren!
11) Weshalb können bestimmte Proteine um 280 nm registriert werden und in welchen Fällen ist nur die Detektion um 220 nm möglich?
12) Welche Vor- und Nachteile sind ggf. vorhanden, wenn Sie Substanzen (Proteine) in komplexen Gemischen bei 220 nm, 280 nm oder im sichtbaren Spektralbereich registrieren?

3.24.6 Informationsquellen

1) Gey MH (2015) Instrumentelle Analytik und Bioanalytik, Springer, Berlin
2) Meyer VR (1990) Praxis der Hochleistungsflüssigchromatographie, Otto Salle, Frankfurt
3) Schwedt G (1995) Analytische Chemie: Grundlagen, Methoden und Praxis, Georg Thieme, Stuttgart
4) Otto M (2006) Analytische Chemie, VCH, Weinheim
5) Cammann K (2001) Instrumentelle Analytische Chemie, Spektrum Akad Verlag, Heidelberg
6) Harris DC (1997) Quantitative Analytische Chemie, Friedr Vieweg & Sohn, Braunschweig, Wiesbaden

3 Instrumentelle & Bioanalytik: Versuch 25

3.25 Klassische IR-Spektroskopie von „polaren" und „unpolaren" Kunststoff-Folien

3.25.1 Einführung und Zielstellung

Infrarotspektroskopie wird heutzutage i.d.R. mit modernen FTIR-Geräten betrieben. Diese registrieren die Spektren sehr schnell und die Probenpräparation ist oft relativ einfach; erfordert aber z.B. die KBr-Presstechnik (s. 3.25.4). Die aufgenommenen Spektren geben Auskunft darüber, welche funktionellen Gruppen in einem organischen Molekül vorhanden sind bzw. welche ggf. verändert wurden, neu entstanden oder eliminiert worden sind. Auch Einfach-, Doppel- und Dreifachbindungen können in den Spektren unterschieden werden. Diese Ergebnisse liefern natürlich auch klassische IR-Spektrometer, deren Aufnahmetechnik vergleichsweise langsam verläuft.

Das Arbeiten mit „Küvetten" bestehend aus Salzen (KBr, NaCl!) erfordert kompletten Feuchtigkeitsausschluss. Einfach handhabbare „Küvetten" stellen dagegen kommerzielle oder auch selbst präparierte Folien dar.

Ziel des Versuches ist, Folien mit unterschiedlicher Struktur und verschiedener Polarität mithilfe der Klassischen IR-Spektroskopie zu analysieren. Dabei sollen vor allem charakteristische funktionelle Gruppen identifiziert bzw. ihrer Abwesenheit nachgewiesen werden. Schließlich soll begründet werden, ob die erzielten Ergebnisse die Folien als eher „polar" oder „unpolar" ausweisen. Könnten z.B. auch Konsequenzen resultieren, wenn diese Folien zum Verpacken und Lagern von Lebensmitteln verwendet werden?

3.25.2 Materialien und Methoden

3.25.2.1 Materialien und Zubehör

- Paraffin
- Aceton
- Polystyrol-Folie
- Celluloseacetat-Folien

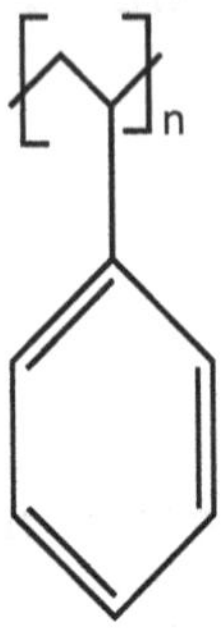

Abb. 3.25.1 Polystyrol 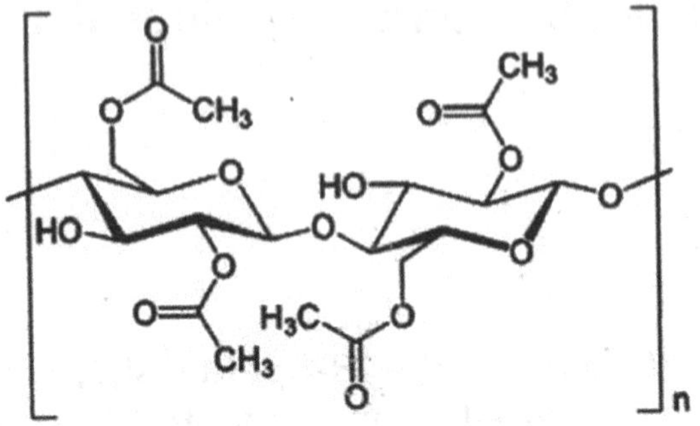   **Abb. 3.25.2** Celluloseacetat

Die Celluloseacetat-Folien wurden so präpariert, dass sie für IR-spektroskopische Analysen gut geeignet sind. Grundlage waren weiße und nicht transparente Folien, wie sie in der CAF (s. Kapitel. 3.17) verwendet wurden.

Zuerst erfolgte eine Imprägnierung der Folien mit Methanol. Anschließend wurden sie auf eine Glasplatte (10 cm x 10 cm) aufgerollt, sodass eine stetige Haftung der Folie an der Glasoberfläche ohne Lufteinschlüsse garantiert war.

Dieser „Sandwich" wurde bei 80 °C im Heizofen für 10 Minuten temperiert und danach auf Raumtemperatur abgekühlt. Die Celluloseacetatfolie ist nun transparent, sie wird von der Glasplatte vorsichtig entfernt und in eine IR-MatrixSchablone eingebettet.

Die Polystyrol-Folie wurde von uns nicht selbst präpariert, sondern stellt ein kommerziell erhältliches Probenmaterial dar.

3.25.2.2 Equipment für den Versuch

Für die IR-Analysen wurde ein kommerzielles klassisches IR-Spektrometer der Firma Carl Zeiss Jena verwendet. Die Beschreibung des Gerätes erfolgt in 3.25.4.

3.25.3 Ergebnisse (Auswahl)

3.25.3.1 IR-Spektrum von Paraffin

Die Abbildung 3.25.3 zeigt die schematische Darstellung eines Infrarotspektrums des Paraffins. Zur Probenpräparation diente die Nujoltechnik. Das Spektrum gibt Auskunft darüber, wie die Messung erfolgte. Als Ordinatenmaßstab wird die Transmission bzw. Durchlässigkeit in Prozent (% D) angegeben. Das entspricht dem prozentualen Strahlungsanteil, der von der Probe bei der jeweiligen Wellenlänge durchgelassen wird. Als Bezugswert dient stets der Vergleichsstrahl. Seltener wird als Ordinatenmaßstab die prozentuale Absorption (% A) angegeben. Die Abszisse ist sowohl in μm (Wellenlänge) als auch in cm^{-1} (Wellenzahl) kalibriert.

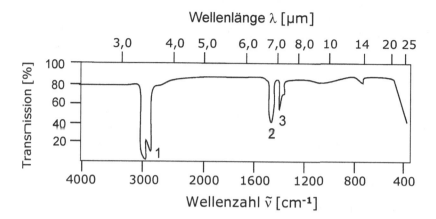

1: (C-H)-Valenzschwingungen von CH_3- und CH_2-Gruppen

2: (C-H)-Deformationsschwingungen von
CH_3- und CH_2-Gruppen: $\delta_{as}(CH_3)$; $\delta_s(CH_2)$

3: symetrische (C-H)-Valenzschwingungen von
CH_3- Gruppen: $\delta_s(CH_3)$

Abb. 3.25.3 IR-Spektrum eines Paraffins (Nujol als Film gemessen)

3.25.3.2 IR-Spektrum von Aceton

Abbildung 3.25.4 zeigt am Beispiel von Aceton charakteristische Bereiche, in denen bestimmte funktionelle Gruppen absorbieren.

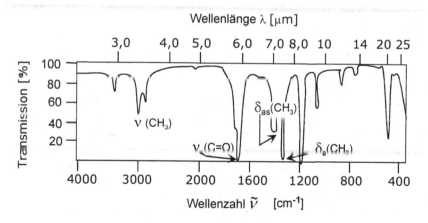

Abb. 3.25.4 IR-Spektrums von Aceton (schematisch)

Die Valenzschwingungen von Einfachbindungen mit Wasserstoff (s. z.B. C-H, N-H, O-H) absorbieren bei den höchsten Frequenzen, was eine Folge der kleinen Masse des Wasserstoffatoms ist. Mit größer werdender Atommasse wird die Absorptionsbande nach kleineren Wellenzahlen verschoben. Ansonsten gilt die Regel, je größer die Bindungsstärke zwischen zwei Atomen ist, umso höher liegt die Schwingungsfrequenz. Bei den Deformations- und Beugeschwingungen werden nur Bindungswinkel verändert, jedoch nicht die Bindungsabstände. Diese Schwingungen treten bei tieferen Wellenzahlen auf, meist im „fingerprint-Bereich" bei Wellenzahlen unter $1\,500\,cm^{-1}$.

3.25.3.3 IR-Spektren von Kunststoff-Folien

Noch einfacher bezüglich „Probenpräparation" und Durchführung ist das Vermessen von Kunststoff-Folien und ähnlichen Materialien, wofür ein konventionelles IR-Spektrometer eingesetzt wurde. Die Folien sind als Fenster zwischen zwei Kartonstreifen eingepasst (Polystyrol-Folie, Abb. 3.25.5) oder wurden auf einem Plastikstreifen mit entsprechendem Fensterloch aufgeklebt (Celluloseacetat-Folie, Abb. 3.25.6).

Für die Polystyrol-Folie ist eine ganze Reihe von Schwingungen den einzelnen Wellenzahlen zuzuordnen. Andererseits können auch funktionelle Gruppen wie die Hydroxylgruppe, die eine breite Bande im Bereich $3\,200$ bis $3\,500\,cm^{-1}$ zeigt (vgl. Abb. 3.25.5) hier ausgeschlossen werden. Signifikant sind olefinische sowie aromatische C-H-Valenzschwingungen (Streckschwingungen), die größere Wellenzahlen (1) als $3\,000\,cm^{-1}$ aufweisen. Die aliphatischen CH-Valenzschwingungen (2) liegen signifikant unterhalb dieser Wellenzahl. Weiterhin können der „aromatische Finger" (3), aromatische C=C-Doppelbindungen (4,5) lokalisiert werden. Im Fingerprint-Bereich unterhalb von ca. $1\,500\,cm^{-1}$ sind einerseits für funktionelle Gruppen wenig spezifische Schwingungen sehr gut ausgeprägt (6,7). Andererseits können aber verschiedene Signale für Aromaten (8–11) lokalisiert werden.

Signifikant ist der Vergleich des IR-Spektrums der Polystyrol-Folie mit dem der Celluloseacetat-Folie (Abb. 3.45.6). Diese Folien werden auch in der klassischen Elektrophorese zur Trennung von Serumproteinen (Serumeiweiß-Acetatfolien-Elektrophorese) eingesetzt.

Für ihre Anwendung in der IR-Spektroskopie müssen sie in Klarsichtfolien „transformiert" werden. Die Transparenz wird erreicht wie in 3.25.2.1 beschrieben (Methanolimprägnierung, Aufwalzen auf Glasplatte, 10 min Trocknung bei 80 °C, Einbetten in eine IR-Matrix-Schablone).

Im IR-Spektrum wird eine charakteristische und relativ breite OH-Bande im Bereich von ca. $3\,500\,cm^{-1}$ registriert, die den hydrophilen Charakter der Celluloseacetat-Folie belegt. Aromatische Schwingungen sind demzufolge bei Wellenzahlen $> 3000\,cm^{-1}$ nicht vorhanden. Dagegen werden die aliphatischen Valenzschwingungen (2) im Infrarotspektrum gut angezeigt.

Weitere IR-Spektren von Polymerfolien sind in den Abbildungen 3.25.7 und 3.25.8 dargestellt.

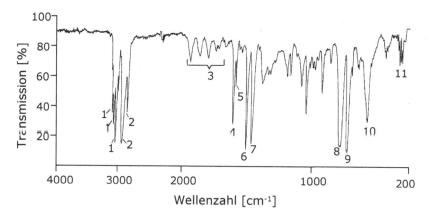

Abb. 3.25.5 IR-Spektrum einer Polystyrol-Folie

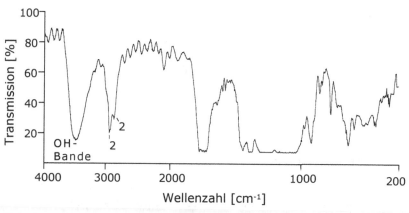

Abb. 3.25.6 IR-Spektrum einer Celluloseacetat-Folie

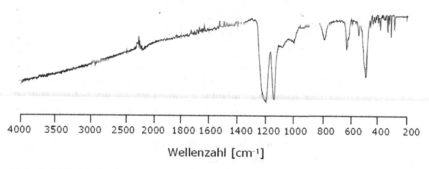

Abb. 3.25.7 IR-Spektrum einer Polytetrafluorethylen-Folie

Die Polytetrafluorethylen-Folie (Abb. 3.25.7) zeigt im Wellenzahlenbereich von 4000 cm^{-1} bis ca. 1200 cm^{-1} keinerlei charakteristische Schwingungen, da u.a. aliphatische und aromatische C-H-Bindungen im Molekül nicht vorhanden sind und die entsprechenden Schwingungen deshalb ausbleiben.

Anders ist die Situation bei der IR-Spektrenaufnahmen von einer Polyethylen-Folie (Abb. 3.25.8). Hier werden u.a. charakteristische CH-Schwingungen (2916 und 2855 cm^{-1})registriert.

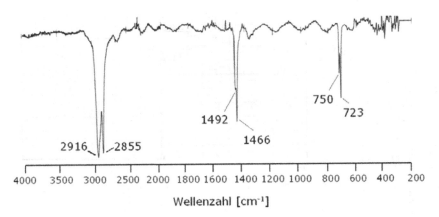

Abb. 3.25.8 IR-Spektrum einer Polyethylen-Folie

3.25.4 Wissenswertes zum Versuch

3.25.4.1 Charakteristische Banden in der IR-Spektroskopie

In der IR-Spektroskopie werden Molekülschwingungen und Molekülrotationen durch Absorption von Licht des infraroten Bereiches des elektromagnetischen Spektrums angeregt. In der Praxis werden zwei methodische Varianten eingesetzt, um diese Molekülschwingungen und -rotationen zu messen. Dies sind die direkte Messung der Absorption im IR-Spektrum und die indirekte Erfassung der Streustrahlung im Ramanspektrum.

Heutzutage dominieren insbesondere leistungsfähige computergesteuerte und schnelle Fourier-Transform-IR-Spektrometer (FTIR) in der analytischen Praxis.

In der IR-Spektroskopie erfolgt vor allem die Aufzeichnung der Schwingungen von Molekülen. Rotationen eines Moleküls entstehen, wenn eine periodische Änderung seines Dipolmomentes erfolgt. Demzufolge können nur Moleküle mit einem permanenten Dipolmoment (z.B. HCl) angeregt werden, was für ein symmetrisches Molekül wie H_2 nicht möglich ist.

Für die Anregung eines Moleküls zur Rotation ist etwa nur ein Tausendstel der Energie erforderlich, die die Molekülschwingungen bewirkt.

Es sind meist die funktionellen Gruppen (CH_3-, C=O, OH-, NH-) der Moleküle, die charakteristische Schwingungen (Tab. 3.25.1) zeigen. Diese entsprechen
Absorptionsbanden in ganz bestimmten Bereichen des Infrarotspektrums und
können zur Identifizierung eines organischen Moleküls herangezogen werden.

Komplex zusammengesetzte Moleküle verfügen über sehr vielfältige Schwin-
gungsmöglichkeiten. Beispielsweise besitzt ein Molekül mit N Atomen $3 \cdot N$ Freiheitsgrade. Davon entfallen 3 Freiheitsgrade aufgrund der Translationsbewegun-
gen längs der x , y und z Achse und 3 weitere Freiheitsgrade bedingt durch die
Rotation um die 3 Hauptträgheitsachsen.

Tabelle 3.25.1 IR-Banden funktioneller Gruppen und von chemischen Bindungen

Funktionelle Gruppe	Wellenzahl [cm^{-1}]	Intensität
O-H, mit H-Brücken	3 200 – 3 600	unterschiedlich
N-H, Amine, Amide	3 300 – 3 500	mittel
C-H, Alkine, C≡C-H	3 300	stark
C-H, Aromaten	3 010 – 3 100	mittel
C-H, Alkene, C=C-H	3 010 – 3 095 675 – 995	mittel stark
C-H, Alkane	2 850 – 2 970 1 340 – 1 470	stark stark
C≡N, Nitrile	2 210 – 2 280	stark
C≡C, Alkine	2 100 – 2 260	unterschiedlich
C=O, Aldehyde, Ketone, Säuren, Ester	1 690 – 1 760	stark
C=C, Alkene	1 610 – 1 680	unterschiedlich
C=C, Aromaten	1 500 – 1 600	unterschiedlich
NO$_2$, Nitrogruppe	1 500 – 1 570 1 300 1 370	stark stark
C-H, Amine, Amide	1 180 – 1 360	stark
C-O, Alkohole, Ether, Säuren, Ester	1 050 – 1 300	stark

3.25.4.2 Polystyrol

Polystyrol (PS) ist ein transparenter, geschäumter weißer Thermoplast. Amorphes
Polystyrol ist ein weit verbreiteter (Standard-) Kunststoff, der in vielen Bereichen
des täglichen Lebens zum Einsatz kommt. Expandiertes Polystyrol (EPS) und
extrudiertes Polystyrol (XPS) werden als Schaumstoffe eingesetzt.

Polystyrol gewinnt man durch die Polymerisation von Styrol. Eine große Zahl von Polymeren wird durch Kettenpolymerisation hergestellt, u.a. vier der fünf mengenmäßig wichtigsten Kunststoffe, nämlich Polyethylen (PE), Polypropylen (PP), Polyvinylchlorid (PVC) und eben auch Polystyrol (PS). Styrol weist außergewöhnliche Polymerisationseigenschaften auf, es kann radikalisch, kationisch, anionisch oder mittels Ziegler-Natta-Katalysatoren polymerisiert werden.

Polystyrol ist gegen wässrige Laugen und Mineralsäuren gut beständig, gegenüber unpolaren Lösungsmitteln wie Benzin und längerkettigen Ketonen und Aldehyden nicht. Es ist UV-empfindlich.

Polystyrol ist physiologisch unbedenklich und für Lebensmittelverpackungen uneingeschränkt zugelassen. Jedoch gibt es Hinweise darauf, dass Zellkulturen durch eine Aufweichung des Materials unter Kulturbedingungen negativ beeinflusst werden können. Wie mit der IR-Spektroskopie innerhalb dieses Versuches festgestellt wurde, besteht die Polystyrol-Folie nicht nur aus aliphatischen Kohlenwasserstoffen, sondern sie zeigt auch aromatische Gruppierungen an. Dies könnte ggf. zukünftig dazu führen, dass die Folie im Kontakt mit Lebensmitteln als bedenklich einzustufen ist.

2015 entdeckten Forscher der Stanford University, dass Mehlwürmer in der Lage sind, Polystyrol zu verzehren und in CO_2 und verrottbaren Kot zu zersetzen. Die Verzehrmenge lag bei 35–40 mg täglich. Nach dem einmonatigen Experiment konnte kein Unterschied zwischen dem Gesundheitszustand von Mehlwürmern festgestellt werden, die sich von Polystyrol ernährten und solchen, die konventionelle Nahrung zu sich nahmen.

3.25.4.3 Celluloseacetat

Celluloseacetat (CA, früher Acetylcellulose) ist eine Sammelbezeichnung für die Essigsäureester der Cellulose. Durch Einwirkung von Eisessig und Essigsäureanhydrid auf Cellulose (i.d.R Zellstoff) unter Anwesenheit von Katalysatoren wie Zinkchlorid oder Schwefelsäure muss dabei zuerst das Cellulosetriacetat (Kurzzeichen CTA), das sogenannte Primäracetat, hergestellt werden, bei dem die drei Hydroxygruppen je Glucosebaustein völlig verestert sind. Das ist notwendig, da eine partielle Veresterung auf direktem Weg nur zu Gemischen von nicht und vollständig acetylierter Cellulose führt. Da aber für die meisten Anwendungen das Cellulosetriacetat wegen seiner begrenzten Löslichkeit und schlechten Weichmacherverträglichkeit ungünstig ist, wird durch Wasserzugabe eine partielle Verseifung des Cellulosetriacetats vorgenommen, wobei je nach Temperatur und Einwirkungszeit Essigsäuregehalte von 41 bis 62,5 % im Ester eingestellt werden können.

So werden verschiedene Typen von Sekundäracetaten (z. B. 2 ½ -Acetat und Diacetat) erhalten. In Abhängigkeit vom Veresterungsgrad verändert sich die Viskosität der Celluloseacetat-Typen (je höher der Veresterungsgrad, desto höher die Viskosität), wodurch sich ein breites Eigenschaftsspektrum und damit Produktspektrum erreichen lässt. Dieses reicht von Elektroisolierfolien, über Fasern für textile Zwecke und Faserkabel für Zigarettenfilter bis zu niedrigviskosen Zusatzstoffen für Klebstoffe und Textilhilfsmittel.

Celluloseacetat zählt zu den ältesten thermoplastischen Kunststoffen und wird als Derivat des Naturstoffes Cellulose zu den Biokunststoffen gerechnet, die früher auch in ihrer Faserform als halbsynthetische Fasern bezeichnet wurden.

3.25.4 Geräteaufbau und Probenpräparationen

Ein Infrarot-Spektrometer bestehend aus Lichtquelle, Probenküvette, Monochromator (Prisma oder Gitter), Detektor und der Auswerteeinheit (Computer).

Als Lichtquellen werden meist ein Nernst-Stift oder der Globar eingesetzt. Der Nernst-Stift besteht aus Y- und Zr-Oxid und weist eine Betriebstemperatur von 1 900 °C auf, während sich der Globar aus Siliziumcarbid zusammensetzt und bei Temperaturen um 1 300 °C arbeitet. Diese Lichtquellen kann man auch als „glühende" Wärmestrahler bezeichnen.

Im nahen Infrarot (NIR) wird eine einfache Wolframlampe verwendet, die für den Wellenlängenbereich von 2 500 bis 780 nm (4000–12800 cm^{-1}) die erforderlich Strahlung bereitstellt.

Für den fernen IR-Bereich (FIR, 200–10 cm^{-1} bzw. 50–1000 µm) sind Lichtquellen wie z.B. der Quecksilberhochdruckbogen erforderlich.

Es können gasförmige, flüssige und feste Proben analysiert werden. Weniger häufig werden Gase untersucht, für die evakuierbare Küvetten zum Einsatz kommen.

Für die Analyse flüssiger Proben müssen Lösungsmittel wie Chloroform oder Schwefelkohlenstoff (Abb. 3.25.9) verwendet werden, die im IR-Bereich lichtdurchlässig sind. Als Material für die Küvettenfenster dient NaCl, das zwischen 4 000 und 600 cm^{-1} durchlässig ist.

Feststoffe werden meist mit Kaliumbromid vermischt, in einer Achatschale verrieben und unter hohem Druck in einer speziellen Apparatur zu Tabletten verpresst (KBr-Presstechnik). Weiterhin kommt Paraffin (z.B. Nujol) zum Einsatz, das man mit der Festprobe zu einer Paste verreibt. Diese wird als dünner und blasenfreier Film zwischen zwei NaCl-Platten gepresst.

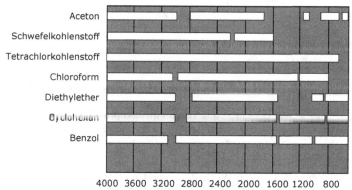

Abb. 3.25.9 Durchlässigkeit von verschiedenen Lösungsmitteln im IR-Bereich

Die Auswahl der Prismen hängt von der gewünschten Wellenlänge ab. Es werden u.a. Materialien wie Quarz (160 – 2 800 nm), NaCl (2 500 – 15 000 nm) oder auch KBr (12 – 15 μm) eingesetzt.

Die Prismen zeichnen sich durch eine hohe Lichtintensität aus. Gitter sind jedoch aufgrund ihrer höheren Auflösung, großen Spektralbreite und besseren chemischen Inertheit die Monochromatoren der Wahl.

Als Detektoren dienen in der IR-Spektroskopie Thermoelemente, die die gemessene Strahlung in Wärme umwandeln. Bei der Detektion mit einem Bolometer wird Lichtenergie, die auf einen Halbleiter trifft, in elektrische Energie überführt.

Für die Erstellung eines konventionellen IR-Spektrums ist ein relativ zeitaufwendiges mechanisches Scannen des entsprechenden Wellenlängenbereiches erforderlich. In Abbildung 3.25.10 ist der Aufbau eines konventionellen IR-Spektrometers schematisch dargestellt. Die von einer Lichtquelle ausgehende Anregungsenergie wird in zwei Strahlen zerlegt, von denen der eine die Mess- und der andere Strahl die Vergleichsküvette passiert. Danach fallen beide „Lichtbündel" auf einen mit einer bestimmten Frequenz rotierenden Spiegel, der mit zwei durchlässigen und zwei reflektierenden 90°-Sektoren ausgestattet ist. Vergleichs- und Messstrahl werden somit zeitlich nacheinander auf den Monochromator, der als LITTROW- Spiegel angeordnet ist, reflektiert.

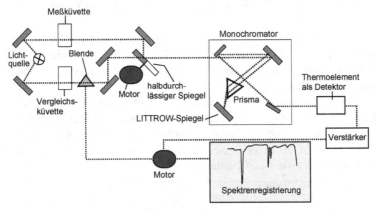

Abb. 3.25.10 Konventionelles IR-Spektrometer mit Prismen-Monochromator

3.25.6 Empfehlungen zur Versuchsauswertung (Auswahl)

1) Was wird in der UV/VIS- und IR-Spektroskopie angeregt?
2) Welche Lichtquellen werden bei UV, VIS und IR verwendet?
3) Beschreiben Sie den Aufbau eines klassischen IR-Spektrometers!
4) Welche Unterschiede bestehen zu FTIR?
5) Wie unterscheiden sich Wellenlänge und Wellenzahl?
6) Welche Banden sind für Aceton und Paraffin typisch?
7) Erklären Sie anhand der IR-Banden die „Polarität" von Polystyrol und Celluoseacetat!

3.25.7 Informationsquellen

1)   Gey MH (2015) Instrumentelle Analytik und Bioanalytik, Springer, Berlin
2)   Schwedt G (1995) Analytische Chemie: Grundlagen, Methoden und Praxis, Georg Thieme, Stuttgart
3)   Otto M (2006) Analytische Chemie, VCH, Weinheim
4)   Cammann K (2001) Instrumentelle Analytische Chemie, Spektrum Akad Verlag, Heidelberg
5)   Harris DC (1997) Quantitative Analytische Chemie, Friedr Vieweg & Sohn, Braunschweig, Wiesbaden
6)   Hesse M, Meier H, Zeeh B (1995) Spektroskopische Methoden in der organischen Chemie, Georg Thieme, Stuttgart

Willkommen zu den Springer Alerts

- Unser Neuerscheinungs-Service für Sie.
  aktuell *** kostenlos *** passgenau *** flexibel

Springer veröffentlicht mehr als 5.500 wissenschaftliche Bücher jährlich in gedruckter Form. Mehr als 2.200 englischsprachige Zeitschriften und mehr als 120.000 eBooks und Referenzwerke sind auf unserer Online Plattform SpringerLink verfügbar. Seit seiner Gründung 1842 arbeitet Springer weltweit mit den hervorragendsten und anerkanntesten Wissenschaftlern zusammen, eine Partnerschaft, die auf Offenheit und gegenseitigem Vertrauen beruht.

Die SpringerAlerts sind der beste Weg, um über Neuentwicklungen im eigenen Fachgebiet auf dem Laufenden zu sein. Sie sind der/die Erste, der/die über neu erschienene Bücher informiert ist oder das Inhaltsverzeichnis des neuesten Zeitschriftenheftes erhält. Unser Service ist kostenlos, schnell und vor allem flexibel. Passen Sie die SpringerAlerts genau an Ihre Interessen und Ihren Bedarf an, um nur diejenigen Information zu erhalten, die Sie wirklich benötigen.

Mehr Infos unter: springer.com/alert

Printed in the United States
By Bookmasters